全国农业高职院校"十二五"规划教材

动 物 繁 殖 技 术

DONGWUFANZHIJISHU

解志峰 主编

中国轻工业出版社

图书在版编目（CIP）数据

动物繁殖技术/解志峰主编. —北京：中国轻工业出版社，2013.9

全国农业高职院校"十二五"规划教材

ISBN 978 - 7 - 5019 - 9095 - 5

Ⅰ.①动…　Ⅱ.①解…　Ⅲ.①动物—繁殖—高等职业教育—教材　Ⅳ.①S814

中国版本图书馆 CIP 数据核字（2013）第 167825 号

责任编辑：马　妍　苏　杨

策划编辑：马　妍　　　责任终审：孟寿萱　　　封面设计：锋尚设计
版式设计：锋尚设计　　　责任校对：吴大鹏　　　责任监印：张　可

出版发行：中国轻工业出版社（北京东长安街6号，邮编：100740）

印　　刷：三河市万龙印装有限公司

经　　销：各地新华书店

版　　次：2013 年 9 月第 1 版第 1 次印刷

开　　本：720×1000　1/16　印张：16

字　　数：322 千字

书　　号：ISBN 978 - 7 - 5019 - 9095 - 5　定价：32.00 元

邮购电话：010 - 65241695　传真：65128352

发行电话：010 - 85119835　85119793　　传真：85113293

网　　址：http://www.chlip.com.cn

Email：club@chlip.com.cn

如发现图书残缺请直接与我社邮购联系调换

120099J2X101ZBW

本书编委会

主　编

解志峰　黑龙江农业职业技术学院

副主编

林长水　黑龙江生物科技职业学院

王　军　辽宁医学院

参编人员

孙留霞　周口职业技术学院

汤俊一　黑龙江生物科技职业学院

高月林　黑龙江农业职业技术学院

主　审

冯海清　黑龙江省五大连池风景名胜区
　　　　自然保护区畜牧水产局

　　根据国务院《关于大力发展职业教育的决定》、教育部《关于全面提高高等职业教育教学质量的若干意见》和《关于加强高职高专教育人才培养工作的意见》的精神，2011 年中国轻工业出版社与全国 40 余所院校及畜牧兽医行业内优秀企业共同组织编写了"全国农业高职院校'十二五'规划教材"（以下简称规划教材）。本套教材依据高职高专"项目引导、任务驱动"的教学改革思路，对现行畜牧兽医高职教材进行改革，将学科体系下多年沿用的教材进行了重组、充实和改造，形成了适应岗位需要、突出职业能力，便于教、学、做一体化的畜牧兽医专业系列教材。

　　《动物繁殖技术》是规划教材之一，以职业能力培养为中心选取内容，在吸取其他教材优点的基础上，结合动物繁殖技术课程教学改革实践与经验，从畜牧兽医工作岗位出发，对动物繁殖技术工作岗位过程进行分析，以企业真实工作任务作为课程的主题来设计学习情境，以工作过程为导向进行课程开发，将动物繁殖领域的主要生产技术环节编写在工作任务当中，以工作任务细化教学内容，并且将实训技能内容的环节融入工作任务中。在工作任务中增加了"繁殖障碍防治"技术的内容，有助于加深学生对"繁殖障碍防治"技术的理解。鉴于目前市场马术及宠物马的发展，本教材增加了马繁殖技术内容，以便广大读者学习。在编写条目上设立了"认知与解读"接口，将主要理论知识编写其中，培养学生的自我学习能力。同时在工作任务后增加了"思考与练习"，有利于更好地培养学生分析和解决实际问题的能力。

　　本教材共分 6 个项目 39 个任务。编写分工如下：项目一任务一至任务六由汤俊一编写；项目一任务八由林长水编写；项目二和项目一任务七由王军编写；项目三、项目四由解志峰编写；项目五由孙留霞编写；项目六由高月林编写。本教材由解志峰主编，冯海清主审。

由于时间和编者水平有限，书中难免存在疏漏之处，敬请读者批评指正。

编　者
2013 年 6 月

目录 / CONTENTS

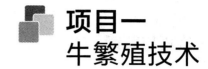

项目一
牛繁殖技术

【学习内容】

1. 发情鉴定。

2. 发情控制。

3. 人工授精。

4. 妊娠诊断。

5. 分娩与助产。

6. 非手术法胚胎移植技术。

7. 繁殖力评定。

【学习目标】

1. 能适时地对母牛进行发情鉴定。

2. 了解生殖激素,知道各类生殖激素的主要生理功能及临床应用。

3. 会制订诱导发情、同期发情及超数排卵的方案并能实施。

4. 能准确地检查精子密度、精子活力等各项指标。

5. 能准确稀释精液。

6. 能确定发情母牛的最佳输精时间,利用直肠把握法完成牛的输精操作。

7. 能对母牛正常分娩进行助产。

8. 了解牛的胚胎移植技术、体外受精、克隆、性别控制等繁殖新技术。

生 殖 激 素

一、概述

动物机体依靠神经和内分泌两个调节系统平衡机体内不同组织和器官之间的生理活动,以适应不断变化的内外环境。神经系统依靠广泛分布的神经纤维传递信息,而有的神经细胞兼有内分泌功能,把神经输入的信息转换成内分泌输出,如下丘脑和松果体等某些细胞可以分泌激素。内分泌系统由各种内分泌腺体释放有机物质激素,作为化学信使通过血液循环作用于特定的器官和细胞,使之发挥特有的生理效应。

神经和内分泌两个系统密切相关、相互影响,对生殖活动起着极为重要的调节作用。如母畜的发情、排卵、子宫的妊娠准备、胚胎的附植、妊娠的维持、分娩的发动以及泌乳等一系列繁殖过程,都需要机体各器官和各组织的同期化生理活动,密切协调一致,才能使母畜最终得以产仔和哺乳幼仔。

(一)生殖激素

激素(hormone)是由动物机体产生、经体液循环或空气传播等作用于靶器官或靶细胞,具有调节机体生理功能的一系列微量生物活性物质。其中与动物性器官、性细胞、性行为的发生和发育以及发情、排卵、妊娠、分娩和泌乳等生殖活动有直接关系的激素,统称为生殖激素(reproductive hormone)。

(二)生殖激素的来源及分类

1. 根据生殖激素的来源和功能分类

(1)来自下丘脑的激素　来自下丘脑的激素主要包括控制垂体合成和释放的促性腺激素释放激素以及促进子宫收缩和排乳的催产素。

(2)来自垂体和胎盘的促性腺激素　其直接关系到配子的成熟与释放,刺激性腺产生类固醇激素。

(3)来自两性性腺(即睾丸和卵巢)的性腺激素　其对两性行为、第二性征、生殖器官的发育和维持以及生殖周期具有调节作用。

2. 根据生殖激素的化学性质分类

(1)多肽、蛋白质激素　下丘脑的释放激素和腺垂体分泌的促性腺激素均属此类,此外,胎盘和性腺以及生殖器官外的其他组织器官也可分泌此类激素,多肽、蛋白质激素对性腺或乳腺的发育和分泌机能有直接作用。

(2)类固醇激素　类固醇激素主要由性腺分泌,对动物性行为和生殖激素的分泌有直接或间接作用。

(3)脂肪酸类激素　脂肪酸类激素主要由子宫、前列腺、精囊腺(前列腺素)和其他外分泌腺体(外激素)分泌。

上述激素的名称、来源、化学特性和主要生理功能等见表1-1。

表1-1　　　　　　　　主要生殖激素的性质和功能

类别	名称	英文缩写	来源	化学特性	主要生理功能
下丘脑激素	促性腺激素释放激素	GnRH	下丘脑	十肽	促进腺垂体释放促黄体素和促卵泡素
	催产素	OXT	下丘脑合成,神经垂体释放	九肽	促进子宫收缩、排乳,并具溶解黄体作用
促性腺激素	促卵泡素	FSH	腺垂体	糖蛋白	促进卵泡发育和成熟,促进精子发生
	促黄体素	LH	腺垂体	糖蛋白	刺激排卵,促进黄体生成,促进雄激素和孕激素的分泌
	促乳素	PRL	腺垂体	糖蛋白	促进泌乳,对某些动物可刺激黄体功能和黄体酮分泌,增强母性行为
	孕马血清促性腺激素	PMSG	马属动物尿囊绒毛膜	糖蛋白	与促卵泡素类似,促进马属动物辅助黄体的形成
	人绒毛膜促性腺激素	HCG	灵长类胎盘绒毛膜	糖蛋白	与促黄体素类似
性腺激素	雄激素	A	睾丸	类固醇	促进精子发生,维持副性腺的发育,刺激雄性第二性征和行为,并具有同化代谢作用
	雌激素	E	卵巢	类固醇	促进发情行为、第二性征,促进雌性生殖道、子宫腺体及乳腺管道的发育,刺激子宫收缩,并对下丘脑和垂体有反馈调节作用
	孕激素	P_4	卵巢	类固醇	与雌激素协同作用于发情行为,刺激子宫收缩,促进子宫腺体和乳腺泡发育,对促性腺激素有抑制作用
	松弛素	RX	卵巢、子宫	多肽	促进子宫颈、耻骨联合及骨盆韧带松弛
其他	前列腺素	PG	子宫及其他	脂肪酸	溶解黄体,促进子宫收缩
	外激素	PHE	外分泌腺	脂肪酸,萜烯等	影响性行为和性活动

资料来源:高建明主编《动物繁殖学》,2003。

（三）生殖激素的作用特点和作用机制

1. 生殖激素的作用特点

（1）生殖激素均有一定的靶器官（靶细胞）　各种生殖激素必须与靶器官中的特异受体结合后才产生生物学效应，而这种效应受二者结合能力的影响，结合能力强则生殖激素的生物学活性就高。

（2）生殖激素在血液中存留期短而引发作用的时间长　如对母畜注射孕激素，进入体内 10~20min 内就有 90% 被排出体外，但其作用要在若干小时或若干天内才能显示出来。

激素的生物活性在动物机体内消失一半时所需时间，称为半存留期或半衰期（half life）。半衰期短的生殖激素，一般呈脉冲式释放，在体外必须多次提供才能产生生物学效应。而半衰期长的生殖激素（如孕马血清促性腺激素）一般只需一次供药就可产生生物学效应。

（3）微量的生殖激素可产生巨大的生物学效应　生理状况下动物体内的激素浓度通常很低，血液中一般只有 10^{-12}~10^{-9}g/mL，但可引起显著的生理效应。

（4）生殖激素之间有协同或拮抗作用　某种生殖激素在另一种或多种生殖激素的参与下，其生物学活性显著提高，这种现象称为协同作用。如雌激素可以促进子宫发育，在孕激素的协同作用下子宫发育更明显。母畜的排卵现象就是促卵泡素和促黄体素二者协同作用的结果。相反，一种激素如果抑制或减弱另一种激素的生物学活性，则该激素对另一种激素具有拮抗作用。如雌激素使子宫收缩增强，而孕激素可抑制子宫的收缩，即孕激素对雌激素的子宫收缩作用具有拮抗作用。

（5）生殖激素的生物学效应与动物所处的生理时期及激素的用量和使用方法有关　同种激素在动物不同生理时期或不同使用剂量和使用方法条件下所起的作用不同。如在动物发情排卵后一定时期连续使用孕激素，可诱导发情，但在发情时应用孕激素可抑制发情。在妊娠期使用低剂量孕激素可维持妊娠，但若大剂量使用孕激素后突然停止，则会导致流产。

2. 生殖激素的作用机制

（1）多肽、蛋白质激素的作用机制　多肽、蛋白质激素通过与细胞膜上控制腺苷酸环化酶（AC）活性的特定受体结合，催化三磷酸腺苷（ATP）转化为环磷酸腺苷（cAMP），使得细胞内 cAMP 增多，进而激活依赖 cAMP 的蛋白质激酶，合成mRNA，产生新的蛋白质。

（2）类固醇激素的作用机制　血液中游离的类固醇激素通过简单的扩散进入细胞质中，与其特异性受体结合后，合成 mRNA 并转移至细胞质中，诱导特殊蛋白质的合成，从而产生生物学效应。

二、生殖激素的功能与应用

在 20 世纪初，人们就发现刺激或损伤下丘脑某些区域可以引起动物生殖现象的改变。但在相当长的一段时期内,下丘脑的这种重要作用未能被人们所认识,而是以为垂体在生殖内分泌调节过程中起着主宰作用。后来科学家确认下丘脑和垂体之间存在密切联系。20 世纪 70 年代以后,随着神经激素的不断发现、分离、纯化和鉴定,下丘脑在内分泌活动调节中的主导地位才逐渐被人们所认识。

下丘脑是间脑的一部分,位于丘脑的腹侧,构成第三脑室的底部和部分侧壁,其体积约为整个大脑的 1/300。下丘脑的解剖结构包括视交叉、乳头体、灰白结节和正中隆起等部分,前端接终板,后部接中脑。其内部组织构造可分为中间的内侧区和两侧的外侧区,内侧区主要由神经核团组成,外侧区则由巨大的前脑内侧束组成,其间含有一些神经核群,总称为下丘脑外侧核。

内侧区的神经核团常划分为前组、结节组和后组三部分。前组的神经核团包括视前核、前下丘脑核、视交叉上核、视上核和室旁核等。中间的结节组包括背内侧核、腹内侧核和弓状核。后组的神经核团,除结节乳头核外,其他核团似乎不参与神经内分泌活动。由于这些肽类神经元细胞体积较小,故又称为小细胞神经内分泌系统。通常,下丘脑前区、视前核和视交叉上核等神经核团可以调控垂体在排卵前促卵泡素(FSH)和促黄体素(LH)的分泌活动,故又将这些区域称为周期分泌中枢。腹中核、弓状核和正中隆起等神经核团可以调控垂体 FSH 和 LH 的持续分泌,这些区域又称为持续分泌中枢。

由下丘脑神经细胞合成并分泌的激素有 11 种,均为多肽类激素。根据下丘脑分泌物对垂体的分泌和释放活动具有的作用,将其分为释放激素(因子)和抑制激素(因子)两类,其中分子结构清楚的称为激素,而分子结构未完全弄清楚的称为因子,见表 1 - 2。

表 1 - 2　　　　　　　　　下丘脑激素的合成部位与主要生理作用

类别	激素名称	英文缩写	来源	化学特性	主要生理作用
释放激素（因子）	促性腺激素释放激素	GnRH	弓状核等	10 肽	促进促卵泡素和促黄体素的分泌和释放
	促乳素释放因子	PRF		多肽	促进促乳素的分泌和释放
	生长激素释放激素	GHRH	视前区核	44 肽	促进生长激素的分泌和释放
	促甲状腺素释放激素	TRH	正中隆起	3 肽	促进促甲状腺素和促乳素的分泌和释放
	促肾上腺皮质素释放激素	CRH	室旁核	41 肽	促进促肾上腺皮质素的分泌和释放
	促黑素细胞素释放激素	MRH		5 肽	促进促黑素细胞素的分泌和释放

续表

类别	激素名称	英文缩写	来源	化学特性	主要生理作用
抑制激素（因子）	生长抑制激素	SS	视前区、室周核等	14肽	抑制生长激素和促乳素的释放
	促乳素抑制因子	PIF		多肽	抑制促乳素的释放
	促黑素细胞素抑制激素	MIH		3肽	抑制促黑素细胞素的释放
其他	催产素	OXT	室上核	9肽	促进子宫收缩，乳汁排出
	抗利尿激素	ADH	室旁核	9肽	减少尿量，升高血压

资料来源：高建明主编《动物繁殖学》，2003。

（一）促性腺激素释放激素

促性腺激素释放激素（GnRH）又名促黄体素释放激素（LH - RH 或 LRH）、促卵泡素释放激素（FSH - RH）等。

1. 来源

GnRH 由下丘脑内侧视前区、下丘脑前部、弓状核、视交叉上核的神经核团分泌。

2. 化学特性

哺乳动物下丘脑分泌的 GnRH 均为由 9 种不同氨基酸组成的直链式十肽，禽类、两栖类和鱼类的分子结构与哺乳类略有差异。哺乳动物 GnRH 的分子结构简式，见图 1 - 1。

$$焦谷—组—色—丝—酪—甘—亮—精—脯—甘—NH_2$$
$$1 \quad 2 \quad 3 \quad 4 \quad 5 \quad 6 \quad 7 \quad 8 \quad 9 \quad 10$$

图 1 - 1　GnRH 的分子结构

GnRH 的类似物现能人工合成，如国产的"促排 I 号"、"促排 II 号"、"促排 III 号"和国外的"巴赛林"等，其生物学活性比天然 GnRH 高数十倍至上百倍。

3. 生理作用

下丘脑与垂体之间没有直接的神经支配，而是通过来自垂体上动脉的长门脉系统和来自垂体下动脉的短门脉系统将其信息传递给垂体。下丘脑分泌的 GnRH 进入血液后，经过垂体门脉系统作用于腺垂体，促进垂体分泌和释放 LH 和 FSH。通常在提供外源 GnRH 后数分钟，血液中 LH 和 FSH 水平开始升高。相对而言，GnRH 对 LH 分泌的促进作用比对 FSH 分泌的促进作用更加迅速。

4. 分泌的调节

GnRH 的分泌受中枢神经系统神经递质的调节，同时也受其他生殖激素的反馈调节。

（1）中枢神经系统的调节　控制 GnRH 分泌的高级中枢位于大脑基底部的中枢神经边缘系统。如在发情季节或有异性动物在场时，均能刺激下丘脑 GnRH 的释放。反之,在非发情季节、哺乳(或挤奶)以及疾病等情况下,GnRH 的释放就会受到抑制。

(2)反馈调节 主要有三种反馈机制控制其分泌。性激素通过体液途径作用于下丘脑,对 GnRH 分泌具有长反馈调节作用。垂体促性腺激素对下丘脑 GnRH 分泌具有短负反馈调节作用。血液中 GnRH 水平对下丘脑的分泌活动也有自身引发的效应,称为超短反馈调节。

(3)雌性和雄性动物的差异 雌性动物和雄性动物调节 GnRH 分泌有差异。下丘脑有两个调节 GnRH 分泌的中枢。一个为紧张中枢,位于下丘脑的弓状核和腹内侧核,可持续不断地分泌 GnRH,由此使垂体促性腺激素和性腺激素得以经常性分泌。另一个为周期中枢,位于视上束交叉和内侧视前核,受雌激素的正反馈调节,使正在发情的动物释放大量的 LH,导致排卵。周期中枢也接受黄体酮的负反馈调节。由于雄性动物的周期中枢受雄激素的抑制而失去活性,因此雄性动物没有性周期,而雌性动物有性周期。

5. 生产应用

生产上常用于治疗雄性动物性欲减弱、精液品质下降,雌性动物卵泡囊肿和排卵异常等病症。此外,GnRH 的类似物对诱发鱼类排卵有着显著效果。用药剂量一般按单位体重计算。

(1)治疗卵泡囊肿 母牛肌肉注射 GnRH,用 $400 \sim 600 \mu g$,可使腺垂体分泌足够的 LH,使囊肿卵泡黄体化,10d 以后再肌肉注射氯前列烯醇 $0.4 \sim 0.6 mg$,溶解黄体,可恢复正常发情。

(2)诱导母畜发情排卵 配种前母畜肌肉注射 GnRH $100 \sim 400 \mu g$,能使发情 $4 \sim 6d$。不排卵的母牛在注射后 $24 \sim 28h$ 内排卵。

(二)催产素

催产素(OXT)是由下丘脑合成经神经垂体释放进入血液循环的一种神经激素,是第一个被测定出分子结构的神经肽。

1. 来源

在下丘脑视上核和室旁核含有两种较大的神经元,一种合成催产素,一种合成加压素,这些神经元被称为大型神经内分泌细胞或大细胞神经元。此外,在视上核和室旁核以及附属神经元群发出的神经纤维共同组成下丘脑 – 神经垂体束,又因其中来自视上核的纤维较多而被称为室上 – 垂体束,其末梢止于神经垂体。催产素和加压素即在下丘脑的这些大细胞神经元胞体中合成,以轴浆流动的形式经室上 – 垂体束转运到神经垂体。在合成催产素和加压素的同时,视上核和室旁核的大细胞神经元也合成此两种激素的运载蛋白。催产素运载蛋白专一性地运载催产素,加压素运载蛋白也具有激素专一性。而且,这两种运载蛋白均存在种属特异性。

另外,在卵巢、子宫等部位也产生少量局部催产素。

2. 化学特性

催产素和加压素均为含有一个二硫键的九肽,二硫键在 1~6 位间相连形成一个闭合的 20 元环。由于催产素和加压素的结构非常相似,因而其生物学作用也有类似之处,但作用部位和生物活性又有很大区别。催产素和加压素都对子宫平滑肌和乳腺导管肌上皮细胞有收缩作用,但催产素的活性远远大于加压素;而对血管平滑肌的收缩作用(加压作用)和抗利尿作用,催产素只有加压素作用的 0.5%~1%。

3. 生理作用

催产素的主要生理功能表现在以下三个方面:

(1)催产素可以刺激哺乳动物乳腺导管肌上皮细胞收缩,导致排乳。在生理条件下,催产素的释放是引起排乳反射的重要环节。当幼畜吮乳时,生理刺激传入脑区,引起下丘脑活动,进一步促进神经垂体呈脉冲性释放催产素。在给奶牛挤奶前按摩乳房,就是利用排乳反射引起催产素水平升高而促进乳汁排出。

(2)催产素可以强烈地刺激子宫平滑肌收缩,是催产的主要激素。母畜分娩时,催产素水平升高,使子宫阵缩增强,迫使胎儿从产道产出。产后幼畜吮乳可加强子宫收缩,有利于胎衣排出和子宫复原。

(3)催产素可引起子宫分泌前列腺素 $F_{2\alpha}$,引起黄体溶解而诱导发情。此外,催产素还具有加压素的作用,即具有抗利尿和使血压升高的功能。

4. 生产应用

催产素常用于促进分娩,治疗胎衣不下、子宫脱出、子宫出血和子宫内容物(如恶露、子宫积脓或木乃伊胎)的排出等。事先(48h 前)用雌激素处理,可增强子宫对催产素的敏感性。催产素用药时必须注意用药时期,在产道未完全扩大前大量使用催产素,易引起子宫撕裂。

催产素有抑制黄体发育的作用,可用于人工流产或阻止受精卵附植。分娩后母畜排乳发生问题时,可注射催产素促进排乳,奶牛催产素的一般用量为 30~50IU。

三、促性腺激素

促性腺激素种类很多,根据其分泌产生的主要腺体和组织分为垂体促性腺激素和胎盘促性腺激素两大类。

(一)垂体促性腺激素

垂体是重要的神经内分泌器官,可以分泌多种蛋白质激素调节动物的生长、发育、代谢以及生殖活动。

垂体重量只有体重的万分之一左右,牛的垂体重 2~5g。垂体位于脑下蝶骨凹部(蝶鞍),以狭窄的垂体柄与下丘脑相连。垂体由腺垂体和神经垂体组成。腺垂体由远侧部、结节部和中间部构成,神经垂体由神经部和漏斗部构成。垂体分泌的激素种类很多,现已发现腺垂体至少分泌 7 种激素,即生长激素(HGH),促肾上腺皮质激素(ACTH),促甲状腺激素(TSH),促乳素(PRL),促卵泡素(FSH),促黄体素(LH),粗黑色细胞素(MSH)。

1. 促卵泡素

(1)来源 促卵泡素又名卵泡刺激素(FSH),是由腺垂体嗜碱性细胞分泌的糖蛋白质激素之一,由糖类与蛋白质组成。FSH 在垂体中含量较少,提纯比较困难。FSH 的半衰期约为 5h。

(2)化学特性 促卵泡素分子质量大。FSH 的分子由两个亚基(α 亚基和 β 亚基)共轭结合而成。同种哺乳动物的各种糖蛋白质激素中 α 亚基基本相同,β 亚基具有激素的特异性。对不同哺乳动物来说,α 亚基和 β 亚基具有明显的种属差异。α 亚基和 β 亚基都由蛋白质和糖组成,蛋白质和糖基以共价键结合。

(3)生理作用 对于雄性动物,促卵泡素可促进细精管发育,使睾丸增大。促进生精上皮发育,刺激精原细胞增殖,在睾酮的协同下促进精子的形成。

对于雌性动物,促卵泡素可促进卵泡生长和发育。试验表明,FSH 能提高卵泡壁细胞的摄氧量,增加蛋白质合成,促进卵泡内膜细胞分化、颗粒细胞增生和卵泡液的分泌。

促卵泡素可在促黄体素的协同作用下,刺激卵泡成熟和排卵,并诱导颗粒细胞合成芳构化酶,催化睾酮转变为雌二醇,进而刺激子宫发育并出现水肿。

(4)分泌的调节 促卵泡素的分泌受下丘脑的 GnRH、卵泡抑制素和激动素等的直接调节,同时也受卵泡分泌的雌激素的反馈调节。

GnRH 和激动素可促进 FSH 的分泌,卵泡抑制素则抑制 FSH 的分泌。低剂量的雌激素可促进 FSH 的分泌,有正反馈调节作用,而大剂量的雌激素可抑制 FSH 的分泌。

(5)生产应用 促卵泡素常用于诱导母畜的发情排卵和超数排卵,以及治疗卵巢功能疾病。由于 FSH 的半衰期短,常需多次注射才能达到效果,一般 2 次/d,连续用药 3~4d。如果应用缓释剂,则只需注射 1 次即可。由于 FSH 商品制剂检定的效价误差很大,FSH 的用量需根据制剂的纯度确定。

2. 促黄体素

(1)来源 促黄体素(LH)由腺垂体嗜碱性细胞分泌。在提取和纯化过程中比 FSH 稳定。从猪和羊垂体中提取的 LH,其生物活性比从牛和马垂体中提取的要高。LH 的半衰期为 30min。

由于 LH 可促进雄性动物睾丸间质细胞产生并分泌雄激素,故又称为促间质细胞素(ICSH),对副性腺的发育和精子的成熟具有重要作用。

(2)化学特性 促黄体素的分子质量牛为 25200~34000u,羊为 28000~32500u。LH 的分子结构与 FSH 类似,也是由 α 亚基和 β 亚基组成的糖蛋白质激素。

(3)生理作用 对于雄性动物,LH 促进睾丸间质细胞合成并分泌雄激素,也可促进副性腺的发育和精子的成熟。

对于雌性动物,LH 的生理作用主要为:

①在 FSH 作用的基础上促进卵泡生长发育,并触发排卵;

②促进黄体形成并分泌孕酮;

③刺激卵泡膜细胞分泌雄激素,并在 LH 的作用下转变为雌激素。

不同动物垂体中促卵泡素和促黄体素的比率(FSH/LH)及其绝对含量不同,可能与动物发情时间长短和排卵时间的早晚以及发情表现的强弱有关。FSH 为牛最少,马最多,羊和猪介于二者之间;这些动物的发情持续时间为牛最短、马最长,羊和猪次之。就 LH 和 FSH 的比例来说,牛和羊的 LH 明显高于 FSH,马则恰好相反,猪则趋于平衡,因此这些动物中牛和羊的排卵时间较马、猪早,安静排卵的情况也显著多于猪和马。

(4)分泌的调节 垂体中 LH 的分泌主要受下丘脑 GnRH 和内源性阿片肽(由下丘脑分泌的一种多肽激素)来调节。GnRH 可促进垂体分泌和释放 LH,内源性阿片肽则抑制 LH 的分泌和释放。此外,性腺分泌的类固醇激素对 LH 的分泌有反馈调节作用。

(5)生产应用 LH 和 FSH 合用可诱发母畜卵泡生长发育、发情和排卵。LH 可用于治疗卵泡囊肿和排卵障碍。LH 还可治疗黄体发育不全,可以维持妊娠。

3. 促乳素

(1)来源 促乳素又名催乳素(PRL),由腺垂体嗜酸性细胞分泌,经垂体门脉系统进入血液循环。哺乳动物妊娠和泌乳期间 PRL 的分泌显著增多。现已发现,除哺乳动物外,两栖类和硬骨鱼类中也存在 PRL。

(2)化学特性 哺乳动物的 PRL 为 199 个氨基酸残基所组成的单链蛋白质,分子内有三个二硫键(—S—S—)。其分子质量,羊为 23233u、鼠为 22000u、人为 25000u。动物种类不同,PRL 的分子结构也有差异。

(3)生理作用 PRL 与雌激素协同作用,维持乳腺管道系统的发育;与雌激素、孕酮共同作用,维持乳腺腺泡系统的发育。对已具备泌乳条件的哺乳动物,可以激发和维持泌乳功能。

PRL 具有促进和维持黄体分泌孕酮的作用,因此又称为促黄体分泌素(LTH)。

PRL 可以增强雌性动物的母性行为,如禽类的抱窝性、鸟类的反哺行为、家兔产前抓毛造窝等。

PRL 具有抑制性腺功能。在奶牛生产中发现,产奶量高的牛由于其血液中 PRL 水平较高,卵巢功能受到抑制,影响发情周期,使得配种受胎率降低。

(二)胎盘促性腺激素

妊娠母畜的胎盘可以分泌几乎与垂体和性腺相同的各种激素,这些激素对维持母体生理变化的平衡起重要作用。下面介绍目前已在生产和临床上应用或具有应用前景的两种主要胎盘促性腺激素,即孕马血清促性腺激素和人绒毛膜促性腺激素。

1.孕马血清促性腺激素

(1)来源 孕马血清促性腺激素(PMSG)主要存在于孕马的血清中,由马属动物胎盘的尿囊绒毛膜细胞产生,是胚胎的代谢产物。马属动物在妊娠期间,血中PMSG水平的升降与尿囊绒毛膜胎儿组织的出现和消失一致。PMSG一般在妊娠后40d左右开始出现,60d达到高峰,此后可维持至120d,然后逐渐下降,至170d时几乎完全消失。处于高峰时,以轻型马血液中含量最高(每毫升含100IU),重型马最低(每毫升含20IU),原始品种的马居中(每毫升含50IU)。同一品种中PMSG的含量存在个体差异。尿液中含量很低(每毫升含0.2IU)。

(2)化学特性 PMSG是一种糖蛋白质激素,含大量的唾液酸,分子质量为23000～53000u。含糖量很高,占41%～45%。PMSG与其他糖蛋白质激素一样也是由α亚基和β亚基组成,其中的α亚基与FSH、LH、促甲状腺素和人绒毛膜促性腺激素相似,β亚基具有激素特异性,并且只有与PMSG的α亚基结合后才能表现其生物学活性。

PMSG的分子不稳定,高温和酸、碱条件以及蛋白质分解酶均可使其失活,此外冷冻干燥和反复冻融可降低其生物学活性。PMSG分子中的二硫键和唾液酸对维持生物活性十分重要。

(3)生理作用 PMSG的功能与垂体所分泌的FSH很相似,有着明显的促卵泡发育作用;同时,由于它含有类似LH的成分,因此具有促进排卵和形成黄体的功能。此外,它对公畜具有促进细精管发育和性细胞分化的功能。

PMSG对下丘脑、垂体和性腺的生殖内分泌功能具有调节作用。试验表明,在用PMSG对牛进行超数排卵时,发现PMSG可以促进卵巢分泌雌激素和孕激素,反馈性促进下丘脑分泌GnRH、垂体分泌LH。

(4)生产应用 PMSG的生理作用与FSH类似,主要用于诱导发情、超数排卵和单胎动物生多胎,并可用于治疗卵巢静止、持久黄体等症。与FSH相比,PMSG半衰期长,在体内消失的速度慢,价格经济,临床上常用以代替成本昂贵的FSH。

由于PMSG体内残留时间长,易引起卵巢囊肿。近年来趋向于在诱导发情时追加抗PMSG抗体,以中和体内残留的PMSG,提高胚胎质量。

PMSG的使用一般采用肌肉注射,诱发发情时常用剂量为:牛1000～1500IU,羊200～400IU。用于治疗牛和羊的睾丸功能衰退和死精症的常用剂量为:牛1500IU,羊500～1200IU。

2.人绒毛膜促性腺激素

(1)来源 人绒毛膜促性腺激素(HCG)主要由灵长类动物妊娠早期的胎盘绒毛膜滋养层细胞(又称朗氏细胞)分泌,存在于血液中,并可经尿液排出体外。孕妇妊娠9～11周时尿中HCG浓度最高,此时每天可产生25～50mg的HCG,每天经尿液中排出量为5mg。

（2）化学特性　HCG 为一种糖蛋白质激素，由 α 亚基和 β 亚基通过非共价键结合成四级结构，分子质量为 39000u。α 亚基和 β 亚基拆分后，HCG 生物活性丧失，其特异性取决于 β 亚基。HCG 的结构与人的 LH 极其相似，导致它们在靶细胞上有共同的受体结合位点，因而具有相似的生理功能。

（3）生理作用　HCG 与 LH 的生理功能相似，并含有少量的 FSH 活性，所以兼有 FSH 的作用。它对雌性动物具有促进卵泡成熟、排卵和形成黄体并分泌黄体酮的作用；对雄性动物具有刺激精子生成、睾丸间质细胞发育并分泌雄激素的功能。此外，HCG 还具有明显的免疫抑制作用，可防御母体对滋养层的攻击，使附植的胎儿免受排斥。灵长类动物的 HCG 间接抑制垂体 FSH 和 LH 的分泌和释放，其可能的生理作用是在妊娠早期抑制排卵，维持妊娠。

（4）生产应用　市售的 HCG 制品主要从孕妇尿液和刮宫液中提取得到，较 LH 来源广且成本低，又由于 HCG 兼具有一定的 FSH 的作用，其临床效果往往优于单纯的 LH。

其生产应用主要有：

①刺激母畜卵泡成熟和排卵，马和驴应用 HCG 诱发排卵和提高受胎率尤为明显；

②与 FSH 和 PMSG 结合应用，可以提高同期发情和超数排卵的效果；

③治疗雄性动物的睾丸发育不良、雌性动物的排卵延迟、卵泡囊肿以及因黄体酮水平降低所引起的习惯性流产等症。

常用剂量为：牛 500～1500IU，羊 100～500IU。

四、性腺激素

由睾丸和卵巢分泌的激素统称为性腺激素。性腺分泌激素的种类很多，根据化学特性可分为两大类，即性腺类固醇激素和性腺含氮激素。性腺类固醇激素包括睾丸分泌的雄激素、卵巢分泌的雌激素和孕激素等，由于此类激素具有环戊烷多氢菲（又称为甾环）的化学结构，因而早期称其为甾体激素。性腺类固醇激素不在分泌细胞中储存，而是边合成边释放。性腺含氮激素是一类水溶性的多肽、蛋白质激素，主要包括抑制素、激动素、卵泡抑制素和松弛素等。

（一）雄激素

1. 来源

雄激素（A）是一类具有维持雄性第二性征的类固醇激素，主要由睾丸间质组织中的间质细胞所分泌。主要为睾酮、雄酮、雄烯二酮。雄性动物肾上腺也可分泌雄激素，即睾酮类似物——雄酮。在睾酮与雄酮代谢过程中，还衍生出几种生物活性比睾酮弱的激素，如表雄酮、去氢表雄酮和乙炔基睾酮等，其中以睾酮的生物活性最高，因此通常以睾酮代表雄激素。

睾酮一般不在体内存留，而很快被利用或分解，并通过血液循环和消化道排出体外。尿液中的雄激素主要是睾酮的降解物雄酮,其活性很低。

人工合成的雄激素类似物主要有甲基睾酮和丙酸睾酮,其生物学效价远比睾酮高,并可口服,通过消化道淋巴系统直接被吸收。

2. 化学特性

睾酮是一种含有环戊烷多氢菲结构的类固醇激素。在血液循环中,98%的睾酮与类固醇激素结合球蛋白结合,只有约2%的部分游离,进入靶细胞。睾酮本身并不能与靶细胞核上的受体结合,只有转化成具有生物活性的二氢睾酮后才能与受体结合。

3. 生理作用

对于雄性动物,雄激素的主要生理作用为:

(1)刺激成年动物细精管发育,促进精子的产生,延长附睾中精子的存活时间;

(2)对幼年动物具有维持生殖器官、促进副性腺发育和分泌,以及促进雄性第二性征表现的作用;

(3)维持、促进性行为和性欲。

雄激素对于雌性动物的作用比较复杂。主要作用为:

(1)对雌激素有拮抗作用。表现为对于成年动物可抑制由雌激素引起的阴道上皮角质化;对于幼年动物,可引起雌性动物阴蒂过度生长,呈现雄性化;对于妊娠母畜,可使雌性胚胎失去生殖能力。

(2)对雌性动物维持性欲和第二性征的发育有着重要作用。

(3)通过为雌激素生物合成提供原料,提高雌激素的生物活性。

此外,大剂量雄激素通过对下丘脑的负反馈调节作用,抑制垂体分泌促性腺激素 FSH 和 LH,以保持体内的激素平衡。

4. 生产应用

雄激素主要用于治疗公畜性欲不强、阳痿和性功能减退等。常用甲基睾酮和丙酸睾酮,其应用方法和剂量如下:

(1)皮下埋藏　牛 0.5 ~ 1.0g;猪、羊 0.1 ~ 0.25g。

(2)皮下或肌肉注射　牛 0.1 ~ 0.3g;猪、羊 0.1 ~ 0.2g。

(二)雌激素

1. 来源

雌激素(E)主要来源于卵泡内膜细胞和卵泡颗粒细胞,此外,肾上腺皮质、胎盘和雄性动物的睾丸也可分泌少量雌激素。这些来源不同的雌激素不仅合成途径不同,而且化学结构和生理作用也有差异。雌激素在卵巢和睾丸内主要由雄激素转化而来。雌激素和雄激素一样,在血液中绝大部分与球蛋白结合,仅有一小部分游离,作用于靶组织的细胞。

人工可以合成雌激素,主要有己烯雌酚(又名乙菧酚)、苯甲酸雌二醇、己雌酚、二丙酸雌二醇、二丙酸己烯雌酚、乙炔雌二醇、戊酸雌二醇和双烯雌酚等。

2.化学特性

雌激素是一类化学结构类似、分子中含 18 个碳原子的类固醇激素。动物体内的雌激素主要有雌二醇($C_{18}H_{24}O_2$)，雌酮($C_{18}H_{22}O_2$)，雌三醇($C_{18}H_{24}O_3$)，马烯雌酮($C_{18}H_{20}O_2$)，马奈雌酮($C_{18}H_{18}O_2$)等。动物体内雌激素的生物活性以 17β – 雌二醇最高，主要由卵巢所分泌。

3.生理作用

对于雌性动物,雌激素在其各个生长发育阶段都有一定的生理作用。主要包括:在初情期前,雌激素可促进并维持母畜生殖道的发育,产生并维持雌性动物的第二性征;在初情期,雌激素对下丘脑和垂体的生殖内分泌活动有促进作用;在发情周期,雌激素对卵巢、生殖道、下丘脑和垂体的生理功能都有调节作用,表现如下。

(1)刺激卵泡发育。

(2)作用于中枢神经系统,诱导发情行为。但对绵羊和牛,雌激素的这一作用还需孕激素的参与。

(3)促进子宫和阴道上皮增生与角化,并使其黏液变稀,以利交配。

(4)使子宫内膜和肌层增长,刺激子宫和阴道平滑肌收缩,以利精子运行和妊娠。

(5)促使输卵管增长,并刺激其肌层的活动,以利于精子和卵子的运行。

在妊娠期,雌激素刺激乳腺腺泡和管状系统发育,并对分娩启动具有一定作用。在分娩期,与催产素协同作用,刺激子宫平滑肌收缩,以利于分娩。在泌乳期,与促乳素协同作用,促进乳腺发育和乳汁分泌。对于雄性动物,雌激素对其生殖活动有抑制作用。大剂量雌激素可使公畜睾丸萎缩、副性器官退化、精子减少、乳腺发育、雄性特征消失,最后造成不育。

4.生产应用

雌激素生产上常用于诱导发情、刺激泌乳、促进胎衣排出、人工流产等。人工合成的雌激素成本低、使用方便、生理效应高,在生产上广泛应用。由于雌激素的种类和畜别以及使用目的和方法不同,使用时可根据厂商提供的使用说明书进行使用。

(三)孕激素

1.来源

孕激素(D)种类很多,动物体内以黄体酮(孕酮)的生物学活性最高,因此常以黄体酮代表孕激素。孕激素存在于雄性和雌性动物体内,主要由卵泡内膜细胞、颗粒细胞和睾丸间质细胞以及肾上腺皮质细胞分泌。在雌性动物的一次发情并形成黄体后,孕激素主要由卵巢上的黄体分泌。此外胎盘也可分泌孕激素。血液中的孕激素和雄激素、雌激素一样,主要与球蛋白结合。

人工合成的孕激素制剂有甲基乙酸孕酮(简称甲孕酮)、乙酸氯地孕酮(简称氯地孕酮)、乙酸氟孕酮、醋甲脱氢孕酮(又名 16 次甲基甲地孕酮)、甲地孕酮、炔诺酮、异炔诺酮、安宫黄体酮(又称醋酸甲羟孕酮)、二甲脱氢孕酮。

2. 化学特性

孕激素是一类分子中含有21个碳原子的类固醇激素,它既是雄激素和雌激素生物合成的前体,又是具有独立生理功能的性腺类固醇激素。除黄体酮外,天然的孕激素还有孕烯醇酮、孕烷二醇、脱氧皮质酮等,由于它们的生物学活性不及黄体酮高,但可竞争性地结合黄体酮受体,所以在体内有时甚至对黄体酮有拮抗作用。

3. 生理作用

孕激素在生理状况下主要参与雌激素共同作用,通过协同和拮抗两种途径调节生殖活动,见表1-3。

表1-3　　　　　孕激素和雌激素对雌性生殖活动作用的比较

影响	激素	
	孕激素	雌激素
发情行为	抑制	增强
排卵	抑制(禽类例外)	促进
子宫和阴道上皮腺细胞	分泌浓稠黏液	分泌稀薄黏液
子宫和阴道平滑肌	抑制收缩	刺激收缩

资料来源:中国农业大学主编《家畜繁殖学》(第三版),2000。

孕激素的主要生理功能有:

(1)通过刺激子宫内膜腺体分泌和抑制子宫肌肉收缩而促进胚胎着床并维持妊娠。

(2)少量黄体酮可协同雌激素,诱发发情;大量黄体酮对下丘脑和垂体有负反馈调节作用,可抑制FSH和LH的释放,特别是FSH的释放,从而可抑制母畜发情。

4. 生产应用

孕激素在生产上主要应用于控制发情、防止功能性流产等。用于诱导发情和同期发情时,孕激素必须连续提供7d以上,一般采用皮下埋植或用阴道海绵栓给药的方法,终止提供孕激素后,母畜即可发情排卵。用于治疗功能性流产时,使用剂量不宜过大,且不能突然终止使用。

(四)松弛素

1. 来源

松弛素(RX)又称耻骨松弛素,主要产生于哺乳母畜妊娠期间的黄体,此外某些动物的子宫和胎盘也可分泌少量的松弛素。猪、牛的松弛素主要产生于黄体,而兔的主要来自胎盘。

目前已可人工合成松弛素的商品制剂,主要有Releasin(由松弛素组成)、Cervilaxin(由宫颈松弛因子组成)和Lutrexin(由黄体协同因子组成)。

2. 化学特性

长期以来,人们一直认为性腺(睾丸和卵巢)只分泌脂溶性的类固醇激素,通过不断地研究发现,性腺也可分泌多种水溶性的多肽类激素。

松弛素是由 α 和 β 两个亚基通过二硫键连接而成的多肽激素,分子中含有 3 个二硫键。不同动物的松弛素分子结构略有差异,目前已从猪和鼠等动物中提取、纯化得到松弛素。

3. 生理作用

松弛素的主要作用是在妊娠期影响结缔组织,使耻骨间韧带扩张,抑制子宫肌层的自发性收缩,从而防止未成熟的胎儿流产。在分娩前,松弛素分泌增加,使产道和子宫颈柔软并扩张,有利于分娩。此外在雌激素的作用下,松弛素还可促进乳腺发育。

4. 生产应用

由于松弛素能使子宫肌纤维松弛、宫颈扩张,因此生产上可用于子宫镇痛、预防流产和早产,以及诱导分娩等。

(五)前列腺素

1. 来源

早在 20 世纪 30 年代,国外就有多个实验室在人、猴、羊的精液中发现有能够兴奋平滑肌和降低血压的生物活性物质,当时设想此类物质来自前列腺,所以命名为前列腺素(PG)。后来研究发现,前列腺素并非由专一的内分泌腺产生,生殖系统(睾丸、精液、卵巢、子宫内膜和子宫分泌物以及脐带和胎盘血管等)、呼吸系统、心血管系统等多种组织均可产生前列腺素,其广泛存在于机体的各组织和体液中。

目前国内已合成前列腺素的类似物。和天然的前列腺素相比,合成的前列腺素类似物具有作用时间长、生物活性高、不良反应小等优点。

2. 化学特性

前列腺素是一类具有生物活性的类脂物质。其基本结构为含有 20 个碳原子的不饱和脂肪酸,由 1 个环戊烷和 2 个脂肪酸侧链组成。根据环戊烷和脂肪酸侧链中的不饱和程度和取代基的不同,可将天然前列腺素分为 A、B、C、D、E、F、G、H、I 九型和 PG_1、PG_2、PG_3 三类。三类代表环外双键的数目;九型代表环上取代基和双键的位置。侧链取代基有 α 和 β 两种构型。表示方法如 $PGF_{2\alpha}$、PGE_1 等。

3. 生理作用

前列腺素的种类很多,不同类型的 PG 具有不同的生理功能。在家畜繁殖中以 PGE 和 PGF 两种类型比较重要,这两类中又以 $PGF_{2\alpha}$、PGE_2 最为突出。

(1)溶黄作用 $PGF_{2\alpha}$ 对牛、羊、猪等动物卵巢上的黄体具有溶解作用(即溶黄作用),因此又称为子宫溶黄素。PGE 也具有溶黄作用,但生物学效应比 $PGF_{2\alpha}$ 弱。对不同种动物的黄体,$PGF_{2\alpha}$ 产生溶黄作用的时间有较大差异,见表 1-4。

表 1-4 $PGF_{2\alpha}$ 对不同动物产生溶黄作用的时间

动物种类	排卵后天数/d	动物种类	排卵后天数/d
牛	5	狗	24
羊	5	豚鼠	9
猪	10	地鼠	3
马	5	大鼠	4

资料来源:高建明主编《动物繁殖学》,2003。

（2）促排卵作用　$PGF_{2\alpha}$ 在动物的排卵过程中起调节作用,具有促进排卵的功能。

（3）促生殖道收缩的作用　不同的前列腺素对生殖道不同部位平滑肌的作用不同。如 PGE 对一般平滑肌有收缩作用,PGF 类则兴奋子宫、舒张宫颈肌肉。PG 的这些作用影响受精卵的运行和胎儿的排出。

（4）对生殖内分泌的调节作用　前列腺素与卵巢类固醇激素有着密切的关系。体内 $PGF_{2\alpha}$ 的溶黄作用可被外源黄体酮、促黄体素、促乳素抵消。在促黄体素的影响下,卵巢前列腺素的合成增加。外源前列腺素对睾丸分泌睾酮和卵巢分泌催产素均具有促进作用。

4. 生产应用

前列腺素主要应用于诱导雌性动物发情排卵、同期发情和促进产后子宫复原,并可用于控制分娩和治疗黄体囊肿、持久黄体、子宫内膜炎、子宫积水和子宫积脓等症。此外,还可用于提高公畜的繁殖力,见表 1-5。

表 1-5 $PGF_{2\alpha}$ 临床应用效果

作用	$PGF_{2\alpha}$ 处理方法	治愈头数/处理头数（治愈率%）	受胎率
治疗持久黄体(牛)	4.2mg/头	102/113(90.2)	66%
子宫积脓(牛)	宫颈注入 2~6mg/头	5/5(100.0)	
促进子宫复原(牛)	6~15mg/头	20/28(71.4)	
提高射精量(牛)	肌肉注射 60~80mg/头		提高受精率30%
提高受胎率(羊)	精液中加入 0.01mg/L	29/30	96.6%

资料来源:中国农业大学主编《家畜繁殖学》(第三版),2000。

母牛的生殖器官和生理功能

母牛的生殖系统由卵巢、输卵管、子宫、阴道、尿生殖前庭、阴唇和阴蒂等器官构成,其中卵巢是雌性性腺。输卵管、子宫和阴道构成雌性生殖道,称为内生殖器官。尿生殖前庭、阴蒂和阴唇是外生殖器官。母牛的生殖器官位于腹腔后部和骨盆腔部位,上面为直肠,下面为膀胱。见图 1-2 和图 1-3。

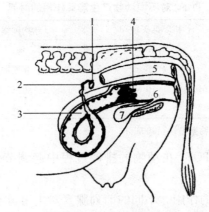

图 1-2　母牛生殖器官

1—卵巢　2—输卵管　3—子宫角　4—子宫颈

5—直肠　6—阴道　7—膀胱

资料来源:陈幼春《现代肉牛生产》,1999。

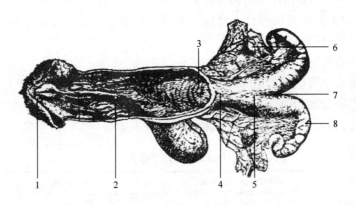

图 1-3　母牛的生殖器官解剖切面

1—外阴部　2—阴道　3—子宫颈口　4—子宫颈　5—子宫体

6—卵巢　7—子宫角间沟　8—子宫角

一、卵巢

(一)卵巢的位置及形态

卵巢位于骨盆腔中骨盆腔前缘的两侧,青年母牛的卵巢在骨盆腔内耻骨前缘的后方靠体壁近腰角的部位;经产母牛的卵巢则下沉并移向腹腔。卵巢左右各一个,为稍扁的椭圆形实质器官。

卵巢由卵巢系膜相连,悬在骨盆腔中,神经、血管和淋巴管随膜进入卵巢,入口处称卵巢门,位于卵巢的腹侧。

(二)卵巢的功能

卵巢的功能是产生卵子和分泌雌激素及黄体酮,是具有双重功能的母牛生殖器官。卵巢外表有白膜,白膜外有单层的生殖上皮。卵巢内分为皮质和髓质两部分。皮质随生殖周期的不同,含有不同发育阶段的卵泡和卵泡的前身及延续产物,如红体、黄体和白体。髓质部有大量的血管、淋巴管和神经,由卵巢门脉进入卵巢,在卵巢门的部位没有皮质和白膜,只有髓质及大量的门细胞,这些细胞具有分泌雄激素的功能。卵泡中的卵母细胞产生卵子,卵子成熟后排出。卵泡内膜是产生雌激素(雌二醇和雌酮)的组织,黄体酮是由周期黄体或妊娠黄体分泌的。卵巢的功能受促卵泡素与促黄体素的协同作用,并受雌激素的调节。其中促卵泡素主要刺激卵的生长和发育,在促黄体素的协同作用下,激发卵泡的最后成熟;促黄体素引起卵泡排卵和黄体的形成。促黄体素刺激卵泡内膜细胞产生睾酮,颗粒细胞在促卵泡素的作用下将睾酮转化为雌二醇。

如果发育的卵泡上皮变性,则卵泡壁结缔组织增生,卵细胞死亡,卵泡液增多会形成卵泡囊肿。若未排卵的卵泡壁上皮发生黄体,或排卵后黄体化不足,在黄体内形成空腔并积蓄体液会形成黄体囊肿。两者统称为卵巢囊肿。

1. 卵子发生

这是卵原细胞在卵巢的卵泡中发育成为成熟卵子的过程。卵子发生包括卵原细胞的增殖,卵母细胞的形成、生长和成熟。在雌犊出生时,卵巢中已储存有胎儿期形成的原始卵泡。这是初级卵母细胞,在犊牛出生前其数量达到一次高峰,在出生时大约有 6 万 ~10 万个卵母细胞。卵母细胞的成熟是一个减数分裂的过程,它要经过两次休止和两次恢复。初级卵母细胞在恢复减数分裂活动前先进入生长状态,其直径从数十微米增长到 $120 \sim 160 \mu m$。初级卵母细胞生长和减数分裂的恢复都是随着卵泡的生长和发育而实现的。在卵泡成熟以后,排卵发生之前,初级卵母细胞才恢复减数分裂活动,释放第一极体(一种只帮助完成减数分裂过程,但又未发现其他功能的小细胞),于是形成了次级卵母细胞。此时,成熟的卵即从卵泡中排出,称作排卵。进入输卵管的卵是再次休眠的,尚未最后成熟的次级卵母细胞。只有在精子入卵受精后,次级卵母细胞才恢复分裂活动,释放第二极体,形成单倍体的卵原核,减数分裂的全过程才完成。

成熟的卵子是一个卵母细胞经过两次减数分裂,最终形成单倍体的成熟细胞,同时发生的还有两个极体。

2. 卵泡

卵泡是牛卵巢皮质中卵子赖以生长和发育的囊状结构。它是细胞集团,是卵子发生和排卵的组织,也分泌雌激素。根据发育阶段,卵泡分为原始卵泡、初级卵泡、次级卵泡及葛拉夫卵泡共四级。原始卵泡只有单层扁平的卵泡细胞包围着卵母细胞,无透明带和卵泡腔。初级卵泡有单层柱状卵泡细胞包围卵母细胞。以上两种卵泡出现在卵巢靠近生殖上皮的皮质部。次级卵泡在卵母细胞四周有多层柱状卵泡细胞包围,并且在卵泡细胞和卵母细胞之间出现透明带,卵泡位置移向皮质部深处,直径扩大,可达到数百微米。卵泡中的卵母细胞随同卵泡的生长而生长,但依然处于减数分裂的休止期。次级卵泡已能合成和分泌雌激素,雌激素被释放到卵泡腔隙中,而后进入血液循环,输送到整个机体。成熟卵泡,又称葛拉夫卵泡,是完全成熟的卵泡。因其长大而扩展到卵巢皮质全部,并突出于卵巢表面,成为直肠检查时鉴别发情程度的标志。完整的卵泡腔内因含有卵泡液而很有弹性。达到排卵前的状态的牛卵泡直径可达 12 ~ 19mm。卵泡的颗粒细胞和内膜细胞表面都有促性腺激素的受体,这些细胞参与调节某些生殖激素的生成。颗粒细胞还分泌某些抑制因子,有节奏地控制卵母细胞的发育。

成熟卵泡中的卵母细胞一直要到卵泡成熟后临近排卵前才恢复减数分裂活动。而卵泡的发育和成熟受多种因素影响,包括营养状况、气候、年龄、膘情以及雄性动物的伴同情况等。外源激素的使用对卵泡发育的影响,因其发育阶段的不同而比较复杂。在用直肠检查判断牛的发情程度时,触摸卵泡大小,是确定适时人工授精的重要依据。

3. 排卵

排卵是卵子自卵巢上成熟卵泡排出的生理过程。排卵时,卵巢的被膜局部突出,形成乳头状排卵点,继而破裂,卵子连同卵泡液流出。在卵丘细胞产生的黏多糖的作用下,卵被黏在卵巢表面。当排卵时输卵管伞包住卵巢,卵巢作旋转运动,使伞的内面能接触到整个卵巢。伞内面的纤毛作纤毛运动将卵接纳到输卵管中。

牛卵自卵巢排出后刚完成第一次成熟分裂为次级卵母细胞。排出后的卵最外层是由卵丘细胞构成的放射冠,里面是透明带,再往里是细胞质膜(卵黄膜),这是防止污染和病原菌的屏障。卵内含有染色体(遗传物质载体)和大量卵黄颗粒(为胚胎早期发育准备的营养物质)。卵黄膜与透明带之间的间隙称做卵间隙,在这里可以找到第一极体。

排卵是周期性的,受神经和内分泌系统的自动调节,每一次排卵都需要一定的时间,而且排卵与发情总是伴随发生。牛的排卵一般在发情征状结束后 10 ~ 12h,或者自发情开始后 28 ~ 32h。牛的排卵数一般是 1 ~ 2 个。

4. 黄体

这是卵巢中黄色内分泌腺体,它是由原卵泡排卵部位形成的。在黄体形成的初期,排空的卵泡腔形成负压,血液自破裂的血管流出积血在卵泡腔内,形成凝血块,此时呈红色,故称"红体";随后原卵泡颗粒层细胞增大,并吸收类脂物质,逐渐转变成黄体细胞,聚积成黄体;同时卵泡内膜分生出微血管,伸展到发育中的黄体细胞之间,含类脂质的卵泡内膜细胞也随着这些血管移到已形成的黄体细胞之间,参加形成黄体。黄体细胞增殖时所需的养分,最初由红体供应,继而由卵泡内膜伸进到黄体细胞间的血管供应。黄体是体内血管最多的器官之一。

黄体增长的速度很快,母牛黄体在发情周期的第 3 ~ 10d 增长最快。如果没有受孕,在第 16d 开始退化;如果受孕,黄体发育成熟,其直径一般大于成熟卵泡,可达 20 ~ 25mm。牛的黄体一部分位于卵巢内部,另一部分突出于卵巢表面。母牛排卵后如果没有受孕,这种黄体称做"周期黄体"或"假黄体",在性周期的后期退化,此时没有受孕的子宫分泌前列腺素,将黄体消解。如果母牛受孕,则黄体转变成"妊娠黄体",也称"真黄体"。妊娠黄体在体积上略为增大,一直到妊娠中期停止,然后保持到整个妊娠期,直至产犊后才退化。以上两种黄体,无论是"假"或"真",在失去功能后都退化成"白体",最后在卵巢中只留下残迹。

二、输卵管

输卵管位于子宫阔韧带外侧形成的输卵管系膜内,长 15 ～ 30cm,有很多弯曲。它是连接卵巢和子宫的一对弯曲的管状器官。输卵管在腹腔的一端,成漏斗状,其边缘有很多不规则的突起和皱裂,称作"伞",与卵巢相接。其后端接子宫角,两者之间没有明显的界限。

输卵管是卵子受精的地方,也是精子从子宫运行到输卵管壶腹部的通道,是精子获能及受精卵卵裂的地方。输卵管的分泌液为精子和卵子的正常运行,以及合子的早期发育和运行提供条件。

三、子宫

子宫位于骨盆腔入口的地方,直肠的下面,悬挂在子宫阔韧带上。它由左右两子宫角、一个子宫体和一个子宫颈构成。

(一)子宫角和子宫体

子宫角和子宫体是中空的管道,子宫壁分三层:内膜称为黏膜层,中层为肌层,外膜称为浆膜。肌层由三层平滑肌构成,中间是环形肌,十分发达,内外各一层为纵行肌。子宫内膜由黏膜上皮和固有膜组成,上皮是柱状上皮细胞,固有膜中有子宫腺,起分泌作用。黏膜上皮细胞和子宫腺分泌的液体称作子宫液,主要含有血清蛋白和少量的子宫特异蛋白。这些蛋白质的比例和含量随着性周期的变化而变化,与卵巢发育的周期相应。

牛的子宫内膜上散布着子宫阜,是扁圆形的突起,成行排列,约有 80 ～ 120 个。妊娠时成为母牛的胎盘。在妊娠初期,子宫腺分泌子宫乳,为尚未附植到子宫体的胚胎提供营养。随着胚胎的发育,子宫阜起着从母体输送养分的作用。

(二)子宫颈

子宫颈是阴道通向子宫体的门户。牛子宫颈的后部突出于阴道中,壁部较厚,质地较硬,其突出部与阴道形成穹隆。子宫颈是管状组织。环形肌与黏膜在子宫颈内壁上形成横向、稍斜的褶皱,黏膜上有许多纵的褶皱,子宫颈管是旋曲的通道。妊娠后子宫颈闭锁,起着封闭的作用,子宫颈口由黏稠的糊状物封口,称子宫栓,直至临产前才被化解。

子宫在受孕过程中为精子从射精部运行到输卵管起运送作用,为精子获能提供生理环境;为尚未附植到子宫的胚胎提供营养,调节黄体的功能,并为胚胎的附植、发育和分娩提供需要的条件。

(三)阴道

阴道位于骨盆腔中部,直肠下面。前端扩大,在子宫颈周围形成穹隆,后端以生殖前庭的尿道外口和阴瓣为界。牛阴道长 25 ~ 30cm,为母牛的交配器官和产道。

(四)外生殖器官

外生殖器官包括尿生殖前庭、阴蒂和阴唇。尿生殖前庭是阴瓣到阴门间的部分,在腹侧壁瓣后方有一尿道开口。在前庭左右侧壁,稍靠背侧有前庭大腺的开口各一,在靠近阴蒂处有前庭小腺开口。母牛前庭长 10 ~ 12cm。

四、牛的发情与发情周期

母牛发情是指母牛卵巢上出现卵泡的发育,能够排出正常的成熟卵子,同时在母牛外生殖器官和行为特征上呈现一系列变化的生理和行为学过程。

(一)初情期

母牛出现第一次发情的现象叫做初情期。母牛出现发情是其进入性成熟、具备繁殖后代能力阶段的标志。一般母犊牛到 6 月龄前后,生殖器官的生长速度明显加快,逐渐进入性成熟阶段。此时,各生殖器官的结构与功能日趋成熟完善,性腺能分泌生殖激素,卵巢基本上发育完全,开始产生具有受精能力的卵子,并出现发情征状。

(二)发情持续期

牛的发情持续期指从发情征状出现,到征状的消失所持续的时间,家牛为 15 ~ 18h(6 ~ 36h)。牛种及品种、年龄、营养状况、环境温度的变化等都可以影响牛的发情持续期的长短。一般初情期的牛和老龄牛的发情持续期也较壮年牛短。

(三)发情周期

正常成年母牛在其繁殖年龄阶段,如果没有怀孕,即会出现周期性的发情表现和发情特征,但一般成年母牛的发情行为表现往往比初次发情的母牛更明显,这将更有利于牛的及时配种。母牛的发情周期因牛种而异,平均为 21d,青年母牛为 20d(8 ~ 24d)。同一牛种因个体也略有差异,如黄牛约为 20.5d,乳牛平均为 21.7d,水牛平均为 21.4d,范围在 16 ~ 25d,母牦牛个体间差异较大,以 18 ~ 25d 者居多。不同牛种和品种的发情持续期和发情周期,见表 1 - 6。

表 1 - 6 　　　　　　　牛的发情持续期、发情周期和产后发情时间

牛种或品种	发情持续期/h	发情周期/d	产后第一次发情的时间/d
黄牛	30(17 ~ 45)	21(18 ~ 24)	58 ~ 83
奶牛	18(13 ~ 26)	21(20 ~ 24)	30 ~ 72
肉牛	16 ~ 18	21(20 ~ 25)	46 ~ 104
水牛	25 ~ 60	21(16 ~ 25)	42 ~ 147
牦牛	48 左右	18 ~ 25	—

(四)产后发情

母牛产犊后,经过一定的生理恢复期又会出现发情。产后生理的恢复包括卵巢功能、子宫形态和功能以及内分泌功能的恢复等过程。产后的一段时间,由于促性腺激素分泌减少,卵泡发育受到抑制而没有大的卵泡,子宫大小、位置和功能也没有恢复,一般需要12~56d,经产母牛、难产母牛或有产科疾病的母牛,则需要更长的时间才出现再次发情。同时,因品种、个体及营养水平的差别,产后第一次发情的间隔时间变化范围较大。

五、卵泡发育与排卵

为适时输精而进行的母牛卵泡发育检查方法,对区别假发情与静发情的牛很有用,对于营养不足、卵泡发育迟缓者确诊排卵时间也十分重要。在触诊时,以卵泡发育阶段的判断为主,按四个期来记载,即卵泡出现期、卵泡发育期、卵泡成熟期和排卵期,见图1-4。

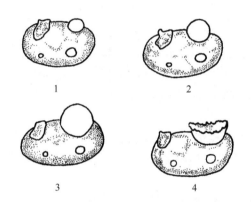

图1-4 母牛卵泡发育示意图

1—卵泡出现期　2—卵泡发育期　3—卵泡成熟期　4—排卵期

资料来源:陈幼春《现代肉牛生产》,1999。

六、发情的观察

母牛受胎效果的好坏,准确掌握母牛的发情是关键。一般正常发情的母牛其外部表现比较明显,所以用外部观察辅以阴道检查就可以判断。但母牛发情持续期较短,不注意观察则容易漏配。在生产实践中,可以发动值班员、饲养员和挤奶员共同观察。建立母牛发情预报制度,根据前次发情日期,预报下次发情日期(按发情周期计算)。有些母牛常出现安静发情或假发情,有些母牛营养不良,生殖器官功能衰退,卵泡发育缓慢,排卵时间延迟或提前,对这些母牛通过直肠检查判断其排卵时间是很有必要的。人们虽然采用了各种方法和技术,希望能及时发现真正发情的母牛,以便提高繁殖率,但在被发现的发情母牛中,仍有一小部分并非属于真正的发情,这一点需要说明。

据文献记载,发情时间规律为:大约25%的母牛发情出现在18:00~24:00;43%的母牛发情出现在0:00~6:00;22%的母牛发情出现在6:00~12:00;10%的母牛发情出现在12:00~18:00。但不同季节有差异,夏季更多的母牛发情在夜间,而冬季则在白天。因此,每天发情观察至少3次,即早晨6:00~7:00、中午10:00~14:00和下午17:00~20:00。实践证明,多次观察能提高发情母牛的检出率,尤其在夏季气温高,发情征状不太明显时应多次观察。

七、发情控制

应用某些外源激素或采取一些方法对母牛进行处理,从而人工控制其个体或群体发情周期的进程及排卵时间和数量称为发情控制。发情控制是一项综合的技术措施,它包括同期发情、超速排卵、诱导发情。

(一)同期发情

1. 同期发情的概念

同期发情又称同步发情,是指采取人为控制措施使母牛在一个短时间内集中统一发情,并能排出正常卵子,达到配种、受精和妊娠的目的。同期发情技术主要是采用激素类药物,改变自然发情周期的规律,将发情周期过程调整统一,使得群体母牛在规定的时间内集中发情和排卵,并在数日内同时进行配种。

2. 同期发情的意义

(1)有利于推广人工授精 人工授精往往由于牛群过于分散(农区)或交通不便(牧区)而受到限制。如果能在短时间内使牛群集中发情,就可以根据预定的日程巡回进行定期配种。

(2)便于组织生产 控制母牛同期发情,可使母牛配种、妊娠、分娩及犊牛的培育在时间上相对集中,便于肉牛的成批生产,从而有效地进行饲养管理,节约劳动力和费用,对于工厂化养牛有很大的实用价值。

(3)提高繁殖率 同期发情不但用于周期性发情的母牛,而且也能使乏情状态的母牛出现性周期活动。例如卵巢静止的母牛经过孕激素处理后,很多表现发情;因持久黄体存在而长期不发情的母牛,用前列腺素处理后,由于黄体消散,生殖功能随之得以恢复。因此,可以提高繁殖率。

(4)用于胚胎移植 在胚胎移植中,当胚胎长期保存的问题尚未解决前,同期发情是经常采用的;而在鲜胚移植中,同期发情则是必不可少的方法。

3. 同期发情的机制

母牛的发情周期,从卵巢的功能和形态变化方面可分为卵泡期和黄体期两个阶段。卵泡期是在周期性黄体退化继而血液中黄体酮水平显著下降后,卵巢中卵泡迅速生长发育,最后成熟并导致排卵的时期,这一时期一般是从周期第18~21d。卵泡期之后,卵泡破裂并发育成黄体,随即进入黄体期,这一时期一般从周期第1～17d。黄体期内,在黄体分泌的孕激素的作用下,卵泡发育成熟受到抑制,母牛不表现发情,在未受精的情况下,黄体维持15～17d,即行退化,随后进入另一个卵泡期。

相对高的孕激素水平可抑制卵泡发育和发情,由此可见黄体期的结束是卵泡期到来的前提条件。因此,同期发情的关键就是控制黄体寿命,并同时终止黄体期。

同期发情就是基于上述原理,通过激素或其类似物的处理,有意识地干预母牛的发情过程,使母牛发情周期的进程调整到相同阶段,达到发情同期化。

(二)超数排卵

1.牛超数排卵的概念

牛超数排卵是通过激素处理,使原来一次排1个(或2个)卵而变为排多个卵的技术。在牛的选种过程中,为了扩大优良母牛的后代,可以应用超数排卵技术,增加母牛的排卵数,人工授精后,再通过胚胎移植技术,将这头母牛的后代,移植到受体母牛,达到借腹怀胎、尽快扩大优良群体的目的。牛理想的超数排卵效果为每次排10～15个卵。

超数排卵的母牛必须经过严格的选择。一般情况下,只有具有较高种用价值或特殊用途的母牛才作为超数排卵的供体,同时,母牛本身还必须是繁殖功能正常,不存在繁殖疾病的牛。但即使是优秀的母牛,除非即将淘汰之外,超数排卵的处理次数不能太多,否则,将会导致被处理母牛的卵巢功能和发情异常。一般超数排卵处理次数不超过3～5次。

2.牛超数排卵处理技术

母牛超数排卵的方法,通常是在其发情周期的第16d或17d肌肉或皮下注射1500～3000IU孕马血清促性腺激素(PMSG),或同时注射1000～1500IU的人绒毛膜促性腺激素(HCG)。该方法是按照发情周期的规律,在黄体期即将结束,卵泡期即将来临之前,顺势促进较多的卵泡生长和成熟。这种超排方法必须与发情周期的进程配合好,所以在时间安排受到限制时,应用不便。另一种超数排卵的方法,是在牛发情周期中期,即性周期的第8～12d注射PMSG,隔日后再注射$PGF_{2\alpha}$。用PMSG超排仅需注射一次,使用方便,但由于其半衰期较长,会产生后效应,导致发情期延长。目前,多采用促卵泡素(FSH)进行超排,但又由于FSH半衰期较短,需连续注射3～4d,每日早晚各1次,总量为40～50mg,剂量均等或递减;第三天的第五次注射时,同时注射$PGF_{2\alpha}$。一般在PGF注射后48h,母牛即发情排卵,效果很好。

任务一　牛的发情鉴定技术

【任务实施动物及材料】　母牛、开膣器、75%酒精、手电筒、长臂手套等。

【任务实施步骤】

一、外部观察法

1. 准备工作

将母牛放于运动场,让其自由活动。

2. 检查方法

注意观察母牛的行为表现,结合外阴部变化及分泌黏液的状态判断是否发情,早、晚各观察一次。

3. 结果

发情母牛表现兴奋不安,经常哞叫,两眼充血,眼光锐利,感应刺激性提高;拉开后腿,频频排尿;在牛舍内常站立不卧,当有人走过其后部时,常回顾;食欲减退,反刍的时间减少或停止。发情强烈的母牛,体温略有升高(0.7~1.0℃)。在运动场或放牧时,发情母牛四处游荡,寻找公牛,沿场四周走圈,常常表现爬跨和接受其他牛的爬跨。发情牛被爬跨时站着不动,并举尾,如不是发情牛,则往往拱背逃走。发情牛爬跨其他牛时,阴门搐动并滴尿,具有公牛交配的动作。其他牛常嗅发情牛的阴部,发情母牛的背腰和尻部有被爬跨所留下的泥土、唾液。必须注意的是,妊娠后假发情和卵泡囊肿的母牛也有爬跨现象,应与真正发情母牛加以区别。

二、阴道检查法

适合年龄稍大的母牛,可作为辅助检查方法。

1. 准备工作

(1)保定　将母牛保定,尾巴拉向一侧。

(2)外阴部的洗涤和消毒　先用肥皂水清洗外阴部,然后用1%煤酚皂溶液进行消毒,然后擦干。

(3)开膣器的准备　首先用75%的酒精棉球消毒开膣器的内外面,然后用火焰或消毒液浸泡消毒,最后用40℃的温水冲去药液并在其湿润时使用。

2. 检查方法

(1)送入开膣器　让开膣器处于闭合状态,以尖端向前斜上方插入阴门。当开膣器的前1/3进入阴门后,即改成水平方向插入阴道,同时慢慢旋转开膣器,使其柄部向下。轻轻撑开阴道,用手电筒或反光镜照明阴道,迅速进行观察。

(2)观察阴道　应特别注意观察阴道黏膜的色泽及湿润程度,子宫颈的颜色及形状,子宫颈口是否开张及其开张程度,黏液的分泌情况。

3. 结果

发情母牛外阴部红肿,阴道黏膜充血潮红,表面光滑湿润。子宫颈外口充血、松弛、柔软开张,排出大量透明的牵缕性黏液,如玻棒状,不易折断,俗称"挂线"或"吊线"。在尾上端阴门附近,可以看出黏液分泌物的结痂。发情初期的黏液清亮如水,随着发情时间的推移,逐渐变稠,量也由少变多,到发情后期,量逐渐减少且混浊而黏稠,有时含淡黄的细胞碎屑。不发情的母牛阴道苍白、干燥,子宫颈口紧闭。

三、直肠检查法

1. 准备工作

(1)将待检母牛保定,尾巴拉向一侧,清洗外阴部。

(2)检查人员将指甲剪短磨圆,以防损伤母牛肠壁。同时穿好工作服,戴上长臂手套,清洗并涂抹润滑剂。

2. 检查方法

用手通过直肠来触摸卵巢上卵泡的发育情况,以此来查明母牛的发情阶段,判断真假发情,确定输精时间。此为目前生产中最常用,效果也是最为可靠的一种母牛发情鉴定方法,见图1-5。

检查者剪短并磨光指甲,戴上胶质或塑料薄膜长臂手套,抹上润滑剂。手指并拢成锥形,缓慢伸入肛门,掏出粪便,再将手伸入肛门检查。手掌心向下,按压抚摸,在骨盆腔底部,可摸到一个长形质地较硬的棒状物,即为子宫颈。试将其握在手里,感受其粗细、长短和软硬。一般情况下,发情母牛子宫颈稍大而软。由于子宫黏膜水肿,子宫角坚实、体积增大,子宫收缩反应比较明显。不发情的母牛,子宫颈细而硬,而子宫较松弛,收缩反应差。然后拇指、食指和中指稍分开,顺着子宫颈向前缓慢伸进,在子宫颈正前方可触到

图1-5 触摸牛子宫示意图
资料来源:陈幼春《现代肉牛生产》,1999。

一条浅沟,此为子宫角间沟。沟的两旁为向前下弯曲的两侧子宫角,沿着子宫角大弯稍向下外侧可摸到卵巢。找到卵巢后,可用食指和中指夹住卵巢系膜,然后用拇指触摸卵巢的大小、形状、质地和其他表面卵泡的发育情况,判断发情的时期及输精时间。

3. 卵泡发育的触诊结果

为适时输精而进行的母牛卵泡发育检查方法。这个方法对区别假发情与安静发情的牛很有用,对于营养不足、卵泡发育迟缓者确诊排卵时间也十分重要。在触诊时以卵泡发育阶段的判断为主,按四个期来记载,见图1-4。

(1)卵泡出现期 卵巢稍增大,卵泡直径为0.5~0.75cm,触诊时为一软化点,波动不明显,这时期母牛已开始表现发情。这种卵泡状态保持10h左右。

(2)卵泡发育期 卵泡增大到1.0~1.5cm,呈小球状,触摸时感觉卵泡光滑有

弹性,稍有波动,此期母牛处于外部表现的盛期,这种状态保持 10~12h。

(3)卵泡成熟期　卵泡不再增大,但泡壁变薄,紧张度增强,直肠触摸有一触即破之感,这种状态不长于 6~8h。母牛发情表现已不明显,不接受爬跨,是输精配种的最佳时期。接触此薄壁状态时应特别小心,一旦捏破,卵子涌出后一般会进入腹腔,难以受精。

(4)排卵期　卵泡破裂排卵,卵泡液流失但尚未流完,泡壁变为松软,成为一个小凹陷。排卵约在母牛发情后 10h,排卵后 6~8h,黄体开始生长,卵巢恢复正常大小,触之有肉样感觉。

4.注意事项

(1)在直肠内触摸时要用指腹进行,不能用手指乱抓,以免损伤直肠黏膜。在母牛努责或肠管收缩时不能将手臂硬向里推,可待它努责或收缩停止后再继续检查。

(2)直肠检查时要注意卵泡与黄体的区别。卵泡有光滑、较硬的感觉。卵泡与卵巢连接处光滑,无界限,呈半球状突出于卵巢表面,而没有退化的黄体在卵巢上一般呈扁圆形条状突起。此外,卵泡发育是进行性的,由小到大,由硬到软,由无波动到有波动,由无弹性到有弹性。没有受孕时,黄体则发生退行性变化,发育时较大、较软,到退化时期越来越小、越来越硬。

(3)母牛发情持续期较短,不注意观察则容易漏配。在生产实践中,可以发动值班员、饲养员和挤奶员共同观察。建立母牛发情预报制度,根据前次发情日期,预报下次发情日期(按发情周期计算)。有些母牛常出现安静发情或假发情,有些母牛营养不良,生殖器官功能衰退,卵泡发育缓慢,排卵时间延迟或提前,对这些母牛,除了进行外部观察和和阴道检查外有必要通过直肠检查判断其卵泡的发育情况。

任务二　牛的发情控制技术

【任务实施动物及材料】　母牛、黄体酮、甲孕酮、甲地孕酮等。

【任务实施步骤】

一、同期发情

1.准备工作

对母牛进行直肠检查,触摸卵巢是否处于活动状态及子宫有无炎症变化。只有卵巢处于活动状态无子宫炎症的母牛才可进行发情处理。

2.同期发情的药物

(1)抑制卵泡发育的制剂　包括黄体酮、甲孕酮、甲地孕酮、氯地孕酮、氟孕酮、18-甲基炔孕酮等。

（2）促进黄体退化的制剂 前列腺素 $F_{2\alpha}$ 及其类似物。

（3）促进卵泡发育、排卵的制剂 包括孕马血清促性腺激素、人绒毛膜促性腺激素、促卵泡素、促黄体素、促性腺激素释放激素。

前两类是在两种不同情况下（两种途径）分别使用；第三类是为了使母牛发情有较好的准确性和同期性，配合前两类使用的激素。

3. 处理方法

用于母牛同期发情处理应用的药物种类很多，方法也有多种，以下介绍 3 种方法。

（1）孕激素法

①口服法：每日将一定量的孕激素均匀地拌在饲料内，最好是单个饲喂，连续喂一定天数后，同时停药，使母牛同期发情。缺点是用药量大，用量很难准确控制，对放牧牛群不宜使用。

②阴道栓塞法：阴道栓塞样式很多，是将定量的孕激素药物装于有小孔的塑料管中或吸附于有微孔的硅橡胶棒内；或用软泡沫塑料块（直径 10cm、厚 2cm，大小可根据牛的阴道情况调整）拴上细线，经灭菌和干燥后浸吸一定量的溶于植物油中的孕激素，用长柄钳置于母牛子宫颈口处，将线的一端引出在阴门外，便于拉出。其缺点是阴道海绵栓在成年母牛阴道内保持率低，大约有 10% 以上丢失。国外成品有一种是特制硅橡胶环和附在环内用于盛装孕激素的胶囊组成。与阴道海绵栓相比，它不易脱落，而且取出方便。另一种为发泡硅橡胶制成的 Y 形塞，硅橡胶微孔内也有孕激素，塞入阴道后又向外展，固定在阴道内，微孔内的孕激素缓慢渗出，被组织吸收。经一定天数后，扯动绳子，Y 叉合拢取出此栓。然后肌肉注射氯前列烯醇 0.2～0.4mg 或孕马血清促性腺激素 500～800IU。应用阴道栓塞法，必须严格操作，用具、阴道都要保持无菌状态，防止生殖道感染、化脓。

③耳背皮下埋植法：将 18-甲基炔诺酮 20～40mg 及等量的磺胺结晶粉混合研成粉末，装入有很多小孔的塑料细管（长 1.5～18cm、外径 3mm、内径 2mm）或将药物装在有微孔的硅胶管中，用埋植器将管埋入耳背皮下，9～12d 后取出，并注射氯前列烯醇 0.2～0.4mg 或孕马血清促性腺激素 500～800IU。此方法用药量少，并且操作简便，不会丢失，较有应用前途。多数母牛在处理后 2～4d 发情排卵。

（2）前列腺素 $F_{2\alpha}$ 法 用前列腺素及其类似物子宫内注入或肌肉注射。子宫内注入法是用输精导管将药物注入子宫腔内，用药量较少，效果较明显，但操作复杂。肌肉注射法，方法简单，但用药量较多。

前列腺素只对功能性黄体有溶解作用，对发情后 4～5d 内的新生黄体没有作用，所以要间隔 10～12d 做重复处理。前后 2 次各 0.4～0.6mg/头，处理后 3～5d 之内多数母牛出现发情。为了避免盲目地做第二次处理，可在处理前对牛群做 5d 直肠检查，对没有发情的母牛进行处理，可以提高同期发情率。

（3）孕激素与前列腺素结合处理法 此法效果优于二者单独处理。即先用孕激素阴道栓等方法,对母牛处理 7 ~ 9d,结束前 1d 或当天给母牛注射前列腺素,48h,90% 的母牛会出现同期发情。

4. 同期发情的输精时间

对母牛用药处理后,要密切观察发情表现,若发情时间集中可不作发情检查而进行定时输精。定时输精一般是在孕激素处理结束后的第 2 ~ 3d 或第 3 ~ 4d 各输精 1 次;前列腺素处理,则在第 3 ~ 4d 或第 4 ~ 5d 各输精 1 次,也可在最适宜时间定时输精 1 次。第 1 次发情期受胎率一般为 30% ~ 40%,第二发情期受胎率基本趋于正常。

二、超数排卵

1. 使用激素

PMSG、FSH、$PGF_{2\alpha}$ 及其类似物、促排药物、孕激素。

2. 超数排卵的方法

(1)FSH + $PGF_{2\alpha}$ 法 从发情周期第 9 ~ 14d(即黄体期)中的任何一天开始肌肉注射 FSH,按每日递减剂量连续肌肉注射 4d,每天间隔 12h 等量肌肉注射二次。总剂量应根据牛的体重、胎次作适当调整。比如使用加拿大进口 FSH,一般经产母牛使用剂量为 300 ~ 400mg,育成母牛使用剂量为 200 ~ 300mg,每日递减的差以 20mg 为宜;国产纯化的 FSH,经产牛为 8 ~ 10mg,育成牛为 6 ~ 8mg,每日递减的差以 0.2 ~ 0.4mg 为宜。一般在注射 FSH 第 3 天即注射第 5 针、第 6 针的同时,肌肉注射氯前列烯醇 0.4 ~ 0.6mg,如果采用子宫灌注法剂量可减半。

(2)CIDR + FSH + PG 法 在发情周期的任何一天在供体母牛阴道内放入进口的 CIDR 阴道栓或国产的海绵栓,当天计为 0 天,然后于第 9 ~ 13 天任何一天开始肌肉注射 FSH,采用递减法连续注射 4d 共 8 次,在第 7 次肌肉注射 FSH 的同时取出阴道栓. 并肌肉注射氯前列烯醇,供体母牛一般在取出阴道栓后 24 ~ 48h 出现发情。

(3)PMSG + PG 法 在供体母牛发情周期的第 11 ~ 13d 中的任意一天,一次肌肉注射 PMSG,PMSG 使用的总剂量按母牛每千克体重 5IU 左右确定,在注射 PMSG 后 48h 和 60h,同时肌肉注射 PGF 0.4 ~ 0.6mg,在母牛出现发情后 12h,即第一次输精的同时肌肉注射与 PMSG 等剂量的抗 PMSG 以消除其半衰期长的不良反应。此外,本方法也可以与放置 CIDR 相结合起来,在放置 CIDR 后的第 9 ~ 13d 中的任意一天,一次肌肉注射 PMSG。肌肉注射氯前列烯醇 24h 后取出 CIDR。

3. 超数排卵的效果

(1)发情周期 经超排处理后的母牛,因其体内血液中含有高浓度的孕激素,从而导致母牛发情周期延长。血液中的孕激素大部分来自超排后所生成的黄体,少部分来自黄体化的闭锁卵泡。

(2)发情率 超排时使用促性腺激素和 $PGF_{2\alpha}$。进行处理后,60% ~ 80% 的母牛都有发情表现,还有少部分母牛虽没有发情表现,却能正常排卵。

(3)排卵数　供体母牛一次超排的数目不是越多越好,两侧卵巢一次排卵数为10~15枚较为适宜。如果超排的卵子过多,可能会有较多的未成熟卵子排出,结果将导致母牛受胎率下降,同时卵巢需要恢复正常生理功能的时间也相应延长。

(4)发情出现时间和胚胎回收率　供体母牛实施超数排卵时,给其注射$PGF_{2\alpha}$后,48h内出现发情的母牛胚胎回收率最高;72h以后出现发情的供体母牛,其胚胎的回收率会大幅度下降,而且多为未受精卵。当超排卵子数过多时,胚胎的回收率也有所下降。

(5)受胎率　经过超数排卵处理的母牛其受胎率会低于自然发情母牛的受胎率。回收胚胎应该选择最适宜的时间,实践证明,胚胎回收的时间越晚,变性胚胎的比例就会越太。

三、诱导发情

1. 使用的激素及药物

PMSG、LRH－A_2或LRH－A_3、雌激素、孕激素、FSH、HCG、氯前列烯醇、牛初乳、新斯的明等。

2. 生理性乏情的处理方法

(1)孕激素处理法　对生理性乏情的母牛效果很好,因为此时母牛卵巢处于相对静止状态。首先利用孕激素(埋植或阴道栓)处理9~12d,孕激素处理后,对垂体和下丘脑有一定的刺激作用,从而促进卵巢进入活跃状态及卵泡发育。然后再注射PMSG 1000IU,20h左右即可诱导母牛发情。

(2)牛初乳处理法　给不发情的母牛肌肉注射牛初乳16~20mL,同时注射新斯的明10mg,在发情配种时,再肌肉注射LRH－A_2或LRH－$A_3$100μg可以诱发80%~90%的母牛发情并排卵。

(3)雌激素处理法　利用雌激素及其类似物对不发情的母牛进行处理。一般为母牛肌肉注射5~10mg己烯雌酚,注射2~3d母牛即可出现发情。值得注意的是,母牛虽然有发情表现,但往往卵巢上不一定有卵泡发育和排卵。所以,最好是在此后的第二或第三个情期配种,受胎率较高。

(4)PMSG处理法　首先检查确定乏情母牛卵巢上无黄体存在。肌肉注射PMSG 750~1500IU,可使母牛表现发情,同时卵巢上有卵泡发育、排卵。10d内仍没有发情的母牛,可再次进行处理,方法同上,剂量可稍增加。另外在使用PMSG诱导母牛发情后,应肌肉注射抗PMSG抗体,消除因PMSG残留所引起的卵泡囊肿等不良后果。

3. 病理性乏情的处理方法

(1)卵巢功能减退　由于母牛的卵巢功能减退,而暂时处于静止状态,不出现周期性活动。如果卵巢功能长久衰退,则会引起卵巢组织的萎缩、硬化。此病多发生于气候寒冷、营养状况不良、使役过度的母牛或高产奶牛。卵巢萎缩或硬化后不能形成卵泡,母牛没有发情表现。治疗时可使用 FSH、PMSG、HCG 和雌激素进行辅助治疗。

(2)持久黄体 排卵后卵巢上的黄体超过正常时间而不消退,从而抑制了母牛的卵泡发育,使母牛不能正常发情、排卵。直肠检查时母牛卵巢上的黄体一部分呈圆周状或蘑菇状突出于卵巢表面,且卵巢实质稍硬。可利用 PG 及其类似物对母牛进行处理,母牛肌肉注射 0.4 ~ 0.6mg 或子宫灌注 0.2mg 的氯前列烯醇,即可治愈。

1. 如何从牛群中挑选出发情母牛?
2. 什么情况下采片,用直肠检查法鉴定发情母牛?
3. 制订牛同期发情、诱导发情、超数排卵实施方案。

一、公牛的生殖器官和生理功能

公牛的生殖系统由睾丸(性腺)、附睾、输精管、副性腺(精囊腺、前列腺和尿道球腺)、尿生殖道和外生殖器(阴茎)等器官构成,见图 1-6。

(一)睾丸

1. 睾丸的位置及形态

睾丸位于阴囊的左右两个腔内,每腔一个,呈卵圆形。睾丸的最外面包着由腹膜变成的固有鞘膜,内为致密结缔组织形成的白膜,十分强韧,与内部的睾丸实质紧密相连,密布着血管网。睾丸被白膜组织形成的纵隔向外周呈辐射状地分隔成许多小区,大约有 100 ~

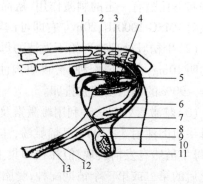

图 1-6 公牛生殖器官
1—直肠 2—输精管壶腹 3—精囊腺 4—前列腺
5—尿道球腺 6—阴茎 7—S状弯曲 8—输精管
9—附睾头 10—睾丸 11—睾丸尾 12—阴茎游离端
13—内包皮鞘
资料来源:陈幼春《现代肉牛生产》,1999。

300 个小室,称做睾丸小室。纵隔是许多小管交织而成的管网,称睾丸网。每个睾丸小叶中有 3~5 条蟠曲的曲精细管,也称精细管。由精细管汇合形成较直的细管,为直精细管,是精子的通道。直精细管在睾丸的纵隔形成睾丸网,从其中分出的输出管有 10~30 条,形成附睾头。

精细管的管壁从外向内由结缔组织纤维、基膜和复层上皮所组成。上皮由生殖细胞和支持细胞(又称足细胞或塞氏细胞)构成。生殖细胞处于不同的发育阶段,呈各种类型,排列成若干层。支持细胞介于密集的生殖细胞中,呈柱状,比生殖细胞大许多倍,垂直地附着在曲精细管的基膜上,另一端不规则地突入管腔中;其作用是营养生殖细胞,并形成血液与睾丸精细管间的屏障,保证精子发生的相对稳定的环境,促成精子的释放。精细管之间为疏松的结缔组织,内含血管、淋巴管、神经和分散的间质细胞。间质细胞(又称莱氏细胞)呈不规整圆形,核大而圆;其细胞质中有脂性小滴和线粒体,具有分泌雄性激素的功能。

2. 睾丸的功能

睾丸具有生精和分泌激素的功能。睾丸需要不同于体温的温度,其温度靠阴囊和精索的蔓状血管丛来调节。天气炎热时,阴囊皮肤出汗,肌肉松弛、下垂,睾丸位置下降,温度易于散发。当天气变冷时,阴囊收缩,提起睾丸使其靠近腹部,阴囊壁变厚以利保温。进出睾丸的动脉和静脉都呈蔓状并卷曲成锥形。离开睾丸的静脉血的温度较低,可降低进入睾丸的动脉血的温度。

(1)精子发生 是精原细胞由精母细胞发育成精细胞,最后形成精子的过程,由两个过程构成。一是由精原细胞发育到精细胞的过程,是精细胞发生;二是精细胞经变态形成精子的过程,是精子形成。两者都是在睾丸中的曲精细管中进行。

牛精子发生的全过程约需 60d。而每克睾丸组织每天平均产生 1300 万~1900 万个精子。

(2)睾丸的内分泌功能 睾丸是决定公牛雄性第二性征的器官,如发达的肩颈肌肉群、强悍的形体气质以及性行为。睾丸小叶中的间质细胞产生和分泌雄激素,通过血管网运送到生殖器官各个部位和整个机体,起到调节性行为的作用。

(二)附睾

附睾是指附在睾丸上方并移向其后下缘的组织。附睾由头、体、尾三个部分组成,由来自睾丸网的十多条输出小管构成。许多小管由结缔组织联结成小叶。以扁平状贴附在睾丸上缘,为附睾头;以弯曲而细长状贴附在睾丸上的为附睾体;以圆盘状贴附在睾丸远端的为附睾尾。在睾丸内附睾管弯曲减少成为输精管。此管的拉直长度达 35~50cm,直径 1~2mm。精子由睾丸的曲精细管通过附睾时是最后成熟的过程。一般的成熟时间是 10d。来自睾丸的稀薄精子悬浮液,此时水分被吸收,在尾部成为极浓的精子悬浮液。成熟的精子则储存在附睾尾部,在弱酸性、体温略低且缺乏精子代谢所需要的糖类的条件下,呈休眠状态。精子在这一部位的存活期约 60d 以上。

(三)阴囊

阴囊是从腹壁凸出形成的皮肤—肌肉囊,包裹着睾丸,具有调节睾丸和附睾温度的功能,一般可保持34~35℃。在胚胎期间睾丸和附睾位于腹腔中,到出生前才降到阴囊里。如果不下落则称作隐睾,这是造成不育的原因之一。

(四)输精管

输精管起始于阴囊中,经腹股沟管进入骨盆腔,开口于膀胱颈附近的尿道壁上。牛的输精管尿道端膨大,称作输精管壶腹,是一种副性腺,共有一对。

输精管在睾丸系膜内与血管、淋巴管、神经、提睾内肌等组成精索,在延长至射精孔处结束。输精管的肌肉层较厚,收缩力强,配种时有利于精子的射出。

(五)尿生殖道

尿生殖道只有一条,是精液和尿液排出的共同通道。它起自膀胱颈末端和输精管口会合处,止于阴茎的龟头末端。尿生殖道分骨盆部和阴茎部,两个部分以坐骨弓为界。

(六)副性腺

副性腺体是精囊腺、前列腺和尿道球腺的总称。也有的把输精管壶腹当作副性腺之一,见图1-7。

1.精囊腺

一对,呈不规则长卵圆形,位于膀胱颈背侧,输精管末端外侧。输出管开口于尿生殖道的精阜上。

2.前列腺

只有一个,由腺体部和扩散部构成。位于精囊腺后部,膀胱颈和尿生殖道起始部的背侧,开口于精阜后方的尿生殖道内。前列腺因年龄而有所变化,幼龄时较小,到性成熟期较大,老龄时又逐渐缩小。

3.尿道球腺

一对,位于尿生殖道骨盆部后端的背面两侧,每个腺体有一条导管开口于尿生殖道内。

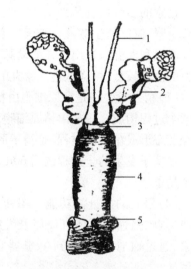

图1-7 公牛副性腺

1—输精管壶腹 2—精囊腺 3—前列腺
4—尿生殖道骨盆部 5—尿道球腺
资料来源:冯仰廉《实用肉牛学》(第四版),1995。

(七)阴茎和包皮

这是位于腹壁自耻骨部前行到达脐部附近的器官。包括阴茎海绵体、尿生殖道阴茎部和外部的皮肤。阴茎可分为阴茎根、阴茎体和阴茎头三部分。阴茎根附在坐骨弓腹侧,阴茎体主要由成对的海绵体构成,阴茎头末端膨大成龟头。牛的阴茎长达80~100cm,海绵体欠发达,呈S状弯曲,当勃起时,S状弯曲拉直,血液大量注入海绵体内的血管部,阴茎容积增加,呈挺直状,肌肉保持其伸展状态。平时阴茎隐藏在包皮内。包皮是一种皮肤被囊,包覆在阴茎的外面,对阴茎起保护和滋润作用。

二、精液

精液是公畜生殖器官产生和排出的携带精子的体液。精液由精子和精清组成。在公牛射精时,来自附睾的含有精子的体液和来自副性腺的精清,在通过尿生殖道时混合,精子是精液中具有活动能力的细胞成分。公牛精液的总容量中精子约占15%。其浓度常用"精子密度"来度量,表示精液中精子的含量。体积以1mL精液计算,含有的精子数目用"亿"作为度量单位。公牛的一次射精量平均为5mL,每毫升平均含10亿个精子。

(一)组成

由精子和精清组成,含水90%~98%,干物质2%~10%,精清主要是附睾和副性腺分泌物。

(二)结构

精子是特异化有尾的单倍体细胞,公牛精子长约70μm。精子主要分为三部分。

1. 头部

精子头部呈扁卵圆形,主要由核和顶体构成,顶体内含有多种与受精相关的酶类,是一个不稳定的结构,在精子衰老时容易变性出现异常或者从头部脱落,为评定精液品质的指标之一。核内含有顶体素、透明质酸酶、放射冠穿透酶等水解酶,核内含遗传基因信息,核后帽对精子有保护作用,是受精的关键部位。

2. 颈部

位于头和尾之间起连接作用,较短,是精子最脆弱的部分,极易变形而失去活力。

3. 尾部

是精子的运动器官,一般分为中段、主段、末段。中段内含特殊的细胞器,有线粒体等,为精子运动提供能量;主段是尾部的主要组成部分,也是最长的部分;从纤维鞘消失至尾尖的部分称末段。

(三)精子的运动

1. 直线运动

在适宜的条件下,正常精子作直线前进运动,这样的精子能到达受精部位,是有效精子。

2. 圆周运动

精子围绕点作转圈运动,由于精子畸形、颈部弯曲等造成重心偏离,是无效精子。

3. 原地摆动

精子左右摆动,没有推进力量,同样是无效精子。另外当精子对周围环境不适时,也会出现摆动。

(四)精子的特性

1.向触性

精液中如有异物,精子就会向着异物运动,其头部顶住异物做摆动运动,活力会下降。

2.向流性

在流动的液体中,精子表现为逆流向上的特性,运动速度随液体流速而加快。

3.向化性

精子具有向化学物质运动的特性。雌性动物生殖道内存在某些特殊的化学物质,吸引精子向生殖道上方运动,如酶、激素等。

(五)外界环境对精子的影响

1.温度的影响

(1)高温　精子在高温下,代谢增强,能量消耗快,造成精子早衰,促使精子在短时间内死亡。精子忍耐的最高温度为45℃,超过此温度会发生热僵直而迅速死亡。

(2)常温　精液在体温状态下代谢正常。

(3)低温　低温对精子的影响是比较复杂的。精子在低温下,代谢和运动能力下降,当温度降至10℃以下时,精子几乎处于休眠状态。新鲜的精液从体温状态缓慢降到10℃以下,精子逐渐停止运动,待升温后又能恢复正常活力。如果降温过快,就会发生"冷休克"丧失活力。冷休克是指当精子的温度由体温状态急剧降温到10℃以下,精子会发生不可逆的失去活力的变化。

(4)超低温　精液保存在 -196 ~ -79℃中,精子的代谢和活动能力基本停止,可以长期保存。解冻后能够复苏,有一定的受精能力。但是要加入甘油等防止冰晶的出现,还要快速地降温。

2.渗透压的影响

渗透压是指精子膜内、外溶液浓度不同,而出现的膜内、外压力差。精清或稀释液的渗透压高,造成精子本身脱水。精清或稀释液的渗透压低,水分就会渗入精子内部,使精子膨胀而死。低渗透压的危害大于高渗透压。

3.pH 的影响

精子在一定的酸碱度溶液中才能存活,最适合精子生存的 pH 是 7.0 左右,在弱酸性环境中精子活力受到抑制,延长精子的存活时间,在弱碱性环境中精子活力增强,缩短精子在体外存活的时间。

4.光照和辐射的影响

精子对光线照射十分敏感,直射日光能刺激精子运动增强,红、紫外线会缩短精子的寿命,损害受精能力。通常采用棕色玻璃容器收集和储存精液。

5. 药品的影响

向精液中加人适量抗生素,可抑制病原微生物的繁殖。但是挥发性的、带有刺激性气味的抗生素对精子有很大影响。

6. 振动的影响

振动可加速精子的呼吸作用,从而缩短精子的寿命。

7. 稀释的影响

新鲜精子运动较活跃,经一定倍数的稀释后有利于增强精子活力,精子代谢和耗氧量增加。经高倍稀释时,精子表面的膜发生变化,细胞的通透性增大,精子内各种成分渗出,精子外的离子又向内入侵,影响精子的代谢和生存,对精子造成稀释打击而出现精子死亡的现象。

三、采精前的准备

(一)场地准备

采精场应设专门的场地,以便公牛建立稳固的条件反射,采精场需宽敞、明亮、平坦、清洁、安静,紧靠精液处理室,设有供公牛爬跨的假台牛和保定发情母牛用的采精架。

(二)台牛的准备

台牛是供公牛采精的台架,有真台牛和假台牛之分。采精时最好使用发情母牛,但现场很难找到,一般大型采精场都用假台牛。假台牛是按母牛的体型高低、大小,用钢管或木料做支架,在支架背上铺棉絮或泡沫塑料等。再包裹一层畜皮或麻袋、人造革等,以假乱真。假台牛内可设计固定假阴道的装置,可以调节假阴道的高低。

利用假台牛采精对公牛调教的具体方法如下。

(1)在假台牛后躯涂抹发情母牛的阴道分泌物或外激素。

(2)在假台牛的旁边放一头发情母畜,让待调教公牛爬跨、拉下,反复几次,当公牛兴奋至高峰时,牵向假台牛,可一次成功。

(3)让待调教公牛目睹已调教好的公牛利用假台牛采精或播放有关录像,然后再训练。

调教公牛时应定时、定人,有耐心,不能粗暴,以便形成良好的条件反射。

(三)假阴道的准备

假阴道是模拟发情母牛阴道内环境而设计制成的一种装置。假阴道主要有三个部件构成:内胎、外壳和集精杯。

假阴道的安装与调试方法如下。

(1)注水 注入39℃温水,占内胎与外壳之间容积的2/3,注水后塞上胶塞,最后在使用时达到体温状态。

(2)消毒 事先内胎已消毒过,安装过程中有可能被污染,用长柄钳夹酒精棉球,伸入到外壳长度 2/3 处,从里向外旋转消毒。

(3)润滑剂 将液体石蜡用玻璃棒从里向外旋转进行涂抹,不要太多,以免污染精液。

(4)测温 注水时牛的假阴道水温应稍高些,使用时达到体温状态。

(5)注气调压 用二联球通过注水孔注气。调试好以后放入恒温箱中若干个备用。

四、采精频率

合理安排采精频率即能最大限度地发挥公牛的利用率,也有利于公牛健康,增加使用年限。采精频率根据公牛睾丸的生精能力、精子在附睾的储存量、每次射出精液中的精子数及公牛体况来确定。

采精频率为 2~3 次/周,每次连续采两个射精量。第一次采完的隔半小时再采一次,第二次采的精液品质往往比第一次的好。

五、精子活力

保存和运输前后输精精子活力,又称精子活率,是指在显微镜的视野中,直线运动的精子占整个精子数的百分比。活力是精液检查最重要的指标之一。在采精后、稀释前都要进行检查。

六、精液的稀释

(一)稀释的目的

(1)扩大精液容量,增加一次采精量的可配母牛数。

(2)延长精子在体外的存活时间。

(3)有利于精液的保存和运输。

(二)稀释液的成分及作用

(1)稀释剂 主要是单纯扩大精液容量的一种等渗液。成分为 0.9% 的 NaCl 溶液,5% 的葡萄糖。

(2)营养剂 主要为精子在体外代谢提供营养,以补充精子在代谢过程中消耗的能量。如奶类、卵黄及糖类。

(3)保护剂 主要保护精子免受各种外界环境不良因素的危害。

①降低电解质浓度:副性腺中 Ca^{2+}、Mg^{2+} 等强电解质含量较高,刺激精子代谢和运动加快,使精子发生早衰;向精液中加入非电解质或弱电解质,以降低精液电解质的浓度,常用各种糖类、氨基乙酸。

②缓冲物质:精子在体外不断代谢,随代谢产物的累积(乳酸或 CO_2 等)精液的 pH 下降,易发生酸中毒,使精子不可逆的失去活力。如柠檬酸钠、酒石酸钾钠等。

③抗冷休克物质:在精液保存中常降温处理,如温度发生急剧变化精子遭受冷休克而失去活力。发生冷休克的原因是精子内部的缩醛磷脂在低温下冻结,经凝固影响精子的正常代谢。如卵黄、奶类,二者合用效果更好。

④抗冻物质:在精液保存过程中,精液由液态向固态转化,对精子的危害较大,常加入甘油和二甲基亚砜(DMSO)。

⑤抗菌物质:在采精及精液处理过程中,精液难免受到污染,且精液中细菌易繁殖。常用的抗菌物质有青霉素、链霉素、氨基苯磺胺。

(4)其他添加剂:主要改善精子外在环境的理化特性,调节母牛生殖道的生理功能,提高受精机会。

①激素类:向精液中添加催产素、PG 等,有利于精子运行,提高受胎率。

②维生素类:如维生素 B_1、维生素 B_2、维生素 B_{12}、维生素 C、维生素 E 等可改进精子活力,提高受胎率。

③酶类:过氧化氢酶能分解精液中的过氧化氢,提高精子的活力。

(三)稀释液的配制和种类

1.稀释液的种类

(1)现用稀释液　以扩大精液容量,增加配种头数为目的,适用于采精后立即输精。

(2)常温保存的稀释液　适用于精液的常温短期保存,一般 pH 较低。

(3)低温保存的稀释液　适用于精液的低温保存,有抗冷休克作用。

(4)冷冻保存的稀释液　适用于冷冻保存,成分比较复杂。

2.配制稀释液需要注意的问题

(1)稀释液应现用现配。

(2)配制稀释液的器具,用前必须严格消毒,用稀释液冲洗后方能使用。

(3)配制稀释液的蒸馏水要求是新鲜的,最好现用现制。

(4)所用药品要纯净,称量要准确,经溶解、过滤、消毒后使用。

(5)卵黄应取自新鲜鸡蛋,待稀释液冷却后加入。

(6)奶粉颗粒大,溶解时先用少许蒸馏水调成糊状,用脱脂棉过滤、消毒后方可使用。

(四)牛细管冻精的稀释液配方

1.葡萄糖 - 柠檬酸钠 - 卵黄 - 甘油液

葡萄糖 3.0g + 二水柠檬酸钠 1.4g + 蒸馏水 100mL,取其 80mL + 卵黄 20mL,混合后取其 86mL + 甘油 14mL。

2.柠檬酸钠 - 果糖 - 卵黄 - 甘油液

柠檬酸钠 2.97g + 卵黄 10mL + 蒸馏水 100mL,取其 41.75mL + 果糖 2.50g + 甘油 7mL。

七、精液的冷冻保存（–196 – ~79℃）

精液冷冻保存是利用液氮（–196℃）或干冰（–79℃）作冷源，将精液处理后冷冻,达到长期保存的目的。

(一)精液的冷冻保存原理

1. 玻璃化假说

物质的存在形式有三种:气态、液态和固态。其中固态又分为结晶态和玻璃态,在不同的温度下,这两种形式可以相互转化。结晶态下,分子有序排列,颗粒大而不均匀。玻璃态下,分子无序排列,颗粒细小而均匀。冰晶化是造成精子死亡的主要原因:一是当精液冷冻时,精子外的水分先冻结。冻结并非同时发生,局部水分冻结后,把溶质排斥到没有冻结的那部分精液中,形成高渗液,由于精子内外渗透压差及冰和水表面蒸汽压差的关系,使精子脱水,原生质变干而死亡。二是由于水分冻结,产生冰晶,其体积增大且形状不规则,加上冰晶的扩展和移动,对精子产生机械压力,破坏了精子原生质表层和内部结构,引起死亡。玻璃化是精子在超低温下,水分子保持原来无次序排列,呈现纯粹的超微颗粒结晶坚实的结冻团块。精子在玻璃化冻结的状态下,不会出现原生质脱水,结构不发生变化,解冻后仍可恢复活力。

有试验证明,–60~0℃温度范围是形成结晶态危险的区域,其中–25 ~ –15℃是最危险的区域。玻璃化必须在–250℃ ~ –60℃的低温区域内,经快速降温,迅速越过冰晶化而进入玻璃化阶段。甘油在–30℃时不冻结,加入甘油可延缓冻结。制作冻精时启动温度应达到–100℃,超过–60~0℃这一区域,那么即便使用了甘油,启动温度低对精子也有影响。

2. 细管冻精

长度约为13cm,一端塞有细线或棉花,中间放置聚乙烯醇粉称为活塞端;另一端封口称为封闭端。规格有0.25mL、0.5mL、1mL。具有易标记、不易受污染、易储存、剂量准确、易解冻等优点。

(二)液氮及液氮容器

1. 液氮及其特性

液氮是空气中的氮气经分离、压缩形成的一种无色、无味、无毒的液体。沸点温度为–195.8℃,在常温下液氮沸腾,吸收空气中的水分形成白色的烟雾,液氮具有很强的挥发性。当温度升高到18℃时,其体积会膨胀680倍。此外,液氮又是一种不活泼的液体,渗透性差,无杀菌能力。所以使用时应注意防止冻伤、喷溅、窒息等。当用氮量大时要保持室内的空气通畅。

2. 液氮容器

包括液氮储运容器和储存容器。两者结构相同、作用不同,一个负责运输液氮;另一个适合储存生物制品。

(1)罐壁 分为内、外两层,一般由坚硬的合金制成。为了增加罐的保温性能,夹层被抽成真空,真空度为 133.3×10^{-6} Pa。夹层中装有活性炭、硅胶及镀铝涤纶薄膜等,以吸收漏入夹层的空气,从而增加罐的绝热性。

(2)罐颈 由高热阻材料制成,是连接罐体和罐壁的部分,较为坚固。

(3)罐塞 由绝热性能好的塑料制成,具有固定提筒手柄和防止液氮过度挥发的功能。

(4)提筒 用来存放冻精和其他生物制品。提筒的手柄由绝热性能良好的塑料制成,既能防止温度向液氮内传导,又能避免取冻精时冻伤。提筒的底部有许多的小孔,以便液氮渗入其中。

3. 使用液氮容器的注意事项

(1)液氮易挥发,应定期检查并及时添加液氮,当液氮量减少 2/3 时,应及时添加。

(2)提筒在使用时不能暴露在液氮外,在取冻精时,提筒不得提出液氮罐的外口。

(3)液氮罐在使用时,应当防止撞击、倾倒,定期刷洗保养。

(4)液氮罐应放置在阴凉的地方,避免阳光直射。

任务三 牛的采精及精液处理技术

【任务实施动物及材料】 公牛、新鲜精液、细管冻精、显微镜、水浴锅、恒温箱、细管剪子、液氮罐。

【任务实施步骤】

一、假阴道法采精技术

1. 准备工作

(1)采精室 采精必须保持安静的环境和不受天气变化的影响,固定房间,一般为 $50 \sim 70 m^2$,室内安装采精架(见图 1-8)或假台牛。为防止闲人围观,采精室应在僻静的位置。

(2)器材的准备 玻璃器材用高压蒸汽消毒,也可用电热鼓风干燥箱消毒。橡胶制品和金属器械放在水中煮沸或用 75% 酒精棉球擦拭消毒。

(3)台畜的准备 有真台畜和假台畜两种。

(4)假阴道的准备 牛用假阴道由外壳、内胎、集精杯(管)、气嘴、注水孔、固定胶圈、橡胶漏斗(欧美式)、集精杯固定套(苏式)、瓶口小管、假阴道入口泡沫垫等组成(见图 1-9)。

(5)公牛的准备 公牛的性成熟期约在 7 ~ 8 月龄,人工采精的公牛,约 8 ~ 10 月龄可开始采精训练。新公牛开始采精训练时,为了促使其性欲,可用健康的非种

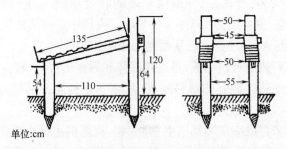

单位:cm

图 1-8　木制牛用采精架
资料来源:中国农业大学主编《家畜繁殖学》(第三版),2000。

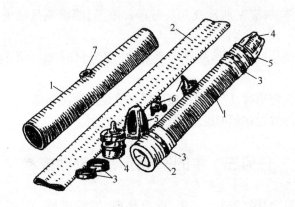

图 1-9　牛用假阴道
1—外壳　2—内胎　3—固定胶圈　4—双层保温集精杯　5—集精杯固定套　6—气嘴　7—注水孔
资料来源:陈幼春《现代肉牛生产》,1999。

用母牛作台牛,诱使公牛接近台牛,并刺激其爬跨。待公牛适应了采精后,也可将母牛换成假台牛,但要注意,对肉用牛和一些性欲不很强的乳用公牛,用假台牛往往不能激发公牛的性欲,故不宜进行更换。在采精训练时,必须注意耐心细致的原则,不能强行从事,或粗暴对待采精不顺利的公牛,避免使公牛产生对抗情绪。

清洗牛体,特别是牛腹部和包皮部,以避免脏物污染精液。可用 0.1% 高锰酸钾溶液清洗包皮内外并擦干。

(6)人员准备　要求技术熟练、动作敏捷,了解公牛的采精特点。要求穿戴工作服,指甲剪短磨光,手臂清洗消毒。

2. 采精操作

(1)将公牛牵至采精架,让其进行 1~2 次假爬跨,以提高其性欲。

(2)采精员立于台牛右侧,待公牛受刺激达到性高潮后,把勃起的阴茎导入假阴道内。公牛射精时,应配合牛的射精冲动移动假阴道,于射精结束时,轻轻地顺势取下假阴道,并保持立势,以免精液逆流而从集精杯(或集精管)进入假阴道。

（3）将假阴道外筒的开关打开,放掉内部的温水,取下装有精液的集精杯或集精管,移入实验室进一步处理。

（4）采精时需要特别注意的是,假阴道内壁不要有水分。在冬季,应避免精液温度的急剧下降,宜将采精杯置于保温瓶或利用保温杯直接采精,以防精子受到温度剧变的影响造成精子休克或伤害。

3. 注意事项

（1）饲喂前后 1 ~ 2h 内不允许采精,不要在公牛采精前后立即饮用凉水,采精前还应避免牛的激烈运动。

（2）牛阴茎对假阴道的温度敏感,要注意温度调节。

（3）牛采精时间短,要求技术动作熟练。

二、精液处理技术

1. 精液的外观性状检查

为了确切了解采出的精液质量,保证配种后的受胎率,人工授精或制作冷冻精液时,必须对精液进行检查。主要检查的项目有:精液的色泽、精液量、活力、密度、pH、畸形率、顶体完整率等。

（1）准备工作　将采集好的精液放在已消毒的带有刻度的集精杯或量筒中,然后放置在 35 ~ 38℃ 的水浴锅中备用。

（2）检查方法

采精量:欧美式的假阴道集精管有刻度,可以直接读出精液量的多少。苏式的假阴道要将集精杯内的精液沿管壁缓慢地倒入有刻度的试管或量筒内测量精液量。

精液的颜色:观察装在透明容器中精液的颜色。

精液的气味:嗅闻精液的气味。

云雾状:观察装在透明容器中精液的液面变化情况。

（3）结果

射精量:公牛一次射精量平均为 5mL（2 ~ 10mL）,水牛为 3 ~ 6mL,牦牛为2 ~ 5mL。

精液的颜色:精液的颜色随着精子浓度而有所不同。精子浓度越高,精液颜色越呈现乳白色。精液异常时可呈现不同的颜色,如精液中混入尿液呈琥珀色;有新鲜血液时呈红色;而含有血液及组织细胞时,精液呈褐色或暗褐色;当精液含有化脓性物质时,可出现绿色等。

正常的公牛精液含有特有的腥味,无腐败和恶臭。但当精液出现异常时,如含有化脓性物质,精液可出现臭味。

云雾状越明显,说明精子密度越大。表示方式:明显用"＋＋＋"表示;较明显用"＋＋"表示,不明显用"＋"表示。

2. 精子活率检查

（1）准备工作

器械准备：精子活率检查要在 38℃ 显微镜温度下进行，才能正确地判断出精子活率。用于人工授精的显微镜，倍数不需太高，一般生物显微镜即可，可配保温装置。

精液准备：细管冻精、新鲜精液。

（2）检查方法　取一小滴精液，滴在载玻片上，盖上盖玻片，然后放在显微镜载物台上检查。先用低倍，然后用 400 倍进行检查。检查时要多看几个视野，并上下扭动细螺旋，观察上、下液层精子的运动情况，取各次检查结果的平均数，这样的结果比较准确。由于精子活率是估测方法，初次参加检查的人，往往评得太高，要经过一段实践后，有了经验才能检查得较为准确。凡接触精液的用具，如载玻片、盖玻片、玻璃棒等都要干净、无菌，否则影响检查的真实性。同时操作要求快速准确，取样要有代表性（精液要轻轻摇均匀后再取样）。

（3）结果　精子活率的检查，是精子质量指标的重要项目之一。精子活率是根据显微镜下呈直线前进运动的精子百分率计算，通常用十级评分法，精子大约有80% 呈直线前进运动的评为 0.8，有 60% 精子呈直线前进运动的评为 0.6，依此类推（见图 1 - 10）。

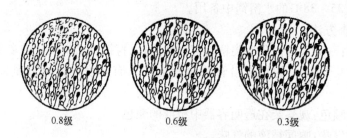

0.8级　　0.6级　　0.3级

图 1 - 10　精子活动评分标准图

"白色"精子—前进运动　"黑色"精子—非前进运动

资料来源：许怀让主编《家畜繁殖学》，1992。

（4）注意事项　如果没有电子加热板或者保温装置，检查速度要迅速，在 10s内完成；精子活力评定时有一定的主观性，应观察 2～3 个视野，取平均值。

3. 精子密度检查

精子密度是指单位体积中精子数量的多少，以每毫升精液中所含的精子数（单位：亿）来表示，也是精液品质的一项重要指标。公牛每毫升精液中平均精子数为10 亿（3 亿～20 亿）；水牛为 6 亿～14.8 亿，牦牛为 8 亿。检查方法很多，主要有三种常用的方法。

（1）估测法　是在检查精子活率的同时进行精子密度的估测。它是根据精子稠密程度的不同，将精子密度评为"密"、"中"、"稀"三级。"密"级为精子之间空隙不足一个精子长度;"中"级为精子间有 1~2 个精子长度的空隙;"稀"级为精子间空隙超过 2 个精子长度以上,"稀"级不可用于输精(见图 1-11)。

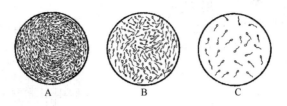

图 1-11 牛精子密度示意图

A—密 B—中 C—稀

资料来源:北京农业大学主编《家畜繁殖学》,1980。

(2)精子计数法 是用血细胞计数板(见图 1-12)较精确地计算出每毫升精液中的精子数,以精子数和活率来计算出稀释倍数。方法是:用红细胞吸管(见图 1-13),吸取原精液至 0.5 刻度处,再吸入 3% 的氯化钠溶液至 101 刻度处,吸取过程不能出现气泡,或超过 101 刻度处,否则会影响精确度。3% 氯化钠是用于杀死精子和进行稀释,便于观察计数,稀释倍数为 200 倍。用拇指和食指按住吸管的两端摇匀,然后弃去吸管前数滴,将吸管尖端放在计算板与盖玻片之间(高 0.1mm)的空隙边缘(见图 1-14),使吸管中的精液流入计算室,充满其中,如有空隙,要将计算板洗净、擦干后重做。计算室中央用刻线分成 25 个方形大格,每个大方格,又划分为 16 个小方格,共 400 个小方格,面积为 $1mm^2$。将计算板放在显微镜下,在 200 倍或 400 倍下数出 5 个大方格(四角各一个,再加中央一个)内的精子数(见图 1-15)。计算时,位于大方格四边线上的精子,只数相邻两边的精子,避免重复(见图 1-16)。用于撳计数器数一个精子按一下,数出 5 个大方格的精子数,即可按下列公式算出 1mL 精液中的精子数。

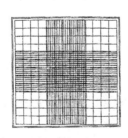

图 1-12 血细胞计数板上计算室平面图

资料来源:北京农业大学主编

《家畜繁殖学》,1980。

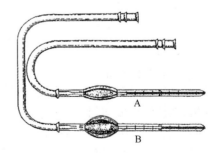

图 1-13 白细胞吸管和红细胞吸管

A—白细胞吸管 B—红细胞吸管

资料来源:北京农业大学主编《家畜繁殖学》,1980。

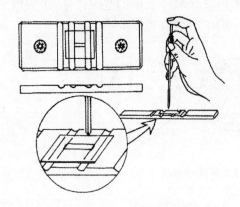

图1-14 血细胞计数器（右侧表示精液滴入方法）
资料来源:北京农业大学主编
《家畜繁殖学》,1980。

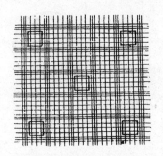

图1-15 血细胞计数板的计算方格
资料来源:北京农业大学《家畜繁殖学》
(第二版),1989。

1mL 原精液的精子总数 = 数得 5 个大方格内精子总数 ×5（整个计算室 25 个大方格内精子总数）×10（1mm³ 的精子数,因计算室的高度为 1/10mm）× 1000（为 1mL 精液的精子数）×200（稀释倍数）。

（3）精子密度仪测定法 将精子密度仪黑色拉口拉出,放入标准卡进行矫正数值,然后将一小滴精液准确地放在检测片的凹坑内,最后将检测片放入黑色拉口中,推入读取结果。

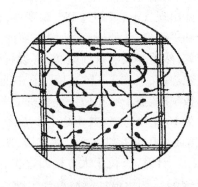

图1-16 计算精子的顺序（只计算头部为黑色的精子）
资料来源:许怀让主编《家畜繁殖学》,1992。

4.畸形精子的检查

（1）准备工作 显微镜、载玻片、红或蓝墨水、酒精、染色缸、计数器。

（2）操作方法

涂片染色:取精液一滴,滴于载玻片的一端,用另一载玻片（边缘整齐）呈30°~35°角,把精液推成均匀的涂片。待干燥后,用 0.5% 甲紫（紫药水）酒精溶液或红、蓝墨水染色 2~3min,用水冲洗,干燥后,在 400 倍显微镜下观察。

计数:在多个视野中计数 500 个精子,手揿血细胞分类计数器计数。分正常精子、畸形精子两类,分别计数。然后计算畸形精子百分率。

（3）结果 凡形态和结构不正常的精子都属畸形精子。正常情况下的精子畸形率,牛不超过 18% 即为合格精子,否则视为精液品质不良,不宜用于输精（见图1-17）。

5.精液处理技术

精液稀释是人工授精过程中,精液处理的第一个环节。稀释必须采用稀释液,稀释液的种类很多,有液态精液常温保存、低温保存的稀释液;冷冻保存的稀释液,它适宜于精子生存,同时保持精子受精能力。

(1)稀释液的配制　用于配制稀释液的物质必须纯净,所用化学试剂必须是分析纯,抗生素不能过期,卵黄必须来自新鲜鸡蛋。所有用具、器皿均要洗净消毒。稀释液配制程序如下。

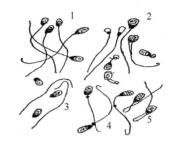

图 1-17　公牛正常和畸形精子
1—正常精子　2—各种畸形精子　3—脱头精子
4—附有原生质滴　5—尾部扭曲
资料来源:冯仰廉等著《实用肉牛学》
(第四版),1995。

①称量:按稀释液配方剂量,准确地称量出各种物质。

②溶解:所用蒸馏水要求新鲜、无污染。如配方中要求加 100mL 蒸馏水,量出后再倒入称好的糖、柠檬酸钠等物质,用玻璃棒搅至全部溶解。若配方中要求蒸馏水加至 100mL,先将称好的所需物质倒入量筒,再加蒸馏水至 100mL 刻度溶解。溶解后的溶液,若看不到杂质,不用过滤;若有杂质,用滤纸过滤去除杂质。

③消毒:将溶解或过滤后的溶液倒入玻璃瓶内,盖上瓶盖(如用生理盐水瓶,在瓶盖上插一根针头),水浴煮沸消毒 20min。

④加抗生素:消毒后的溶液要冷却到室温,再加抗生素摇匀。

⑤加卵黄:取新鲜鸡蛋,先将蛋壳洗净,酒精消毒后,破壳去除蛋清,取所需卵黄量(可用甘油注射器吸取),加入到稀释液中,摇匀。

⑥加奶类:要求新鲜,所用奶粉必须脱脂、无糖。用鲜奶先过滤去杂质,再在水浴中灭菌 10min,冷却去奶皮后才可使用。

⑦加甘油:配冷冻精液稀释液时,要加一定剂量的甘油。先将甘油加热,减小动度,再用吸管吸取所需量的甘油放入一个空净瓶内(或用量管量出所需甘油),冷却后,再倒入含卵黄的稀释液,摇匀即可。

配好的稀释液放入冰箱内贮存,在 1 周内使用完毕,有絮状物时停止使用,重新配制。

(2)精液稀释的方法

①稀释方法:

a.采出的精液放置于30℃水浴中防止精液降温太快,对精子造成冷打击。

b.立即检查精子活率,在 0.6 以上方可使用,然后根据精子密度或需配母牛数(液态精液)确定稀释倍数。

c.在采精后半小时内完成精液稀释。

d.稀释液的温度与精液温度一致,均配调到30℃左右。

e.稀释液按比例沿瓶壁慢慢加入到精液中,并轻轻摇动,使稀释液与精液混合均匀。

f.如稀释倍数高时,可分几次进行稀释,逐渐加大稀释倍数,防止突然改变精液所处的环境,造成稀释打击。

g.稀释后的精液立即进行镜检,如果活率下降,要检查原因,是稀释配方问题还是稀释操作不当,查出原因应立即改正。

②稀释倍数:稀释倍数应以不影响受精率,可以充分利用精液为目的。实践证明,公牛精液稀释到每毫升含有500万个前进运动精子数时,稀释倍数可达100倍以上,对受精率无大影响。在一般情况下,公牛精液稀释10～40倍,使一个输精剂量含前进运动精子数2000万～5000万个。

6.精液的冷冻保存

细管冻精的制作

(1)采精及精液品质检查 用假阴道采取公牛的精液。并检查精子的活力和密度。精子活力达到0.7,密度不少于8亿/mL。即为合格的精液。

(2)稀释精液

①一次稀释法:将配置好的含有甘油、卵黄等的稀释液按一定比例加入精液中,适合于低倍稀释。

②两次稀释法:为避免甘油与精子长时间接触而造成危害,采用两次稀释法。首先用不含甘油的稀释液对精液进行最后稀释倍数的半倍稀释;然后把该精液连同第二液一起降温至0～5℃(全程1～2h),并在此温下作第二次稀释。

(3)降温平衡 精液冷冻中,把稀释后的精液置于0～5℃的环境中停留2～4h,使甘油充分渗入到精子内部,起到膜内保护剂的作用。

(4)分装 利用细管冻精分装机对精液进行机械化分装。每支细管冻精剂量为0.25mL。

(5)冻结

①浸泡法:将分装好精液的细管平铺于特制的细管架上,放入盛装液氮的液氮柜中浸泡,盖好,5min后取出即可;或者准备一个大的液氮筒或液氮柜,每50支一组,排成等边三角形,装入纱布袋,沉入液氮底部。也可以利用冷冻仪制作细管冻精。

②熏蒸浸泡法:内装入液氮,并在液氮上方2～3cm处放置预冷的专用细管卡托架,然后将分装好的细管排放在托架上,熏蒸2～3min后,将托架沉入到液氮中,盖上盖子,浸泡5～8min取出即可。

(6)解冻及镜检 将冻结好的细管冻精随机取出2～3支,用38～40℃的温水解冻,然后观察精子活力,如果解冻后的精子活力不低于0.3,该细管冻精制作成功。然后将其他的细管冻精装在带有标记的纱布袋或塑料试管中,保存于液氮中即可。

思考与练习

1. 如何检查、评定精子活力和密度？
2. 如何对精液进行冷冻保存？

任务四　牛的输精技术

【任务实施动物及材料】　发情母牛、牛用输精枪、细管冻精、长臂手套、开膛器等。

【任务实施步骤】

一、确定适时的输精时间

从行为上看，一般认为，母牛发情开始后 12~18h 输精受胎率最高；从黏液上区别，当黏液由稀薄透明转为黏稠微混浊状，且用手指沾取黏液，当拇指和食指间的粘液可牵拉 6~8 次不断时即可配种；最可靠的是通过直肠检查卵泡发育情况，当卵泡直径在 1.5cm 以上，波动明显，泡壁薄，有一触即破感时，为配种适期。

生产实践通常依据"早—晚"原则法（8~12h），即母牛早上接受爬跨，下午输精，若次日早晨仍接受爬跨应再输精 1 次；下午或傍晚接受爬跨，可推迟到次日早晨输精。但应注意个体差异。

二、输精前的准备

输精是人工授精的最后一个技术环节，适时而准确地把一定量的优质精液输送到发情母牛子宫内，是保证取得较高受胎率的重要关键。

（一）母牛的准备

母牛一般可站在颈架牛床上进行输精，对一些敏感性较强、好动的母牛也可牵入保定架内，经保定后进行。将待配母牛的尾巴拉向一侧，先用 1% 苯扎溴铵或 0.1% 高锰酸钾溶液洗净外阴部，再用消毒毛巾（或纱布）每头每次一块由里向外擦干。

（二）输精器械的准备

输精所用器械，必须严格消毒。输精器若为球式或注射式，先冲洗干净后，用纱布包好，放入消毒盒内，蒸煮 30min，也可放入干燥箱进行烘干消毒。一支输精器一次只能为一头母牛输精。细管冻精所用的凯式输精枪，通常在输精时套上塑料外套，再用酒精棉擦拭外壁消毒。

（三）输精人员的准备

输精人员的指甲需剪短磨光，洗手并消毒，用消毒毛巾擦干，然后用 75% 酒精棉擦手,待酒精挥发后即可进行操作。操作时应戴好长臂乳胶手套,在手套内预先放入少量消毒滑石粉,使手能较为方便地伸入手套。同时,输精人员应穿戴好工作衣帽,穿上长筒胶鞋。

(四)精液解冻

冷冻精液的解冻温度以及操作是否得当直接影响精子的活力。最初世界各国对解冻温度的要求不同,大体可分为高温(40℃)、室温(15～20℃)和低温(10℃)3种。目前认为40℃左右解冻效果最好,随着解冻温度的降低,精子的活力有逐渐下降的趋势。

1. 颗粒精液的解冻

先配制好稀释液。常用的稀释液为含有2.9%的柠檬酸钠溶液,方法是先在100mL蒸馏水中加入2.9g柠檬酸钠,使其充分溶化,再过滤,过滤后隔水蒸煮,冷却后备用。也可用维生素B_{12}(0.5mg/mL)作解冻稀释液。

解冻时将1～2mL的稀释液倒入指形管内,水浴加温至(40±2)℃时投入颗粒冷冻精液,轻摇使其迅速融化。

2. 细管精液的解冻

可将细管直接投入(40±2)℃的温水中,待管内精液融化一半时,立即取出备用。人工授精员也可将细管冷冻精液装入贴身的衣袋内,通过体温使其解冻。

解冻后的精液应在15min内输精,以防精子的第二次冷应激。如果要到较远的输精点去输精,保存时需注意:首先,精液解冻时的温度不宜高于10℃;其次,在保存过程中,需保持恒温,切忌温度升高;最后,解冻保存液中要添加卵黄,也可用低温保存稀释液作解冻稀释液。

(五)精液品质检查

每次购回的冻精均应抽样检查其活力、密度、顶体完整率、畸形率及微生物指标是否符合GB 4143—2008《牛冷冻精液》。国家标准要求解冻后的精液:精子活力≥35%(0.35),每一剂量呈直线前进运动的精子数≥$10×10^7$,顶体完整率≥40%,精子畸形率≤20%,非病原细菌数<1000个/mL。

三、输精操作

牛的输精有两种方法,即直肠把握子宫颈输精法和阴道开腔器输精法,现分述如下。

(一)直肠把握子宫颈输精法

与直肠检查相似,先用手轻轻揉动肛门,使肛门括约肌松弛,然后一只手戴乳胶或塑料薄膜长臂手套,伸进直肠内把粪掏出(若直肠出现努责应保持原位不动,以免戳伤直肠壁,并避免空气进入而引起直肠膨胀)。用手指插入子宫颈的侧面,伸入子宫颈之下部,然后用食、中及拇指握住子宫颈的外口端,使子宫颈外口与小指形成的环口持平。另一只手用干净的毛巾擦净阴户上污染的牛粪,持输精枪自阴门以35°~45°向上插入5~10cm,避开尿道口后,再改为平插或略向前下方进入阴道,当输精枪接近子宫颈外口时,握子宫颈外口处的手将子宫颈拉向阴道方向,使之接近输精枪前端,并与持输精枪的手协同配合,将输精枪缓缓穿过子宫颈内侧的螺旋皱褶(在操作过程可采用改变输精枪前进方向、回抽、摆动等技巧),插入子宫颈深部约2/3~3/4处,当确定注入部位无误后将精液注入(见图1-18)。

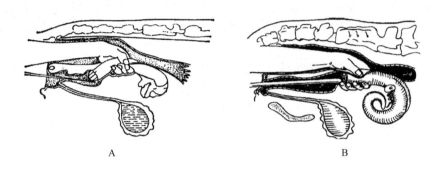

图1-18　牛的直肠把握输精法示意图
A—操作不正确　B—操作正确

(二)阴道开膣器输精法

将母牛固定在配种架上,把阴门洗净擦干,用消毒好的金属或玻璃开膣器,涂上润滑剂,插入母牛阴道,借助一定光源(手电筒、额镜、额灯等,最好光源为开膣器照明灯,灯头可卡在开膣器后上缘内壁上,随开膣器移动,光线可直射到子宫颈口,方便实用)寻找到子宫颈口,然后用另一只手将吸有精液的输精器插入子宫颈口内1~2cm,将开膣器稍向后撤,即可缓慢输入精液,随后取出输精器和开膣器。将牛牵出配种架,输精完毕。这种输精方法比较直观,能看到输精器插入子宫颈口的情况,操作比较简单,容易掌握。缺点有两点:一是开膣器对母牛阴道刺激较大,会使母牛不适而拱背,影响输精,阴道狭窄的处女母牛易使阴道黏膜受伤;二是输精部位浅,精液常会流出,受胎率较低。因此目前全国各地已很少使用。

思考与练习

1. 如何检查、评定精子活力和密度?
2. 结合现场对发情母牛进行适时输精。

一、受精过程

(一)卵子的形态结构

家畜的卵子为圆球形,直径约为 120 ~ 180μm。卵子由外向内依次为放射冠、透明带、卵黄膜、卵黄和核。受精时,在透明带和卵黄膜之间出现卵黄周隙,其内含有极体。

(1)放射冠　由放射状排列的卵泡细胞构成,放射冠细胞对卵子具有营养作用。

(2)透明带　是一层匀质的半透膜,对卵子具有保护作用,能调节卵子的渗透压,对精子的进入具有选择性,还能维持受精卵的卵裂。

(3)卵黄膜　位于透明带内,是包围卵黄的一层原生质膜,能保护卵子完成受精过程,并选择精子种类,限制多精子受精,选择性吸收营养物质。

(4)卵黄　主要由卵黄质组成,是受精卵进行早期发育的营养物质。

(5)卵核　由核膜、核质组成,核内有单倍体的遗传物质。

(二)配子的运行

1. 精子的运行

由于牛子宫颈的特殊结构,母牛配种或输精后,多数精子在子宫颈腺窝暂时匿存起来,而死精子则被拥入阴道排出或被白细胞吞噬。子宫颈是精子到达受精部位的第一道栅栏。母牛在发情期间,特别是交配时,子宫收缩增强。这是精子运行的主要动力。子宫收缩波由子宫传到输卵管,从而带动精子到达宫管连接部。

精子由子宫进入输卵管,在宫管连接部停留一段时间,而后进入输卵管峡部。宫管连接部是精子到达受精部位的第二道栅栏。精子在输卵管内运行的主要动力是输卵管的蠕动,另外,在充满分泌液的输卵管中,纤毛的颤动也能帮助精子运行。

输卵管的壶峡连接部是精子运行过程中的第三道栅栏,可以限制过多精子同时进入壶腹部,防止发生多精子受精。

牛精子到达受精部位的时间约为 2 ~ 13min。精子在母牛生殖道内存活时间约为 15 ~ 56h。

2. 卵子的运行

卵子本身并没有运动能力,卵子排出后,被输卵管伞所接纳,借纤毛的摆动进入输卵管壶腹部。由于输卵管平滑肌的收缩及管内纤毛向子宫方向的颤动,卵子较快地通过壶腹部。如卵子未受精,在壶腹部停留一段时间后,进入子宫被吸收。牛的卵子在子宫内运行的时间大约为 90h。卵子排出后维持受精能力的时间一般为 8 ~ 12h。

(三)受精前配子的准备

1.精子获能

刚排出的精子不能立即和卵子结合,必须经历一定时间,发生一些形态和生理生化准备之后,才具有受精能力。精子进行这些受精前的生理生化准备的过程称为精子获能。

在公牛刚排出的精液中,有一些抗受精的生物活性物质,称为去能因子,主要是氨基葡聚糖和胆固醇等。精子获能的过程即是使其表面的去能因子失去活性的过程。经过获能的精子,如放回精清中,又会失去受精能力,称为去能。经过去能的精子,在子宫和输卵管内孵育后,又可获能,这一过程称为再获能。精子获能首先在子宫内进行,最后在输卵管内完成,还能在异种雌性动物生殖道内完成,也可在人工培养液中完成。

在一般情况下,输精或配种发生在排卵前几小时,精子在运行过程中即发生获能。关于牛精子获能的时间报道很不一致,一般认为 1.5~6h,也有认为 20h 的。

2.顶体反应

精子获能之后,在穿越透明带前后,在很短的时间内顶体帽膨大,精子的质膜和顶体外膜融合并形成许多泡状结构,透明质酸酶、放射冠穿透酶、顶体酶等从泡状结构的间隙释放出来,这一过程称为顶体反应。

3.卵子的准备

卵子在受精前也有类似精子获能的成熟过程,具体变化尚不清楚。目前发现,在此期,卵子由第一次成熟分裂结束,继续变化至成熟分裂的中期;卵子排出后继续增加皮质颗粒的数量,并向卵周围移动;卵子进入输卵管后,卵黄膜的亚微结构发生变化,暴露出和精子结合的受体。

(四)受精的过程

精子和卵子经一系列准备之后相遇,就会发生受精作用,精子依次穿过放射冠、透明带和卵黄膜,精卵的细胞核各自形成原核并相互融合,完成受精过程。

1.精子穿过放射冠

卵子最外层的放射冠细胞以胶样基质粘连,顶体反应后,释放出透明质酸酶,使胶样基质溶解,精子穿过放射冠,靠近透明带。

2.精子穿过透明带

当精子与透明带接触后,有一段短时与透明带结合的过程,在附着期间可能发生了前顶体素变为顶体酶的过程,经短时的附着后,精子就牢固地结合于透明带上,结合的特异部位为精子受体。之后,顶体素将透明带溶出一条通道,精子借自身的运动穿过透明带。一旦有精子钻入透明带并触及卵黄膜时,卵子即由休眠状态苏醒过来,使透明带发生变化,使后来的精子不能进入透明带内,这一过程称为透明带反应。

3. 精子进入卵黄膜

穿过透明带的精子,头部接触卵黄膜而附着其上,卵黄膜的绒毛先抓住精子头部,精子的质膜和卵黄膜相融并包在精子的外面,依靠精子自身的运动,精子进入卵黄膜。在发生透明带反应的同时,卵黄膜收缩,卵黄释放某种物质,传布到全卵表面,扩散到卵黄周隙,使后来的精子不能再进入卵黄,称为多精子入卵阻滞。

4. 原核的形成

精子进入卵细胞后,头部变大,尾部脱落,发育为雄原核。同时卵子经第二次成熟分裂排出第二极体,细胞核清晰变大,发育为雌原核。经发育的雄原核比雌原核大许多。

5. 配子配合

雄、雌原核在发育过程中相互靠近,最后接触、合并,核膜和核仁消失,两组染色体组合到一起,形成一个新细胞,即受精卵。

二、胚胎的早期发育和胚泡的附植

(一)胚胎的早期发育

受精完成,受精卵即开始分裂。胚胎在早期发育阶段,一是 DNA 的复制非常迅速;二是细胞数目增加,但体积没有增加,即原生质的总量没有增加,牛的胚胎最多可减少20%。早期胚胎的发育根据其发育特点可分为桑葚期、囊胚期和原肠胚期。

1. 桑葚期

早期胚胎在透明带内的分裂称为卵裂。第一次卵裂,合子一分为二,形成两个卵裂球的胚胎。之后,胚胎继续卵裂,但每个卵裂球并不一定同时进行分裂,故可能出现3、5个甚至7个细胞的时期。当卵裂球达 16～32 个细胞时,由于透明带的限制,卵裂球在透明带内形成致密的一团,形似桑葚,故称为桑葚胚。这一时期主要在输卵管内,个别时也可进入子宫。

2. 囊胚期

桑葚胚形成后,逐渐在细胞团中出现充满液体的小腔,称囊胚腔。出现囊胚腔的胚胎称为囊胚。随着细胞的分裂,囊胚腔不断扩大,最终一些细胞被挤在腔的一端,称为内细胞团,而另一些细胞构成囊胚腔的壁,称为滋养层。内细胞团将来发育为胎儿,滋养层以后发育为胎膜和胎盘。囊胚发育至后期,胚胎从透明带脱出,称为脱出囊胚。

3. 原肠胚期

囊胚继续发育,出现了内、外两个胚层,此时的胚胎称为原肠胚。原肠胚形成后,在内胚层和滋养层之间出现了中胚层,此后,中胚层又逐渐分化为体中胚层和脏中胚层。

(二)胚泡的附植

胚泡在子宫内游离一段时间后,体积越来越大,其活动逐渐受限制,位置逐渐固定下来,胚胎的滋养层和子宫内层膜逐渐建立起组织和生理上的联系,这一过程称为附植。

1.附植的时间

牛胚胎的附植是一个逐渐发生的过程,随着研究的深入,发现开始附植的时间也较以前认识的变短。现一般认为牛的早期胚泡在受精后 22~27d 即开始附植。

2.附植部位

胚泡在子宫内附植时,基本是寻找最有利于胚胎发育即子宫血管稠密的地方,如有两个以上的胚胎附植,其距离均等。当牛排出一个卵子受胎时,胚泡常在排卵侧子宫角的基部附植。当牛排出两个卵子且全部受胎时,两个胚泡分别附植在左、右两侧子宫角的基部。

三、胎膜和胎盘

(一)胎膜

胎膜是指胎儿和母体之间的一些附属膜,包括卵黄囊、羊膜、尿膜、绒毛膜和脐带。胎膜是胎儿和子宫黏膜之间交换气体、养分和代谢产物的临时性器官,对胚胎和胎儿发育极为重要。

1.卵黄囊

卵黄囊在胚胎发育的初期即开始发育,是早期胚胎重要的营养器官,是胚胎发育初期与子宫进行物质交换的原始胎盘,卵黄囊随着尿囊的发育逐渐萎缩退化,最后在脐带中留下一残迹。

2.羊膜

羊膜是包围在胎儿外面的一层透明薄膜,在胎儿脐孔处和胎儿皮肤相连。羊膜闭合为羊膜腔,其内含有羊水,胎儿即浮在羊水内。羊膜上分布有来自尿膜内层的小血管,随着尿囊的发育逐渐萎缩退化。

3.尿膜

尿膜闭合为尿囊,尿囊通过脐带中脐尿管与胎儿膀胱相连,内含尿水。尿膜分为内外两层,内层与羊膜粘连在一起,称为尿膜羊膜。外层与绒毛膜粘连在一起,称为尿膜绒毛膜。尿膜上分布有大量来自脐动脉、脐静脉的血管。牛的尿囊在胎儿腹侧和两侧包围着羊膜囊。

4.绒毛膜

绒毛膜是包围整个孕体的最外一层膜,它包围着尿囊和羊膜囊。牛的胎膜绒毛膜表面分布着成丛的绒毛,绒毛与子宫内膜结合为子叶。

5.脐带

脐带是连接胎儿腹部和胎膜之间的一条带状物。脐带内含脐动脉、脐静脉、脐尿管、卵黄囊残迹和肉冻样物质。

(二)胎盘

胎盘是由胎膜绒毛膜和妊娠子宫黏膜结合在一起的组织。胎盘中的绒毛膜部分称胎儿胎盘,与其相应的子宫黏膜部分称母体胎盘。胎盘是母体和胎儿相连接的纽带,是母体和胎儿间进行气体、营养、代谢产物交换的接口,胎盘还具有内分泌和免疫功能。

牛的胎盘属于子叶型胎盘,胎盘绒毛膜上的绒毛呈丛状分布,称胎儿子叶。与胎儿子叶相对应的母体子宫黏膜上形成子宫阜,称为母体子叶。胎儿子叶上的绒毛以其侵蚀性,伸入到子宫阜的陷窝中,并与母体子叶的结缔组织相接触。这种类型的胎盘,胎儿胎盘和母体胎盘结合得紧密,分娩时不易分离,且出现母体胎盘的损伤。

四、母牛的妊娠期和预产期推算

(一)母牛的妊娠期

从母牛配种受胎至成熟胎儿产出的这段时间称为妊娠期。母牛妊娠期一般为275~285d,平均为282d。妊娠期的长短,依品种、年龄、季节、饲养管理和胎儿性别等因素不同而有所差异。早熟品种的妊娠期短,乳牛比肉牛短,怀母犊约比怀公犊短1d,青年母牛比成年母牛约短1d,怀双胎比怀单胎短3~6d,冬春季分娩母牛比夏秋季分娩长2~3d,饲养管理条件差的母牛妊娠期长。

(二)母牛预产期的推算方法

收集母牛配种日期资料,准备预装 Excel、牛场管理软件或其他数据处理软件的计算机。

1. 快速推算法

母牛的妊娠期平均是282d,因此其预产期可用"配种月份减3,配种日数加6"来推算。如一头母牛于6月14日配种并受孕,其预产期就是次年的3月20日。

2. 利用数据处理软件

五、妊娠母牛的生理变化

母牛妊娠期间,由于胎儿和胎盘的存在,内分泌系统出现明显的变化,大量的孕激素与相对少量的雌激素的协调平衡是维持妊娠的前提条件。由于胎儿的逐渐发育和激素的相互作用,使母牛在妊娠期间的生殖器官和整个机体都出现了特殊变化。

(一)生殖器官的变化

1. 卵巢

黄体母牛妊娠后,卵巢上有妊娠黄体存在,其体积比周期黄体略大,质地较硬。妊娠黄体分泌黄体酮,维持妊娠。妊娠黄体在分娩前消退。

2. 子宫

随着妊娠的进展,胎儿逐渐增大,子宫也日益膨大。这种增长主要体现在子宫角和子宫体。妊娠的前半期,子宫体积的增大主要是子宫肌纤维的增大,后半期由于胎儿的增大使子宫扩张,子宫壁变薄。妊娠末期,扩大的子宫占据腹腔的右半部,致使右侧腹壁在妊娠末期明显突出。

子宫颈在妊娠期间收缩紧闭,几无缝隙。子宫颈内腺体数目增加,分泌的黏液浓稠,充塞在颈管内形成栓塞,称子宫栓。子宫栓可以防止外界的异物和微生物进入子宫,有保胎作用。牛的子宫栓一般每月更换一次,黏液排出时常附着在阴门和尾根处。

3. 子宫动脉

母牛妊娠时,附着在子宫阔韧带上的通往子宫的血管变粗,动脉内膜增厚,且与动脉的肌层联系变疏松,血液流动时出现的脉搏由原来清楚的跳动变为间隔不明显的颤动,这种颤动的脉搏称为妊娠脉搏。

4. 阴道与阴唇

妊娠初期,阴唇收缩,阴门紧闭。随着妊娠期的进展,阴唇消肿程度增加,后期表现出明显的消肿。在整个妊娠期间,母牛阴道黏膜苍白干涩。妊娠中后期阴道长度有所增加,临近分娩时变得粗短,黏膜充血并微有肿胀。

(二)母体变化

母牛妊娠期间,由于胎儿的发育及母体本身代谢强度的增加,使孕畜体重增加,被毛光亮,性情温驯,行动谨慎、安稳。妊娠中后期,由于胎儿增长迅速,需要大量的营养物质,此时尽管食欲增强,但仍入不抵出,使母牛膘情常有所下降。妊娠末期,母牛血液流量明显增加,心脏负担加重,同时由于腹压增大,致使静脉血回流不畅,常出现四肢下部及腹下水肿。

任务五　牛的妊娠诊断技术

【任务实施动物及材料】　配种后母牛、开膣器、手电筒、长臂手套、盆、保定栏、保定绳、肥皂、毛巾、药匙、试管夹、小试管、酒精灯、75%酒精、蒸馏水、温水等。

【任务实施步骤】

一、直肠检查技术

直肠检查法是判断是否妊娠和妊娠时间的最常用且为最可靠的方法。检查人员戴好长臂手套,将手臂伸入母牛直肠内,隔着直肠壁检查母牛卵巢、子宫及孕体状况,从而诊断出母牛是否妊娠和妊娠所处的阶段。

1. 准备工作

(1)母牛站立保定,将尾巴拉向一侧,排出宿粪,清洗外阴。

(2)检查人员将指甲剪短磨光,穿好工作服,戴上长臂手套,清洗消毒并涂抹润滑剂。

2. 检查方法

(1)检查人员站于母牛正后方,五指并拢呈锥形,旋转深入直肠。

(2)手伸入直肠后,如有宿粪可用手轻轻堵住,使粪便蓄积,刺激直肠收缩。当粪便达到一定量时,手臂在直肠内向上抬起,使空气进入直肠,促进宿粪排出。

(3)手臂伸入母牛直肠内,达骨盆腔中部,手掌展平,掌心向下压肠壁,触摸生殖器官或孕体状况。母牛妊娠子宫变化见图 1 - 19,胎儿在腹腔的位置见图 1 - 20。

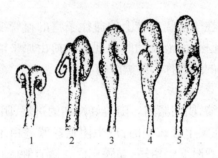

图 1 - 19　母牛妊娠子宫变化示意图

1—妊娠 30d　2—妊娠 60d　3—妊娠 90d　4—妊娠 120d(侧面)　5—妊娠 180d(侧面)

资料来源:许怀让主编《家畜繁殖学》,1992。

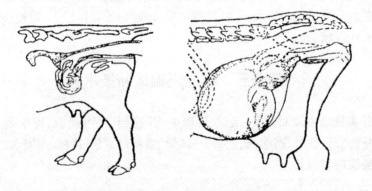

图 1 - 20　妊娠前期和后期胎儿在腹腔的位置示意图

资料来源:许怀让主编《家畜繁殖学》,1992。

3. 结果

(1)奶牛妊娠 21 ~ 24d,在排卵侧卵巢上,存在有发育良好、直径为 2.5 ~ 3cm 的黄体,90% 的可能性是已受孕。配种后没有受孕的母牛,通常在第 18d 黄体就消退,因此,不会有发育完整的黄体。但配种早期死亡或子宫内有异物也会出现黄体,应注意鉴别。

(2)妊娠 30d,两侧子宫大小不对称,子宫角略微变粗,质地松软,有波动感,子宫角的子宫壁变薄,而空角仍维持原有状态。用手握子宫角,从一端滑向另一端,有胎膜囊从指间滑过的感觉,若用拇指与食指轻轻捏起子宫角,然后放松,可感觉到子宫壁内有一层薄膜滑过。

(3)妊娠 60d 后,子宫角明显增粗,相当于空角的 2 倍左右,波动感明显,角间沟变得宽平,子宫开始向腹腔下垂,但仍然能摸到整个子宫。

(4)妊娠 90d,子宫角的直径为 12~16cm,波动极明显;空角增大 1 倍,角间沟消失,子宫开始沉向腹腔,初产牛下沉要晚一些。子宫颈前移,有时能摸到胎儿。孕侧的子宫中动脉根部有微弱的震颤感,为妊娠特异脉搏。

(5)妊娠 120d,子宫完全沉入腹腔,子宫颈已越过耻骨前缘,一般只能摸到子宫的背侧及该处的子叶(如蚕豆大小),孕侧子宫动脉的妊娠脉搏明显。

再往以后直至分娩,子宫进一步增大,沉入腹腔甚至抵达胸骨区;子叶逐渐长大如胡桃、鸡蛋;子宫动脉越发变粗,粗如拇指;空怀侧子宫动脉也相继变粗,出现妊娠特异脉搏。寻找子宫动脉的方法是,将手伸入直肠,手心向上,贴着骨盆顶部向前滑动。在岬部的前方可以摸到腹主动脉的最后一个分支,即髂内动脉,在左右髂内动脉的根部各分出一支动脉即子宫动脉。用双指轻轻捏住子宫动脉,压紧一半可感觉到典型的颤动。

4. 妊娠诊断中的常见错误

(1)胎膜滑落感判断错误　当子宫角连同宽韧带一起被抓住时会误判为胎膜滑落感;当直肠折从手指间滑落时同样会发生误判。

(2)误认膀胱为空怀子宫角　应注意膀胱为一圆形器官,而不是管状器官,没有子宫颈也没有分叉。分叉是子宫分为两个角的地方。正常时在膀胱顶部中右侧可摸到子宫。膀胱不会有滑落感。

(3)误认瘤胃为受孕子宫　因为有时候瘤胃压着骨盆,这样非受孕子宫完全在右侧盆腔的上部。如摸到瘤胃,其内容物像面团,容易区别。同时也没有胎膜滑落感。

(4)误认肾脏为受孕子宫角　如仔细触诊就可识别出叶状结构。此时应找到子宫颈,看所触诊的器官是否与此相连。若摸到肾叶,则既无波动感,也无滑落感。

(5)阴道积气　由于阴道内积气,阴道就膨胀,犹如一个"气球",不细心检查会误认为是子宫。按压这个"气球",并将牛后推,就会从阴户中放出空气。排气可以听得见,并同时感觉到"气球"在缩小。

(6)子宫积脓　检查时可触摸到膨大的子宫,且有波动感,有时也不对称,可摸到黄体。仔细检查会发现子宫紧而肿大,无胎膜滑落感,并且子宫内容物可从一个角移动到另一角。阴道往往有黏液流出。

二、黄体酮水平测定法

根据妊娠后血中及奶中黄体酮含量明显增高的现象,用放射免疫和酶免疫法测定黄体酮的含量判断母牛是否受孕。由于收集奶样比较方便,目前测定奶中黄体酮含量的较多。实验表明,在配种后 23~24d 取的牛奶样品,若黄体酮含量高于 5ng/mL 即为妊娠,而低于此值则为未孕。本测定法表示没有受孕的隐性诊断的可靠性为 100%,而阳性诊断的可靠性只有 85%,因此,建议再进行直肠检查予以证实。

三、超声波诊断法

利用超声波的物理特性和不同组织结构的声学特性相结合的物理学诊断方法。国内外研制的超声波诊断仪有多种,是简单而有效的检测仪器。目前,国内生产的有两种:一种是用探头通过直肠探测母牛子宫动脉的妊娠脉搏,由信号显示装置发出的不同的声音信号,来判断母牛妊娠与否;另一种是探头自母牛阴道伸入,显示的方法有声音、符号、文字等形式。重复测定的结果表明,妊娠 30d 内探测子宫动脉反应,40d 以上探测胎心音可达到较高的准确率。但有时也会因子宫炎、发情所引起的类似反应干扰测定结果而出现误诊。

在有条件的大型奶牛场也可采用较精密的 B 型超声波诊断仪。其探头放置在右侧乳房上方的腹壁上,探头方向应朝向妊娠子宫角。通过显示屏可清楚地观察胚泡的位置和大小,并且可以定位照相。通过探头的方向和位置的移动,可见到胎儿各部的轮廓、心脏的位置及跳动情况、单胎或双胎等。

在具体操作时,探头接触的部位应剪毛,并在探头上涂以凡士林或石蜡油作为接触剂。

思考与练习

1.利用直肠检查法对母牛进行妊娠诊断。
2.结合生产实际快速推算母牛的妊娠期。

认知与解读

一、影响分娩的因素

1.母体因素

(1)机械因素 由于胎膜的增长、胎儿的发育使子宫体积扩大,重量增加,特别是妊娠后期,胎儿的迅速发育、成熟,对子宫的压力超出其承受能力,就会引起子宫反射性的收缩,引起分娩。

（2）激素

①黄体酮：血浆黄体酮和雌激素浓度的变化是引起分娩发动的主要动因之一。妊娠母牛在分娩前黄体酮含量明显下降，而雌激素的含量却明显升高。在妊娠期，黄体酮一直处在一个较高且稳定的水平上，以维持子宫相对安静而稳定的状态。在分娩前，黄体酮和雌激素含量的比值迅速降低，从而导致子宫失去稳定性。

②雌激素：随着妊娠时间的增长，牛胎盘产生的雌激素逐渐增加，且迅速达到峰值，一般发生在分娩前 16～24h。分娩前，高水平的雌激素还可克服孕激素对子宫肌的抑制作用，并提高子宫肌对催产素的敏感性，也有助于前列腺素的释放，从而触发分娩。雌激素可刺激子宫肌的生长和肌球蛋白的合成，特别是在分娩时对提高子宫肌的规律性收缩具有重要作用。

③前列腺素：对分娩发动起主要作用的是前列腺素，它具有溶解黄体和促进子宫肌收缩的作用。

④催产素：在分娩时催产素有着非常重要的作用。分娩时，孕激素和雌激素比值的降低，可促进催产素的释放。胎儿及胎囊对产道的压迫和刺激，也可以反射性地引起催产素的释放。

⑤松弛素：牛的松弛素主要来自于黄体，它可使经雌激素致敏的骨盆韧带松弛、骨盆开张、子宫颈松软、弹性增加。

总之，在近分娩时，发育即将成熟的胎儿腺垂体分泌的促肾上腺皮质激素（ACTH）浓度明显上升，刺激胎儿肾上腺，分泌大量糖皮质类固醇，从而刺激胎儿胎盘，分泌大量雌激素。雌激素又刺激胎膜和子宫肌分泌大量前列腺素，同时刺激子宫催产素受体的发育。前列腺素促使黄体退化，并抑制胎盘分泌黄体酮，还降低催产素释放的阈值。

在黄体酮浓度下降时，雌激素刺激子宫平滑肌的收缩。同时由于胎膜和胎儿对子宫颈及阴道机械性的刺激，使母体神经垂体急剧释放催产素。在催产素和前列腺素的共同作用下，子宫肌发生有节律性的强烈收缩，同时卵巢上的黄体分泌松弛素，最后将胎儿排出。

（3）神经系统　神经系统对分娩并不是完全必需的，但对分娩过程具有调节作用。如胎儿的前置部分对于宫颈及阴道产生刺激，通过神经传导使神经垂体释放催产素。多数母牛在夜间分娩，可能是由于此时外界的光线及干扰减少，中枢神经容易接受从子宫传来的冲动信号。另外，由于应激、不安、惊恐，通过释放肾上腺素而降低子宫的收缩，结果使分娩推迟。

2. 胎儿因素

成熟胎儿的下丘脑—垂体—肾上腺轴，对分娩启动具有重要的、决定性作用。如果缺乏或异常则会阻止母牛分娩，从而导致妊娠期延长。

3. 免疫学因素

妊娠末期,胎儿发育成熟时,由于胎盘发生脂肪变性,使妊娠期的胎盘屏障遭到破坏,胎儿被母体免疫系统识别为"异物",从而引起免疫学反应,即母体与胎儿间发生免疫排斥,母体将胎儿排出体外。

二、正常分娩的条件

分娩过程的完成取决于产力、产道和胎儿的姿势三个条件。如果这三个条件能够协调,分娩就能顺利完成,否则可能会发生难产。

1. 产力

将胎儿从子宫中排出体外的力量,称为产力。产力来自两个方面的力量,阵缩和努责。阵缩是子宫肌的收缩,努责则是腹肌和膈肌的收缩。

(1)阵缩 在分娩时,由于催产素的作用,使子宫肌出现不随意的收缩,母体同时伴有痛觉。阵缩具有以下特点。

①节律性:这种节律性一般都是由子宫角尖端开始,向子宫颈方向发展。起初收缩的时间短、力量弱,两次收缩之间的间隔时间长,以后发展为收缩持续时间变长,力量增强,而间隔的时间缩短。

②不可逆性:每次阵缩子宫肌纤维缩短1次,在阵缩间歇期中,子宫肌并不恢复到原有伸展状态。随着阵缩次数的增加,使子宫肌纤维持续变短,从而子宫壁变厚,子宫腔缩小。

③使子宫颈扩张:阵缩作用压迫胎膜及胎儿向阻力相对较小的宫颈方向移动,使已经处于松软的宫颈逐渐扩张。

④使胎儿活动增强:阵缩时,子宫肌纤维间的血管被挤压,血液循环暂时受阻,使胎儿体内血液中的 CO_2 浓度升高,从而刺激胎儿活动增强,并向子宫颈方向移动和伸展。当阵缩暂停时,血液循环恢复,继续供应胎儿氧气。如果没有间歇,胎儿就可能因缺氧而致死。因此间歇性阵缩具有重要的生理意义。

⑤子宫阔韧带收缩:阵缩时,子宫阔韧带的平滑肌也随之收缩,二者力量相结合,将胎儿向后方移动。阵缩发生于分娩开口期,经过产出期至胎衣排出期结束,即贯穿于整个分娩过程。

(2)努责 当子宫颈口完全开张,胎儿通过子宫颈而进入阴道时,刺激骨盆神经,引起腹肌和膈肌的收缩,是随意性的收缩,而且是伴随阵缩同时进行的,迫使胎儿向后移动。努责比阵缩出现晚、停止早,主要出现在胎儿产出期。

2. 产道

产道是胎儿由子宫排出体外的必经通道,可分为硬产道和软产道两部分。

(1)软产道 包括子宫颈、阴道、前庭及阴门。妊娠末期到临产前,在松弛素和雌激素的作用下,软产道各部变成松软。分娩时,阵缩将胎儿向后方挤压,子宫颈、阴道、前庭及阴门也随之都被撑开扩大。初产的母牛分娩时软产道往往扩张不充分,而影响分娩过程。

(2)硬产道 即骨盆,由荐骨、前二个尾椎、髋骨(耻骨、荐骨和髂骨)及荐坐韧带所构成。骨盆可分为四个部分。①骨盆上口。即骨盆的腹腔面,由上方荐骨基部、两侧的髂骨、下方由耻骨前缘围成。骨盆上口斜向下方,髂骨和骨盆底所构成的角度称为上口的倾斜度。骨盆上口的形状大小和倾斜度对分娩时胎儿通过的难易有很大关系;②骨盆出口。即骨盆腔向臀部的开口。上方为第1~3尾椎,两侧荐坐韧带后缘,下方坐骨弓所围成;③骨盆腔。介于骨盆上口和出口之间的空腔;④骨盆轴。为通过骨盆腔中心的一条假设轴线,代表胎儿通过骨盆腔的路线。骨盆轴越短越直,胎儿通过越容易。牛骨盆的特点:骨盆上口呈竖椭圆形,倾斜度小,骨盆底下凹,荐骨突出于骨盆腔内,骨盆侧壁的坐骨上棘很高且斜向骨盆腔。横径小、荐坐韧带窄、坐骨粗隆很大,骨盆轴是先向上再水平,然后又向上,形成一条曲折的弧线。因此,胎儿通过较为困难。

3.胎儿的姿势

分娩时,胎儿和母体产道的相互关系对胎儿的产出有很大影响。此外,胎儿的大小和是否畸形也影响胎儿能否顺利产出。

(1)胎向 胎向是指胎儿的纵轴同母体纵轴的关系。有三种胎向:一是纵向(见图1-21),指胎儿纵轴与母体纵轴平行;二是竖向,指胎儿纵轴与母体纵轴竖向垂直;三是横向,指胎儿纵轴与母体纵轴横向垂直。三者只有第一种是正常的胎向。

(2)胎位 胎位是指胎儿的背部与母体背部的关系。胎位也有三种:一是上位,胎儿的背部朝向母体的背部,胎儿卧伏在子宫内(见图1-22);二是下位,胎儿的背部朝向母体的下腹部,胎儿仰卧在子宫内;三是侧位,胎儿背部朝向母体的侧腹壁,左侧或右侧,三者只有第一种为正胎位。

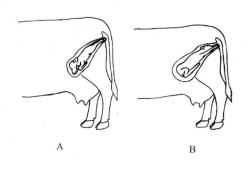

图1-21 胎儿正常的胎向
A—前纵向(正生) B—后纵向(倒生)

(3)前置 前置是指胎儿最先进入产道的部位。头和前肢最先进入产道的称头前置;后肢和臀部最先进入产道的称臀前置。这两者都属正常前置,其他胎儿姿势都属异常,如侧前置等。

(4)胎势 胎势是指胎犊的头和腿相对其身体的位置或方向(见图1-23)。正常分娩时,应该是纵向、上位、头前置或臀前置。头前置为正生,此时两前肢和头伸展,头部的口鼻端和两前蹄先进入产道。臀前置为倒生,后肢伸展,两后蹄先进入产道。任何一种不符合以上两种(即使是部分的或局部)胎势的都属异常,如一条腿未伸展,或头侧扭等,必须予以校正,方可任其自然生产或继续助产。

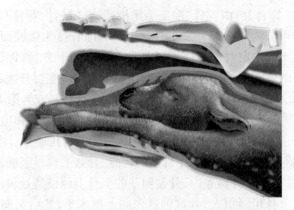

图1-22 胎儿通过产道的正常胎位和胎势

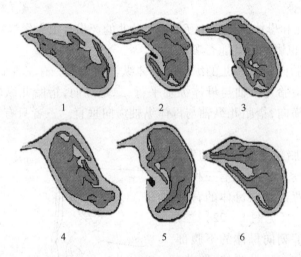

图1-23 胎儿的异常胎势

1—正向,腹部向上,前肢蜷曲 2—颈后弯 3——前肢未前伸
4—倒向,腹部向上,后肢蜷曲 5—后肢蜷曲 6—后肢前伸

三、分娩和助产

1.分娩过程

分娩过程分为三个时期:开口期、胎儿产出期和胎衣排出期。三期全部完成才算分娩结束,任何过程完成不全时都会给生产带来危害。

(1)开口期 从子宫开始间歇性收缩,到子宫颈充分开张,这一期的特点是只有阵缩,为子宫肌的自发收缩,并不出现努责。此时,初产母牛通常表现不安,不吃食,时起时伏,来回走动,时而弓背抬尾,作排尿姿势。经产牛一般表现比较安静,有的甚至看不出明显征状。开口期为6h(1~12h)。

（2）胎儿产出期　从子宫颈完全开张至腹肌收缩,努责出现,推动胎儿通过子宫颈。在这一过程中,产畜表现烦躁,腹痛,呼吸和脉搏加快;牛在努责出现后卧地,有灰白色或浅黄色羊膜囊露出阴门;接着羊膜囊破裂,羊水同胎儿一起排出。但并非所有母牛分娩都是这样,有的羊膜囊先行破裂,羊水流出,再产出胎儿。尿囊有羊膜囊先破裂然后随胎儿排出时破裂排出尿囊液的,也有尿囊提前破裂而先排出尿囊液,而后才显露羊膜囊的。胎儿排出期为 0.5~4h。

（3）胎衣排出期　从胎儿产出到胎衣完全排尽为止。胎儿产出后,母牛安静下来,稍休息后,约几分钟子宫又开始收缩,伴有轻度努责,使胎儿胎盘同母体胎盘脱离,最后把全部胎盘(包括尿膜—绒毛膜上的胎儿胎盘)、脐带和残留的胎液一起排出体外。牛的胎衣排出期为 2~8h。如果 10h 尚未排出或未排尽,应按胎衣不下进行治疗。

2.助产

助产是指在自然分娩出现某种困难时人工帮助产出胎儿。助产是及时处理母牛难产,进行正确的产后处理及预防产后母牛炎症和犊牛健康的重要环节。分娩是母牛正常的生理过程,一般情况下,不需要助产而任其自然产出。但在胎位不正、胎儿过大、母牛分娩乏力等自然分娩有困难的情况下,需进行必要的助产。助产人员只需监视分娩过程,在犊牛产下后,对犊牛进行护理。未发现母牛呈难产症状时,不要在母牛跟前走动。若发现以下情况应立即助产:胎儿口鼻露出,却不见产出时,将消毒后的手臂伸进阴道进行检查,确定胎位是否正常,若为头在上两蹄在下无曲肢的情况,为正常,应等待其自然产出。必要时也可以人工辅助拉出。若只见前蹄,不见口鼻,应摸清头部是否正位,当正位时,可待其自然生产;若是弯脖,则应调整姿势。以上几种情况下,一旦包住口鼻的胎膜破裂应立刻设法拉出,以免呛鼻或窒息。若口鼻部和两前肢已经露出阴门,可当即撕破羊膜,待其产出。遇到倒生的情况应当立即拉出胎儿。

助产者要穿工作服、剪指甲、准备好酒精、碘酊、剪刀、镊子、药棉以及助产器或助产绳等。助产人员的手、工具和产科器械都要严格消毒,以防病菌带入子宫内,造成生殖系统疾病。

任务六　牛的分娩与助产技术

【任务实施动物及材料】　待产母牛、工作服、酒精、碘酊、高锰酸钾溶液、剪刀、毛巾、水盆、纱布、助产绳、产科器械等。

【任务实施步骤】

一、产前准备

1.产房的准备

（1）产房条件　产房应选择僻静的地点,要与其他圈舍隔开。产房的地面、墙壁等要进行彻底消毒。产房要注意冬暖夏凉、光线充足、通风良好且无贼风。将待产母牛拴系固定为宜。并准备好清洁、柔软的干净垫草。

(2)转入产房　根据配种记录,计算出母牛分娩的预定时间,在预产期前的1~2周将待产母牛转入产房饲养。

2. 器械及物品的准备

在母牛分娩前1周,要将接产时使用的器械及物品准备好。工作服、70%~75%的医用酒精、碘酊、高锰酸钾或苯扎溴铵溶液、剪刀、毛巾、水盆、肥皂、纱布、注射器、助产绳及一套产科器械等。

3. 助产人员的准备

助产人员应具有一定的助产经验,除要熟悉母牛的分娩预兆和分娩规律,还要能够识别难产的征兆。随时观察和检查母牛的健康状况,发现有异常情况要及时通知兽医前来处理,严格遵守接产操作程序。另外,由于母牛大多会在夜间分娩,还要做好晚间的值班工作。接产前助产人员要将手臂彻底清洗,并用75%的医用酒精棉球消毒。

4. 分娩母牛的准备

(1)将母牛的尾巴用绷带缠包于一侧。

(2)临产前的母牛,用温洗衣粉水彻底清洗其外阴及肛门周围,再用煤酚皂液或0.1%~0.2%高锰酸钾溶液消毒外阴并擦干。

二、分娩与助产

1. 分娩预兆

(1)骨盆韧带的变化　分娩前数天,骨盆部韧带变得松弛、柔软,荐骨后端松动,握住尾根作上下活动时,会明显感到尾根与荐骨容易上下移动。骨盆韧带松弛,臀部肌肉出现明显塌陷。

(2)外阴部　分娩前数天,阴唇逐渐肿胀,阴唇上皮肤皱纹平展,颜色微红,质地变软,阴道黏膜潮红,黏液由稠变稀,子宫栓松软变成透明的黏稠状液体从阴门流出。

(3)乳房　临产前4~5d可挤出少量清亮胶样液体,产前2~3d可挤出初乳。乳头基部红肿,乳头变粗,有的母牛有滴奶现象。当出现漏乳现象时,说明即将分娩。

(4)体温　母牛在产前1~2个月时,体温上升到39℃,但临产前下降0.4~0.8℃,若有产房,每日测温可以发现产期的到来。分娩后又逐渐恢复到产前正常体温。

(5)行为　分娩前母牛有非常明显的精神状况的变化。表现食欲缺乏,精神抑郁,离群寻觅僻静场所,并且勤回头,有不断起卧动作,尾巴举起,做排尿姿势等。初产牛则更显得不安。分娩预兆与临产间隔的长短因个体而异,必须随时观察。

2. 正常分娩的助产

(1)当母牛开始分娩时,要密切注意观察其努责的频率、强度、时间及母牛的姿态。其次要检查母牛的脉搏、呼吸,有时还需测量体温,并做好分娩开始时间的记录。

（2）尽量利用母牛自然分娩的力量，依靠母牛自身的子宫阵缩和努责力量把胎儿排出体外。必要时可进行人工牵引。

（3）母牛的胎囊露出阴门或排出胎水后，助产人员日可将手臂消毒后伸入产道，检查胎儿的前置部位，以判断胎向、胎位和胎势是否正常，便于对胎儿的反常姿势及时进行判断，尽早采取措施进行处理。还要注意正生还是倒生，同时要判断胎儿的死活。检查时勿撕破胎膜，以防胎水流失过早。如果胎位、胎向和胎势都正常，则可等待其自然分娩。

（4）母牛经常需要人工帮助将胎儿拉出，须判断清楚后方可采取行动。牛在分娩时，一般是先露出羊膜囊，也有时先露出尿囊。当胎儿的嘴露出阴门后，要注意胎儿头部和前肢的关系。为了防止胎儿发生窒息死亡，当胎儿头部露出阴门时如胎膜未破，胎水未流出，说明胎儿仍在羊膜囊内，这时助产人员可将胎膜撕破，再擦干胎儿鼻腔周围的黏液，以利于胎儿正常呼吸。假如头部还没有露出，千万不要过早地撕破羊膜，否则会使胎儿吸入羊水造成窒息，影响胎儿的顺利产出。

（5）拉出胎儿时，要注意保护好会阴部，当胎儿已经露出阴门时，母牛的阵缩和努责已无力量。此时，如果是正生，助产人员可及时把羊膜撕破，然后用手握住胎儿的两前肢，另一手握住下颌，配合母牛的努责和阵缩，将胎儿从产道拉出。如果发现胎头较大难以通过阴门时，应将胎膜撕破。助产人员用两条助产链固定犊牛已经进入软产道的两前肢，助产链先拴住犊牛的关节部，然后用平套结的方式拴在球关节以上防止打滑。由助产人员按住下颌，两名助手牵引助产链，配合母牛的努责，顺势拉出胎儿。

拉出时要注意，牵引方向应与母牛骨盆轴的方向保持一致。用力不可过猛以防止子宫外翻及会阴部的损伤。如果是倒生，要防止脐带被压在骨盆底部而造成胎儿窒息。必要时应及时撕破胎膜把胎儿从产道中拉出（见图1-24）。

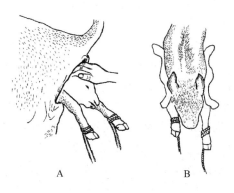

图1-24　助产挽引方向和方式示意图

A—助产牵引方向　B—交替用力拉出

(6)当胎儿腹部通过阴门时,应伸手到胎儿的腹下握住脐带根部和胎儿一起拉出,以免脐血管断在脐孔中。当胎儿排出后,在母牛站起而撕断脐带前,用手将脐带内的血液尽量捋向胎儿,待脐动脉停止搏动后,用碘酊消毒,结扎后再行断脐。对自行断脐的牛犊脐带也要用碘酊消毒。

(7)母牛分娩时大多采取侧卧姿势,但也常有站立姿势分娩的现象。母牛站立分娩排出胎儿时,助产人员必须用手接住新生犊牛,防止其发生摔伤。

(8)母牛分娩后要把胎衣收集在一起,观察其是否完整和正常,以便确定是否有部分胎衣没有排出和子宫内是否有病理变化。排出的胎膜要及时从产房清理干净,防止母牛吞食自己的胎膜。

三、产后护理

1. 新生犊牛的护理

(1)擦干羊水,注意保温　新生犊牛的口腔、鼻腔周围通常都存留一定的羊水或黏液,为了使犊牛呼吸通畅,助产人员应及时用洁净的毛巾将黏液擦干;或者让母牛舔干犊牛身上的羊水;新生犊牛体温调节中枢未发育完全,皮肤调节温度的功能很差,而外界温度又比母体低很多,特别在冬季和早春较寒冷的季节里,若不注意保温,很容易将犊牛冻死,所以在分娩的前几天一定要注意保温。

(2)脐带处理　在犊牛脐带根部充分涂抹碘酊,然后用手捋住脐带在距基部5cm的地方,将脐带撕断,或于该处结扎,在结扎下方1~2cm处剪断,并在断端涂抹碘酊。

(3)吃初乳　一定让新生犊牛尽早吃到初乳。新生犊牛吸吮初乳的时间为产后30~50min。正常的吮乳次数为3~6次/d,吮乳间隔的时间随日龄的增大而减少。

(4)对于因某些原因而失乳的犊牛应进行人工哺乳或寄养,要做到定时、定量、定温。

2. 产后母牛的护理

(1)清洗与消毒　对产后母牛的乳房、外阴和臀部要使用煤酚皂溶液或高锰酸钾液进行清洗和消毒,勤换洁净的垫草。

(2)防贼风　冬季和春季应防止产房有贼风侵袭。

(3)产后母牛的饲喂　产后1~2h,应以温开水加麸皮再加少量盐的麸皮汤喂食母牛。一般在1~2周后即可转为常规饲料。冬季不能喂冷水或冰水。

(4)防止感染　为了防止感染,根据情况注射一定量的抗生素。

(5)产后观察　仔细观察产后母牛的行为和状态,发现异常应及时采取措施进行处理。

思考与练习

1. 结合生产现场为母牛接产。
2. 为产后母牛及犊牛做好护理工作。

认知与解读

一、胚胎移植

(一)胚胎移植的概念

胚胎移植(ET)又称受精卵移植,是将体内、外生产的哺乳动物早期胚胎移植到另一头同种的生理状态相同的雌性动物生殖道内,使之继续发育为新个体,也称借腹怀胎。提供胚胎的个体称为供体,接受胚胎的个体称为受体。供体决定其遗传特性,受体只影响其体质发育。随着相关生物技术的发展,移植的胚胎还可以通过体外受精在体外进行生产。

为了使供体母畜多排卵,通常要用促性腺激素处理,使十几个、几十个甚至更多的卵泡发育并排卵,这项技术称为超数排卵。在畜牧生产中,超数排卵和胚胎移植通常同时应用,合称为超数排卵和胚胎移植技术——超排胚移,简称 MOET。

(二)发展历史

动物胚胎移植技术首次成功距今已有 100 余年的历史,但在当今的畜牧业生产中应用较少,它只是作为提高种母畜受胎率的一种技术和家畜育种、胚胎工程的手段,而得到实际的应用。

1890 年英国剑桥大学 Walter Heape 从一只纯种安哥拉母兔体内,取出 2 枚 4 细胞胚胎,移植到一只比利时种母兔输卵管上端(用同种公兔交配后 3h),结果生出 4 只比利时仔兔和 2 只纯种的安哥拉仔兔。这个实验第一次证实了同种动物的受精卵在不同个体母畜内发育的可能性。

胚胎移植在家畜上的实验最早在 20 世纪 30 年代。从此,胚胎移植的理论研究不仅局限于理论研究范围内,在牛、羊和猪等动物上相继获得成功。20 世纪 50 年代出现关于绵羊、山羊和猪移植方面的报道,但在生产中未能得到充分的利用。20 世纪 60 年代由于超数排卵、胚胎采集、胚胎移植和同期发情等技术方法的不断改进,由 Sugie 设计一种带有气囊装置的非手术采卵实验的成功,使该技术得到进一步的发展,逐渐推广到畜牧业生产中。1948 年,美籍华人张名觉等在英国成功进行了兔胚胎在 10℃保存后再移植的实验,从而为后来胚胎移植技术的发展和应用奠定了基础。

20 世纪 60 年代以后,胚胎移植技术已发展到应用阶段。在发达国家如北美洲、欧洲、大洋洲许多国家相应建立起牛、羊胚胎移植公司。

20 世纪 80 年代在欧洲已将超数排卵和胚胎移植技术超排胚移(MOET)应用到奶牛育种工作上。20 世纪 90 年代,美国荷斯坦奶牛核心群种母牛的 27.5% 和优秀种公牛的 44% 来自胚胎移植产生的后代。美国、法国等发达国家近年参加后裔测定的青年公牛中,80% 以上为胚胎移植的后代。

与国外相比,我国家畜胚胎移植技术的研究和应用起步较晚,但近年来发展较快,从 20 世纪 70 年代开始,通过胚胎移植已先后成功获得家兔(1972)、绵羊(1974)、奶牛(1978)、山羊(1980)和马(1982)的后代。1991～1995 年间,胚胎移植技术逐渐成熟,全国年平均超排供体牛 300～500 头次,移植 1000 余头次,但仍处于由实验向生产过渡的阶段。从 20 世纪 70 年代后期到 20 世纪 90 年代中期的推广应用,我国以高产荷斯坦奶牛作为供体牛,本地牛或杂交牛作为受体,用黄牛生产牛奶,用低产牛产高产后代。目前,我国奶牛、绵羊和山羊的胚胎移植技术水平已接近或达到发达国家的水平,部分地区已进入产业化应用阶段。

(三)胚胎移植的意义

胚胎移植和人工授精分别从种母畜和种公畜两个方面提高家畜繁殖力,是育种工作的有效手段。人工授精是提高优良种公畜配种效率的方法,胚胎移植是提高种母畜繁殖力的新技术途径。目前,胚胎移植的意义体现在以下几个方面。

1. 充分发挥良种母畜的繁殖潜力

在自然条件下,优良母畜一生的大部分时间需要用来承担繁重的妊娠任务,为此后代的繁殖数较少。如果采用胚胎移植技术,其排卵数将大幅增加。通过胚胎移植技术,将一头良种母畜的胚胎移植到其它母畜体内,经排卵处理,一次可获得多枚胚胎,而不需要在自己体内完成发育阶段,这使得优良母畜省去了很长的妊娠期,供体母畜只产生具有两种遗传物质的胚胎,缩短了繁殖周期。以牛为例,一般情况下,1 头良种母牛一年只能产下 1 头犊牛,目前应用胚胎移植技术,一年最多可得到二十余头良种母牛的后代。

2. 加速育种进程

MOET 育种技术可使母畜在短期内获得大量的后代,扩大良种母畜在群体中的影响,既增加了后代的选择强度,加速品种的改良,又缩短了世代间隔,使牛的繁殖力增加 7～10 倍。特别是世代间隔的缩短对于加速育种进程尤为重要。据报道,应用 MOET 育种方案,牛、羊生长性状的年遗传进展可比常规繁殖法分别提高 80% 和 70%,比自然繁殖提高 5～10 倍,胴体瘦肉率的年遗传进展分别提高 100% 和 80%。如果采用更为合理的方案,进一步提高胚胎移植的成功率,则牛、羊的遗传进展速度比常规方法快 1 倍,甚至与猪、鸡的进展速度相近。国外利用重复超数排卵技术在一年内成功地获得一头母牛的 60 多个后代。

3.诱发肉用双胎,提高生产效率

在肉牛业和肉羊业中,可以向已配种的母畜(排卵的对侧子宫角)移植一个胚胎,而本来已受精的母畜由于增加了一个外来胚胎,可能怀双胎,俗称"诱发双胎"。由于供体母畜可在年轻时采集胚胎后屠宰,这样既提供了优质的肉品,同时又留下了一定数量的后代。目前,双胎率达30% ~ 70%,这样,肉牛业和肉羊业可适当减少繁殖母畜的数量。肉畜饲养业中的繁殖用母畜可以不按常规方式保留更多的数量,而仍能维持畜群的正常率和更新率,因而,生产效率得到了很大的提高,减少了饲养费用。

4.代替种畜的引进

胚胎的冷冻保存技术可以使胚胎移植不受时间和地点的限制,利用引进冷冻胚胎进行移植,大大降低了因购买活畜和运输活畜的费用,省去了活畜引进时的检疫和隔离程序。胚胎经特殊处理,完全不携带病原微生物,胚胎的交流完全可以免除活畜进出口检疫工作。此外,将冷冻胚胎移植给本地母牛,在当地产生后代,增强了后代对引种地生态环境的适应性和抗病力。

5.保存品种资源

胚胎冷冻技术可以长期冷冻保存胚胎,通过这项技术可以建立动物品种的胚胎优良性状基因库,延续某些特有品种和野生动物的存在时间,而且其费用远远低于对活畜的保存。胚胎冷冻技术可以使价值高的品种免于自然灾害、遗传漂变、传染病等潜在的损失。

6.克服不孕

针对易发生流产或难产的优良母畜,可采用胚胎移植技术,将处于早期发育的胚胎取出,移植给其他雌性动物,使良种雌性动物能够正常繁殖后代。

7.有利于防疫的需要

在养猪业中,为了建立SPF猪群(无特定病原猪群),向封闭猪群引进新个体,为了控制疫病,往往采取胚胎移植技术代替剖腹取仔的方法。

8.提供研究的手段

胚胎移植是研究受精作用、胚胎学和遗传学等基础理论的一种很好的手段。利用种间的胚胎移植可以揭示它们在系统发育上的关系。通过种间胚胎移植,可以探讨动物个体在生物学上的亲缘关系。此外,体外受精、克隆、性别控制、胚胎分割、胚胎嵌合和转基因等胚胎生物技术的开展也离不开胚胎移植技术。

(四)胚胎移植的生物学基础

1.母畜在发情后的生殖器官的孕向发育

大多数自发排卵的动物,发情后不论是否配种,或配种后是否受精,生殖器官都会发生一系列的变化,如卵巢上黄体的形成与黄体酮的分泌,子宫内膜组织的增生和分泌功能的增强,这些变化都为胚胎可能的着床、发育创造条件,一直到妊娠识别后,健康的成年母畜的发情、交配受精、受孕和未受孕的雌性动物生殖生理朝不同方向发生变化。发情后最初数日,生殖系统的变化是相同的。妊娠雌性个体朝着妊娠方向发展,黄体持续存在卵巢上,转为妊娠黄体;未妊娠的雌性个体,卵巢上黄体则被子宫产生的前列腺素溶解,进而开始新的发情周期。进行胚胎移植时,不配种的受体母畜可以接受胚胎,为胚胎发育提供所需的环境。这种发情后母畜生殖器官相同的变化使供体胚胎向受体移植并被接受成为可能。因此,发情后供体和受体母畜的生殖器官在最初数天或十多天的孕向发育是胚胎移植、受体接受胚胎并代之完成妊娠、分娩过程的主要生理学基础,只有移植时受体的生理状态与胚胎的发育阶段相适应,胚胎才可继续发育。

2. 早期胚胎的游离状态

早期胚胎在受精后从输卵管移行到子宫角并与母体建立起实质性联系之前,胚胎均为游离状态、独立存在的,营养主要来自于胚胎内的卵黄物质。此时将胚胎从母体内冲出,在短时间内胚胎不至于死亡,而当将胚胎置入与母体相同的环境中,胚胎可以进一步发育并最终分娩生成新的个体,这是胚胎移植得以成功实施的基础。胚胎的游离存在和短时期内体外生存使收集和体外胚胎处理成为一种可能。

3. 胚胎遗传物质的稳定性

在胚胎移植中,胚胎的遗传物质实际上来源于供体以及与之交配的雄性个体,因此其遗传信息在受精时就已确定。受体对胚胎并不产生遗传上的影响。尽管其后期发育在受体内来完成,但发育环境只是影响其遗传潜力的发挥,而不会改变新生个体的遗传特性。

4. 母体子宫对胚胎的免疫耐受性

在自然繁殖条件下,在同一物种内,受孕母体对遗传物质不完全一致的胚胎具有免疫耐受特性。实际上,胚胎经过附植与母体子宫建立起实质性联系,母体局部免疫会逐渐发生变化,加之胚胎表面特殊免疫保护物质的存在,母体的免疫耐受性确保了胚胎的正常发育和存活。在胚胎移植中,胚胎在供体和受体之间具有相同的生理特性。然而,在生产实际中,一些移植的胚胎有时不能存活,除了其他因素外,是否有免疫学上的原因仍然值得研究。

(五)胚胎移植的基本原则

1. 胚胎移植前后环境的同一性

要求胚胎发育阶段与移植后的生理环境相适应。

(1)供体与受体的种属一致性   即二者属于同一物种。一般来说,在分类学上亲缘关系较远的物种,胚胎的组织结构、发育所需要的外界物质条件以及不同种属胎儿发育进程差异较大,在绝大多数情况下,胚胎在异种母体中不能存活或存活时间很短,因此供体和受体在分类学上必须保持种属一致,但这并不意味着在生物进化史上,血缘关系较近、生理和解剖特点相似的不同种属个体之间,胚胎移植没有成功的可能性。

（2）供体和受体在生理上的一致性　即供体和受体在发情时间上同期性。

（3）供体和受体解剖部位的一致性　从输卵管或子宫内回收的胚胎应移植到受体具有黄体一侧相同解剖部位的输卵管或子宫内,才能最大限度的保证移植胚胎的发育和附植。

在胚胎移植中,之所以要遵循上述统一性的原则,这是因为发育中的胚胎对于母体子宫环境的变化十分敏感,母体生殖道内环境在卵巢类固醇激素的作用下,处于时刻的动态变化之中。生殖道的不同部位（输卵管和子宫）具有不同的生理生化特点,环境要与胚胎发育需求一致。如果胚胎发育阶段与生殖道提供的生理环境不同,则易导致胚胎的死亡或流产。在胚胎移植实践中,供体与受体生理上的同步时间一般不能超过 $\pm 1 d$,同步时间相差越大,受胎率越低。

2. 胚胎的发育期限

排卵后形成的黄体分泌黄体酮,是胚胎附植、维持妊娠的必要保证。从生理学上胚胎采集和移植的期限上不应超过周期黄体的寿命,其理想时间应在妊娠识别发生之前,最迟要在黄体退化之前数日进行。因此,通常胚胎采集多在发情配种后的 $3 \sim 8 d$ 内进行,受体在相同的时间内接受胚胎的移植。如果晚于这个时期,那么受体本身也必须是已受胎,并且自身也处于相同的发育阶段。如果此时将胚胎从母体内取出,将会打乱胚胎与母体的相互作用关系,导致移植后不易成活。

3. 胚胎的质量

由于胚胎在早期发育阶段,其生命力相对比较脆弱,容易受外界环境的影响。通常,从供体生殖道回收的胚胎由于各种原因不一定都适合移植,只有受精后形态、色泽正常的胚胎,才能与受体子宫顺利进行妊娠识别和胚胎附植;而未受精卵和质量低劣的胚胎则无法完成发育或会在发育中途退化,导致妊娠识别和附植失败、胚胎丢失或流产。因此,用于移植的胚胎在移植之前需要进行严格的质量评定。

4. 经济效益或科学价值的考量

胚胎移植技术应用时,经济效益和科学价值是必须考虑的。一般胚胎移植成本投入较高,因此胚胎应具有独特经济价值或科学研究价值,如生产性能优异等。

二、体外受精

（一）概述

体外受精（IVF）是指哺乳动物的精子和卵子在体外人工控制的环境中完成受精过程的技术,也称体外受精联合胚胎移植技术。体外受精技术是继人工授精技术、胚胎移植技术之后动物繁殖领域的第三次革命,是胚胎生物技术的重要研究内容之一。它不仅有助于关于受精本质和机制的研究,而且也是研究胚胎分化和发育机制的重要手段。近几十年来,包括克隆动物技术在内的一系列生物技术的发展与体外受精技术的发展起到了相互促进的作用。

(二)体外受精的技术环节

1. 卵母细胞的采集和成熟培养

(1)卵母细胞的采集

①超数排卵:雌性动物用促黄体素和促卵泡素处理后,从输卵管中取出成熟卵子,直接与获能精子受精。整个试验关键是掌握卵子进入输卵管和在输卵管中维持受精能力的时间。这种实验方式多用于小鼠、大鼠和兔等实验动物,也可用于山羊和绵羊等小型多胎家畜。大型家畜体型较大,费用较高,程序复杂,很少使用。

②活体卵巢取卵母细胞:这种方法主要借助超声波探测仪、内镜或腹腔镜直接从活体动物的卵巢中取卵母细胞。按照目前技术水平,一头健康母牛每周可获5～10枚卵子。在家畜中,活体采集的卵母细胞一般要经培养后才能与精子完成受精。

③屠宰母畜体内取卵母细胞:此种方法是从刚屠宰的母畜体内取出卵巢,经洗涤、保温(30～37℃)后,在无菌条件下用注射器或真空泵抽吸卵巢表面一定直径卵泡中的卵母细胞(牛卵细胞直径要求 3～10mm,绵羊要求 3～5mm,猪要求 3～6mm)。获得的卵母细胞多数处于生发泡期(GV 期),需在体外培养成熟后才能与精子受精,关键是注意防止卵巢感染。在取样时,要保存在生理盐水中或磷酸缓冲液(PBS)的保温瓶中,溶液要添加抗生素。

(2)卵母细胞的成熟培养 由超数排卵采集的卵母细胞已在体内发育成熟,不需培养可直接与精子受精,对未成熟卵母细胞需要在体外培养成熟。从家畜体内采集的卵母细胞绝大部分与卵丘形成卵丘卵母细胞复合体(COC)。

依据卵丘卵母细胞复合体的外形选出正常的卵母细胞并进行分类:A 级卵母细胞的细胞质均匀,卵丘细胞 4 层以上而且致密。B 级卵母细胞的细胞质均匀,卵丘细胞 3～4 层。C 级卵母细胞有 1～2 层卵丘细胞,而且卵母细胞的细胞质均匀度较差或者是半裸卵。D 级卵母细胞是卵丘细胞全部脱落的裸卵。在体外的试验中,一般只有 A 级和 B 级卵母细胞能用于体外成熟培养。

从卵巢上采集的卵母细胞仍处于生发泡阶段,所以仍需要进行成熟培养。

①培养液:目前卵母细胞体外成熟的基础培养液应用最广泛的是 TCM—199,但使用过程中需要添加一定浓度的血清[5%～10%的牛胎儿血清(FCS)或发情牛血清(SS)]和一定浓度促性腺激素(如 0.1～1.0μg/mL FSH 和 5～10μg/mL LH),雌激素(如 1.0～2.0μg/mL)等。

②温度和环境气候:一般家畜的卵母细胞体外成熟温度在 38～39℃,环境要求在含有 5% CO_2 的空气和适宜湿度环境。

③培养时间:牛和羊卵母细胞成熟时间一般为 22～24h,马为 30～36h,猪为40～44h。

④培养方法:卵母细胞体外成熟培养方法主要分以下三种:第一种是微滴法。先将成熟培养液在组织培养皿中做成 50～100μL 微滴并覆盖石蜡油。取 5～10 枚

卵母细胞放入其中培养。此法适合进行多组对比试验。第二种方法是封闭法,将卵母细胞放入装有 2~3mL 成熟培养液的 15mL 试管中,在封口胶塞处插入一个注射针头,从针头处注入含有 5% CO_2 的空气,完毕后拔出针头,再置于恒温的培养箱或水浴锅中培养。此种方法优点是不需要 CO_2 培养箱,节省了 CO_2,但整体操作较麻烦。第三种方法是开放法。将 1~2mL 成熟培养液放入玻璃小平皿内,放入 50~100 枚卵母细胞,不用覆盖石蜡油,将平皿置于含有 5% CO_2 空气培养箱培养,此种方法适合于培养大量的卵母细胞,适合于工厂化生产。

2. 体外受精

体外受精是指在体外将获能的精子与成熟的卵子共同培养,完成受精的过程。精子的制备、获能和受精一般在 Tyrode's 液(TALP)或 BO(Brackett and Oliphant)液中进行。

(1)精子的准备 在体外完成受精,首要条件是准备成熟的精子和卵子,其次是模拟体内生理环境。用于完成受精的精液一般为冷冻精液,所以,在准备时要保证精子的成活率。精子的准备一般用以下几种方法:

①悬浮液法:取 1~2 支细管冷冻精液进行解冻,放入 3~5mL 获能液或者受精液至试管底部,培养箱中孵育 30min,用细管吸取上半部分液体离心洗涤 1~2 次,可获取 90% 以上活力强的精子。本种方法适用于精子活力较差、总体浪费情况较大的精液。

②直接离心提取:取 5~10mL 精液直接放入获能液或者受精液的离心管中,而后离心 2 次。此法操作简单,精子利用率高。但是需要在受精前大概计算出精子的活力,提取过程中不包括精子的筛选,活精子和死精子比例各占 50%。

③帕克尔(Percoll)密度梯度离心法:常用密度梯度有两种,即 90% 和 45%。具体操作过程是先制备各种不同浓度的 Percoll 液,将高浓度的液体置于底部,低浓度的置于上面,再将精液置于 Percoll 液上面,并于 2000r/min 离心机中离心 20min,去掉上层大部分 Percoll 液体,只保留最底部 0.1mL 精液,取 1~2mL 于离心管中,再以 500~700r/min 的速度离心 5~7min,去掉上清液,只保留最底层 0.1mL 精液。此种方法程序较为复杂,但精子的利用率非常高,可以得到大部分活力强的精子。

(2)精子的获能处理 哺乳动物精子的获能方法有培养和化学诱导两种方法。牛、羊的精子常用化学药物诱导获能,诱导获能的常用药物是肝素和钙离子载体。精子获能过程是:母畜生殖道内的获能因子中和精子表面的去能因子,并促使精子质膜的胆固醇外流,导致膜的通透性增加,而后 Ca^{2+} 进入精子内部,激活腺苷酸环化酶,抑制磷酸二酯酶,诱发 cAMP 的浓度升高,进而导致膜蛋白重新分布,膜的稳定性下降,精子完成获能。

(3)受精 即获能精子与成熟卵子的共培养,除 Ca^{2+} 载体诱导获能外,精子和卵子一般在获能液中完成受精过程。衡量受精是否成功,主要参考以下几个方面;

第一,受精初级阶段,卵母细胞中应存有膨大的精子头部及与其相符的尾部,排除第二极体;第二,受精发生后应当形成大小相等的卵裂球,每个卵裂球应具备相应细胞核;第三,将受精卵移植给受体后应当发育为正常的个体,这是判断受精的最重要的依据。

(4)精卵共同培养条件 受精后,卵母细胞最好立即放入 38.5℃、含 5% CO_2 空气和最大湿度的培养箱中培养 24~44h。最初试验中,曾把排除极体和卵裂程度作为受精标准,这在实际应用中是不可靠的。因为哺乳动物的卵母细胞在体外的培养环境下,即使不受精也能排除极体甚至卵裂。因此,衡量受精通常采用以下三个方面:第一,受精初级阶段,卵母细胞质里存在着膨大的精子头部和与其相连的精子尾部;第二,受精发生后,应形成大小相等的卵裂球,并有细胞核;第三,将受精卵移植给受体后发育为正常的个体,这是判断受精的最重要的依据。

3. 胚胎培养

精子和卵子受精后,受精卵需移入发育培养液中继续培养以检查受精状况和受精卵的发育潜力,质量较好的胚胎可移入受体母畜的生殖道内继续发育成新个体或进行冷冻保存。利用化学成分明确的基础培养液,如合成输卵管液(Synthetic Oviduct Fluid,SOF),添加血清、BSA、氨基酸、维生素和生长因子(如 EGF,IGF)等物质构成。培养液基本成分包括无机盐、糖类、氨基酸、蛋白质及其他生长因子等,目前常用 SOF 液,其主要成分是参照输卵管成分。受精卵的培养主要采用微滴法,胚胎与培养液的比例为一枚胚胎用 3~10μL 培养液,一般 5~10 枚胚胎放在一个小滴中培养,以利用胚胎在生长过程中分泌的因子。与体细胞共培养可以有效地解决体外受精胚胎的发育停滞问题,此系统常用的培养液是 TCM199+5%~10% 的血清,常用的体细胞是输卵管上皮细胞(BOEC)、颗粒(卵丘)细胞、成纤维细胞、巴弗洛大鼠肝细胞(Buffalo Rat Liver Cells,BRLC)和子宫内膜细胞。胚胎培养条件与卵母细胞成熟培养条件大致相同。小鼠和家兔等试验动物可以早期移植,也可以冷冻保存。

三、性别控制

(一)概述

动物性别控制(sex control)是指通过人为地干预或操作,使母畜按人们的愿望繁殖所需性别后代的技术。这是一项能显著提高畜牧业经济效益的生物工程技术。通过性别控制,可以从受性别限制的性状和受性别影响的性状获益。例如,对于奶牛,公犊一出生往往就被淘汰,而母犊的价值为公犊的数十倍乃至近百倍,母牛如能按照人们的愿望多产母犊,其经济效益将大大提高。很早以前人们就开始进行性别控制的研究,到现在已经取得了很多成果。目前动物性别控制主要有两条途径,分别是对精子进行处理和胚胎的早期性别鉴定。

(二)性别控制发展情况

早在 2500 年前,古希腊的德谟克利特提出通过抑制一侧睾丸控制后代性别比例的设想,这在现在看来是比较荒谬的,他缺乏对性别控制技术与性别决定理论的了解。20 世纪,随着孟德尔理论的逐渐建立,人们提出性别由染色体决定的理论。1923 年,Painter 证实人类 X 染色体和 Y 染色体的存在。1959 年 Welshons 和 Jacobs 等提出 Y 染色体决定雄性的理论。1989 年 Palmer 等找到了 Y 染色体上的性别决定区(SRY)。尽管 SPY 序列诱导性别分化的具体机制有待深入研究,但是 SRY 的发现对性别控制技术的发展有里程碑的意义。目前,用分子生物学方法确定胚胎细胞中是否存在 SRY 基因来鉴定早期胚胎性别的技术已进入实际应用阶段,成为目前最有效的早期胚胎性别鉴定方法。

(三)哺乳动物性别控制技术

哺乳动物精子可分为两类,一类携带 X 染色体(X 精子),另一类携带 Y 染色体(Y 精子)。这两类精子在体积、比重、DNA 含量以及表面抗原和表面电荷等方面存在着一些差异,人们根据这些差异设计了很多方法将 X、Y 精子分离,这些方法主要有流式细胞仪分类法、沉降法、离心沉降法、密度梯度离心法、过滤法、电泳法、H - Y 抗原法等。其中,流式细胞仪法是目前比较科学、可靠、准确性高的精子分离方法。其理论基础是 X 精子和 Y 精子的常染色体相同,而性染色体的 DNA 含量有差异。发出的信号利用仪器和计算机系统进行扩增,并分辨出 X 精子、Y 精子及分辨模糊的精子。当这些充电的液滴通过两块各自带正电或负电的偏斜板时,正电荷收集管为 X 精子,负电荷收集管为 Y 精子,分辨模糊的精子收集到另一个管中。

(四)性别鉴定方法

性别鉴定是指在胚胎移植之前对早期胚胎进行性别鉴定,选择特定性别的胚胎进行移植,即可获得期望性别的后代,达到控制下一代性别的目的。运用细胞学、分子生物学或免疫学方法可对哺乳动物附植前的胚胎进行性别鉴定,通过移植已知性别的胚胎可控制后代性别比例。目前胚胎性别鉴定的方法主要有核型分析法、免疫学法和 SRY 基因 PCR 扩增法。

1. 核型分析法

该方法是通过分析部分胚胎细胞的染色体组成来判断胚胎性别,有 XX 染色体的胚胎通常发育为雌性,而具有 XY 染色体的发育为雄性。因此通过核型分析能鉴定胚胎性别。这种方法的准确率可达 100%,但是取样时对胚胎损伤大,操作时间长,并且获得高质量的染色体中期分裂相很困难,因此难以在生产中推广应用。

2. 免疫学方法

这种方法的理论依据是雄性胚胎存在雄性特异性组织相容性抗原。在细胞期至早期胚泡期,哺乳动物的雄性胚胎表达一种雌性胚胎所没有的细胞表面因子,即 H - Y 抗原,利用 H - Y 抗原和抗体免疫反应的原理可以进行胚胎的性别鉴定。但是这种抗原的分子性质目前尚无定论,因而结果不稳定,准确性也较低。可通过三种方法把雌雄分离开:第一种是在胚胎培养液中加入抗体和补体,经一段时间培养,发育为雌性,不能发育的即为雄性;第二种是先将胚胎与 H－Y 当克隆抗体处理,用荧光素标记的第二抗体处理,在荧光显微镜下观察,有荧光的胚胎即为雄性,没荧光的即为雌性;第三种是在胚胎发育到桑葚阶段向培养液中加入 H－Y 抗体,继续培养一段时间,出现囊胚的为雌性胚胎,停留在桑葚阶段的为雄性。

3. SRY 基因 PCR 扩增法

SRY 基因 PCR 扩增法是近十多年发展起来的用雄性特异性 DNA 探针和 PCR 扩增技术对哺乳动物早期胚胎进行性别鉴定的一种新方法。其实质就是 Y 染色体上 SRY 基因的检测技术,这种方法因具有特异性强、灵敏度高、快速、简便、经济等优点,在家畜早期胚胎的性别鉴定中占有重要的位置。这种方法取样细胞少,对胚胎的损伤小、快速而准确,准确率高达 90% 以上。目前广泛应用于家畜,特别是牛、羊胚胎的性别鉴定。

四、胚胎分割

(一)概况

胚胎分割(embryo splitting)是指通过对哺乳动物附植前的胚胎进行显微操作,将其分成若干个具有继续发育潜力部分的胚胎生物技术。运用胚胎分割可获得同卵双生或同卵多生,有利于扩大优良家畜的规模,胚胎分割的理论依据是早期胚胎的每个细胞都有独立发育成新个体的能力。在畜牧生产上,胚胎分割可以扩大胚胎的来源,进而增加优良家畜的数量,例如,将牛胚胎分割后再进行移植,可能达到一卵双生或多生的效果。此外,分割后的胚胎可以先将一半胚胎移植,而另一半胚胎冷冻保存起来,这样,当移植的半胚产仔证实是优秀个体后,再将冷冻保存的半胚解冻和移植。在基础生命科学研究中,胚胎分割可以提供遗传差异非常小的实验材料,提高实验研究结果的准确性。

Spemann 在 1904 年最先进行了蛙类 2 细胞期胚胎的分割试验,并获得同卵双生后代。1970 年,Mullen 等通过分离小鼠 2 细胞期胚胎卵裂球,获得同卵双生小鼠。后来,Moustala 在 1978 年又将小鼠桑葚胚一分为二,也获得同卵双生小鼠。1979 年 Willaden 等进行绵羊早期胚胎的分割。20 世纪 80 年代以后,Willadsen 等在总结前人经验的基础上,建立了系统的胚胎分割方法,并用该方法由绵羊的四分之一和八分之一胚胎获得羔羊,由牛的四分之一胚胎获得犊牛。目前,由二分之一胚胎生产的动物有小鼠、家兔、绵羊、山羊、牛、马;由四分之一胚胎生产的动物有家兔、绵羊、猪、牛和马;由八分之一胚胎生产的动物有家兔、绵羊和猪。

(二)胚胎分割方法

在进行胚胎切割时,先将发育良好的胚胎移入含有操作液滴的培养皿中,操作液常用杜氏磷酸盐缓冲液,然后在显微镜下用切割针或切割刀把胚胎一分为二。不同发育阶段的胚胎,切割方法略有差异。如果胚胎分割后没有受体,可以进行超低温冷冻保存,但由于分割胚的耐冻性和解冻后的成活率均低于完整的胚胎,所以分割的胚胎需要在体内或体外培养到囊胚阶段,再进行冷冻保存。

1. 桑葚胚之前的胚胎

这一阶段胚胎因为卵裂球较大,直接切割对卵裂球的损伤较大。常用的方法是用微针切开透明带,用微管吸取单个或部分卵裂球,放入另一空透明带中,空透明带通常来自未受精卵或退化的胚胎。

2. 桑葚胚和囊胚

对于这一阶段的胚胎,通常采用直接切割法。操作时,用微针或微刀由胚胎正上方缓慢下降,轻压透明带以固定胚胎,然后继续下切,直至胚胎一分为二,再把裸露半胚移入预先准备好的空透明带中,或直接移植给受体。在进行囊胚切割时,要注意将内细胞团等分。

3. 分割胚的培养

为提高半胚移植的妊娠率和胚胎利用率,分割后的半胚需放入空透明带中或者用琼脂包埋移入中间受体,在体内或直接在体外培养。半胚的体外培养方法基本同于体外受精卵。体内培养的中间受体一般选择绵羊、家兔等动物的输卵管,输卵管在胚胎移入后需要结扎以防胚胎丢失。琼脂包埋的作用是固定胚胎,便于回收,同时不影响胚胎的发育。发育良好的胚胎可移植到受体内继续发育或进行再分割。

五、胚胎嵌合

(一)概述

胚胎嵌合又称胚胎的融合,是指由不同基因型的细胞构成的复合个体,它包括种间和种内嵌合体。胚胎嵌合技术为哺乳动物胚胎发育及遗传控制等研究提供了有效手段。将不同基因型的胚胎细胞嵌合到一起,根据其在嵌合体组织或器官中的分布及存活情况,研究胚胎早期分化规律。此外,在畜牧生产中,动物胚胎嵌合不仅对品种改良及新品种培育具有重要意义,而且为不同品种间的杂交改良开辟了新的渠道。

(二)胚胎嵌合的制作方法

1. 聚合法

(1)裸胚聚合法　在塑料培养皿上加 20~30μL 的联结用培养液小滴,上盖石蜡油。将要联结的两个品系的裸胚放入培养液小滴中,在显微镜下用细玻璃棒轻轻拨在一起使之联结。然后在 5% CO_2、37.5℃饱和湿度下培养 10~20min。联结用的培养液中一般要加联结剂 - 植物血凝素。联结完成后,要用培养液洗 2 次,再继续培养或做移植。

(2)卵裂球聚合法　它是将遗传性能不同而发育阶段相同或相近的胚胎卵裂球聚合在一起获得嵌合体的方法。首先用链霉蛋白酶除去透明带,然后用反复吹洗法将卵裂球团分离成单个卵裂球,从中取两枚或两枚以上的卵裂球放入空透明带中,加入 PHA 使之聚合,培养一段时间后可形成嵌合体胚胎。

2. 囊胚注射法

它是把一种或多种胚胎的卵裂球、内细胞团细胞、EC 细胞、ES 细胞或内细胞团直接注射到另一枚囊胚的腔隙中,获得嵌合体的方法。操作时,首先要准备注入的细胞或细胞团,再用显微操作仪把细胞或细胞团注入囊胚腔,然后把胚胎移入受体内继续发育为嵌合体。具体检测方法包括毛色分析法、葡萄糖磷酸异构酶(Glucose Phos-phate Isomeras,GPI)同工酶电泳法、PCR 法、微卫星标记法和报告基因法等。

六、动物克隆

(一)概述

在生物学上,克隆(Clone)是指一个细胞或个体以无性繁殖的方式产生一群细胞或一群个体,在不发生突变的情况下,具有完全相同的遗传性状。动物克隆在畜牧生产和生物学基础研究中都具有重要价值。在畜牧生产上,通过动物克隆可大量扩增遗传性状优良的个体,尤其是体细胞克隆技术可实现优良家畜的无限扩增,可加速家畜品种改良和育种进程。在濒危动物保护中,运用克隆技术可扩大濒危物种群,利用体细胞克隆技术也可将品种的保存简化为组织和细胞的冷冻保存。在科学研究中,通过克隆可获得大量遗传同质的动物,为动物营养学、药理学等研究提供最好的实验材料。此外,克隆技术能大大提高转基因的效率,用 DNA 定点整合技术改造的体细胞作核供体,可大大提高目前的转基因效率。克隆技术对探明细胞核与细胞质的相互作用关系、细胞分化和早期胚胎的发育调控机理等也有着非常重要的意义。

尽管克隆技术在一些动物上已经取得成功,但是总体技术水平还处于实验研究阶段,实践运用时还存在结果不稳定、效率低,后代死亡率高,细胞质对后代遗传的影响等问题。因此,还需要进一步完善动物克隆技术,提高动物克隆的成功率。

(二)卵核移植基本技术环节

首先利用显微操作仪将核供体(胚胎细胞或体细胞核)移植到去核的卵母细胞的卵周隙内,然后利用一定强度的电脉冲刺激,使核供体与核受体(去核的卵母细胞)融合,融合后的胚胎经培养发育后,移植到受体内产生后代。体细胞核移植中,由于体细胞体积小,使用平行电极时细胞融合率低,所以常用针式电极进行细胞融合。为了解决融合率低的问题,也可打破供体细胞的细胞膜,将胞浆和核一起注入到去核卵母细胞的胞浆内,然后进行激活处理。

七、转基因动物

(一)转基因动物概述

转基因动物技术(transgenic techinique)是指借助分子生物学和胚胎工程技术,

将特定的外源 DNA 在体外扩增加工,再通过直接导入或载体介导的方法,导入受体动物的基因组中,或把受体基因组中的一段 DNA 切除,然后将此转基因生殖细胞或胚胎植入假孕雌性动物生殖器官进行表达,以产生具有新遗传特性或性状的转基因动物,并能将新的遗传信息稳定的整合和遗传给后代,获得转基因系或转基因群的一门生物工程技术。通常把这种方式诱导遗传改变的动物称转基因动物(transgenic animals)。

(二)发展情况

转基因技术自 20 世纪 70 年代以来,在农业、医学和生物学中占有重要地位,被公认为遗传学领域中仅次于 20 世纪初的连锁分析。动物转基因技术已有近 30 年的研究历程,其本质就是利用基因工程技术人为地改造动物的遗传特性。转基因最早在 1986 年取得成功,当时 Munro 以鸡为实验对象进行外源基因导入动物染色体的研究。大致上讲,就是用基因工程的方法获得目的基因,并将其整合到动物基因组中,使外源基因能够在动物体内表达。1974 年,美国科学家 Jaenisch 等把猿猴病毒 40(SV40)注入小鼠胚囊中,得到含外源基因的嵌合小鼠,于 1976 年建立世界上第一个转有莫氏白血病病毒基因的转基因小鼠系。通过转基因操作,人类可定向地改造动物基因组,从而选育出人类需要的具有某些特定性状的动物,实现畜禽的超高产育种、抗病育种和生产生物反应器等目的。另外,还可以在动物活体水平上研究特定基因的结构和功能,为从分子水平到个体水平,多层次、多方位地研究基因功能提供了新思路。

(三)转基因动物制作方法

1. 受精卵原核显微注射法

该方法利用显微注射技术将 DNA 分子直接注入到受精卵的原核中,通过胚胎 DNA 在复制或修复过程中造成的缺口,把外源 DNA 整合到胚胎基因组中。它是哺乳动物最常见的转基因方法,具有准确性高,效果稳定,导入时不受 DNA 分子量的限制等优点,缺点是整合效率低,仅为 1% 左右,而且不能定点整合。

2. 反转录病毒感染法

反转录病毒是双链 RNA 病毒,它侵染细胞后可通过自身的反转录酶以 RNA 为模板在寄主细胞染色体中反转录成 DNA。在利用病毒载体转基因时,首先要对病毒基因组进行改造,将外源基因插入到病毒基因组致病区,然后用此病毒感染胚胎细胞,即可对胚胎细胞进行遗传转化。这种方法的优点是操作简单、外源基因的整合率较高。缺点是反转录病毒载体容量有限,不能插入大的外源 DNA 片段,因此,转入的基因很容易缺少其邻近的调控序列。此外,携带外源基因的病毒载体在导入受体细胞基因组过程中有可能激活细胞 DNA 序列上的有害基因,使其存在安全隐患。

3. 胚胎干细胞法

将载体 DNA 转入胚胎干细胞后,在体外经过适当的筛选和鉴定,再将所获得的阳性胚胎干细胞注入受体动物的囊胚腔中,并移植入假孕母体子宫继续发育产生嵌合体动物,当胚胎干细胞分化为生殖干细胞时,外源基因可通过生殖细胞遗传给后代,在第二代获得转基因动物。这种方法可对阳性细胞进行选择,实现外源DNA的定点整合。缺点是第一代是嵌合体,获得转基因动物的周期较长。

4. 精子载体法

该方法是将外源基因与精子共同培养,再通过电穿孔或脂质体介导等方法将外源基因导入成熟的精子,使精子携带外源基因进入卵中并受精,从而使外源基因整合到染色体中。这种方法具有操作简单、转基因效率高等优点,但是效果不稳定,存在着目的基因整合的随机性和无法早期验证等特点,从而影响整合后的功能。

5. 细胞核移植法

该方法是以培养的体细胞或胚胎干细胞为受体,将外源目的基因转移到细胞内,然后选择阳性细胞作核供体,通过细胞核移植,从而获得转基因动物。这种方法可与基因打靶技术结合,实现外源基因的定点整合,消除外源DNA随机整合带来的不良反应,这种方法的转基因效率可达100%,大大降低转基因动物的生产成本。但是,这种方法的广泛应用还依赖于细胞核移植技术的发展,目前还难以实现。

家畜转基因的研究拓宽转基因动物研究的内容,转入生长激素基因(GH)以生产出生长速度和饲料报酬都有所提高的动物。但这些转基因动物有很多后遗症,例如关节炎、胃溃疡、心肌炎、生殖丧失症等,导致家畜繁殖力较低、寿命短、病死率较高等,在生产上没有太大的价值。为避免外源生物活性物质对转基因动物机体产生不利影响,研究目标主要转向生物反应器。生物反应器是利用转基因动物的造血或泌乳系统来生产外源珍惜蛋白,前者称血液生物反应器,后者称乳腺生物反应器。目前,大约有30多种重组的人蛋白质基因在转基因动物腺中表达,其产品将很快进入临床应用。随着猪体细胞核移植的成功,用转基因猪器官作为人器官代用品的研究成为新的研究热点。

随机整合外源DNA进入细胞后,分子构象发生一些变化。长链DNA分子在核酸外切酶的作用下形成较长的单链末端,通过互补结合和DNA修复,形成拷贝数更高的DNA链。同源重组具有相同核苷酸序列的DNA双链互称为同源分子,同源DNA分子间的序列可相互交换。基因打靶是利用DNA同源重组的原理,把目标基因插入到染色体DNA指定位点的一项分子生物技术。基因打靶技术与动物克隆技术的结合已成为转基因研究的主要方向。

任务七 牛胚胎移植技术

【任务实施动物及材料】 供体母牛、受体母牛、超净工作台、恒温水浴锅、干燥箱、冷冻仪、液氮罐、体视显微镜、CO_2 培养箱、扩宫棒、二路式或三路式多孔冲胚管等。

【任务实施步骤】

牛非手术法胚胎移植技术程序

胚胎移植主要包括供体和受体的选择、供体和受体的同期发情、供体的超数排卵、胚胎的采集、胚胎的质量评定和胚胎的移植等环节(见图1－25)。

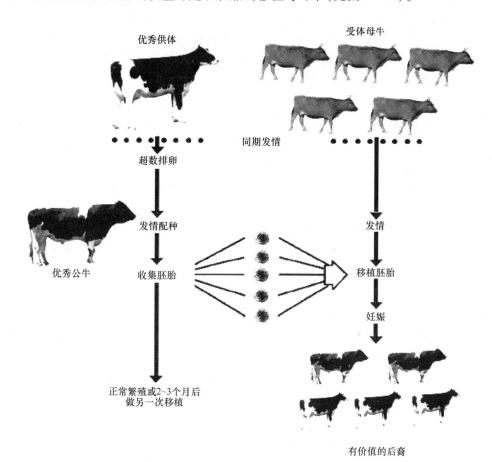

图1－25　牛非手术法胚胎移植技术程序示意图

(一)供体和受体的选择

1. 供体的选择

供体应具有遗传优势,应选用种用价值高、健康、无生殖道疾病、超数排卵效果好的母畜。还应具有良好繁殖潜能,既往史好、易配、易孕,无遗传缺陷,无难产或者胎衣不下,无流产,生殖器官良好,发情周期正常,发情症状明显。

2. 受体的选择

受体应选择廉价低产、健康、繁殖功能正常、体型较大的母畜。

(二)供体和受体的同期发情

在拥有大量母畜的情况下,可以选择自然发情与供体发情时间相同的母畜,二者发情时间最好接近,前后不应超过1d。可对供体母牛和受体母牛进行同期化处理。具体方法请参见任务二。

(三)供体的超数排卵

对供体母畜进行超排处理已经成为胚胎移植技术程序中不可缺少的一个环节,因为通过超排可增加每次排卵数目,从而获得足量的胚胎。

超数排卵的效果受动物遗传特性、体况、营养、年龄和发情周期的阶段、产后时期的长短、卵巢功能以及激素制品的质量和用量等多种因素的影响。具体内容请参见任务二。

(四)供体配种

经过超数排卵处理的母畜发情后应适时配种。为了得到较多的发育正常的胚胎,应使用活率高、密度大的精液,而且将授精次数增加 2 ~ 3 次,间隔 8 ~ 10h。每天早晚至少观察 3 次。为确保卵子受精,可采取增加输精次数和加大输精量的方法。

(五)胚胎的采集

胚胎的采集又称冲卵、采胚,它是指利用冲卵液和冲卵器械将早期胚胎从供体的子宫或输卵管中冲出,并回收利用的过程。胚胎的采集有手术法和非手术法。手术法适用于各种家畜,而非手术法只适用于牛、马等大家畜,且只有在胚胎已经进入子宫角后才能进行。冲卵时要考虑到配种时间、排卵时间、胚胎位置,以得到较高的收集率。

1. 胚胎采集前的准备

冲胚液和培养液在使用前都要加入血清白蛋白,含量为 0.1% ~ 3.2%。冲胚液血清含量一般为3%(1% ~5%),培养液血清含量为20%(10% ~50%)。目前在生产实际中,最常用的是杜氏磷酸缓冲液(D – PBSS)。

2. 胚胎采集的时间

采集时间要根据胚胎的发育阶段来确定。采集时间不应早于排卵后的第一天,即最早在发生第一次卵裂之后,否则不宜辨别卵子是否已经受精。家畜胚胎的采集在配种后 3 ~8d,发育至4 ~8 个细胞以上为宜。牛胚胎最好在桑葚胚至早期囊胚阶段进行采集和移植,一般在配种后 6 ~8d 进行。羊可在桑葚胚至囊胚阶段采集和移植,一般在配种 6 ~7d 进行。采集时间应根据畜种的不同、胚胎所处部位的不同、采卵方法的不同而确定,只有这样才能提高采卵率和移植妊娠率。

3. 胚胎采集方法

牛马等大家畜采用非手术法采集胚胎。与手术法相比,非手术法操作简便,对生殖器官损伤小,但是需要的冲卵液较多。下面以牛的非手术法为例说明一下具体操作过程。

将供体牛保定,通过直肠检查确定黄体数目,然后对供体牛的尻部、外阴部进行清洗、消毒,注射1%的盐酸利多卡因3～5mL进行尾椎硬膜外腔麻醉。利用两路式冲卵管插入一侧子宫角并固定气囊开始冲洗,每次用25～35mL冲卵液,分多次冲洗子宫角,同时用手通过直肠按摩子宫角,每侧子宫角冲卵液的总用量约为300～400mL,冲洗完一侧后换到另一侧冲洗,两侧冲洗完毕后,向子宫投入一定量的抗生素。冲卵2d后肌肉注射$PGF_{2\alpha}$ 0.4～0.6mg,以溶解卵巢上的黄体。

(六)胚胎的质量评定

胚胎的质量评定方法有形态学检查、体外培养、荧光和代谢活力测定,目前最常用的是形态学检查。

(1)形态学方法

将回收得到的胚胎放到40倍立体显微镜下或200倍的倒置显微镜下进行形态学检查,根据形态学标准评定胚胎质量。主要包括两个过程,一是检胚,二是胚胎鉴定。胚胎的检查是指在立体显微镜下,从冲卵液中寻找胚胎。胚胎的鉴定是将检查的胚胎应用各种手段对其质量和活力进行评定。通常,将检查出的胚胎用吸卵管移入含有20%犊牛血清的PBS中进行鉴定,观察发育至不同阶段的正常早期胚胎以及异常胚胎的形态(见图1-26和图1-27)。

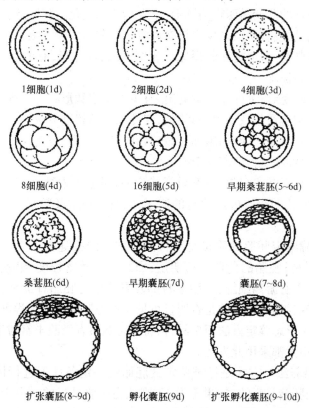

图1-26 不同发育阶段的正常牛胚胎

资料来源:Stmgfellow O A et al,Mannual of the International Embry Transfer Society,Third Edition,1998.

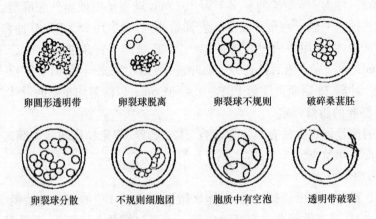

卵圆形透明带　　卵裂球脱离　　卵裂球不规则　　破碎桑葚胚

卵裂球分散　　不规则细胞团　　胞质中有空泡　　透明带破裂

图 1 –27　形态异常胚胎

资料来源:中国农业大学主编,家畜繁殖学,第二版,1990。

　　从胚胎的整体形态来看,正常的胚胎整体结构好、细胞质均匀、轮廓清晰且规则,而异常胚胎边缘不整齐、大部分细胞突出、色泽变暗、有水泡和游离分裂球;从透明带上看,正常的胚胎透明带为圆形,未受精卵或退化的胚胎透明带呈椭圆形且无弹性。根据胚胎发育阶段及发育形态可将胚胎分为四个等级。

　　A 级:形态典型,卵细胞和分裂球的轮廓清晰,呈球形,有的呈椭圆形,细胞质致密,色调和分布极均一。

　　B 级:有少许变形,少许卵裂球突出,有少许小泡和形状不规则,卵细胞和分裂球的轮廓清晰,细胞质较致密,分布均匀,变性细胞不超过 10% ~30% 。

　　C 级:形态明显变异,卵细胞和分裂球轮廓稍不清晰,细胞质不致密,分布不均匀,色调发暗,变性细胞占 30% ~50% 。

　　D 级:很少有正常卵细胞,形态异常或变性,呈显著发育迟缓态,如未受精卵,退化的、破碎的、透明带空的或快空的卵子,以及与正常胚龄相比发育迟 2d 或 2d以上的胚胎。

　　移植前正确鉴定胚胎的质量是移植能否成功的关键之一。胚胎评定主要评定:卵子是否受精;胚胎的色调和透明度;卵裂球的致密程度,细胞大小是否有变异;卵黄间隙是否有游离细胞;胚胎本身的发育阶段与胚胎日龄是否一致;胚胎的可见结构;滋养层细胞;囊胚腔是否明显可见。形态鉴定在很大程度上是凭经验进行鉴定。但由于形态鉴定方法简单易行,特别是观察者经验丰富时准确率较高,在胚胎移植实践中大都采用此方法。

　　(2)体外培养法　方法是把被鉴定的胚胎在一定条件下进行体外培养,如果胚胎发育,说明胚胎是活的,如果不发育,则认为胚胎是死的。由于体外培养需要一定的设备,又不能及时得出结果,所以此方法在生产上较为困难。对体外受精的胚胎,囊胚的孵化率是衡量胚胎质量的一项重要指标,如低于这一指标,说明生产胚胎的系统存在问题,需对其进行改正。胚胎在孵化过程中代谢活动比较旺盛,培养液成分相对较复杂,血清浓度相对较高。在对囊胚孵化率测定时,应使用有别于早期胚胎培养的培养液,血清浓度要在 10% 左右。

(3)荧光法　低浓度的二醋酸荧光素(FDA)是一种对细胞无荧光、无毒性的分子,与存在于细胞中的水解酶接触后发荧光,可在活细胞水解酶的作用下转化为能发绿色荧光的荧光素。通常用于胚胎活力鉴定的荧光染色有两种,一种是双乙酰荧光素,另一种是 DAPI。DAPI 是一种与 DNA 有高亲和力的荧光染料,如果培养的细胞死亡了,那么 DAPI 即可与细胞核中的 DNA 结合,发出黄色荧光。Schilling 等的研究表明,这种染色方法比常规形态观察方法提高 10% 准确率。这种方法比较简单而且能够确切验证胚胎的形态和形态观察的结果,尤其对可疑胚胎有效。

(4)测定代谢活性　此方法是将待检胚胎,放入严格条件下的培养液中(含有葡萄糖溶液),培养 1h,测定培养液中葡萄糖的消耗量。

胚胎的细胞计数:胚胎细胞数是真实反映胚胎质量的一项客观指标。Jiang 等检查了不同胚龄和不同级别的胚胎细胞数,发现一级胚胎的细胞数明显多于二级和三级胚胎细胞数,就囊胚的内细胞团和滋养层细胞的细胞数比例而言,通常为 1:2。如果在桑葚胚阶段添加 $TGF-\beta$,可使内细胞团数加倍,使其与滋养层囊的细胞数比例接近 1:1。胚胎的细胞计数常采用两种方法,一种是常规的固定染色法,将胚胎用 1.0% 的柠檬酸钠溶液低渗处理 1min,在醋酸乙醇(1:3)固定液中固定 24~48h,再用 1.0% 间苯二酚蓝醋酸(45%)溶液染色和镜检。另外一种方法是荧光染色法,先将胚胎在含有 2g/mL Hoechst 33342 的培养液中孵育 10~15min,用培养液清洗两次,再用荧光显微镜镜检计数。

胚胎的超微结构:Chartiain 和 Picard 对牛胚胎的超微结构研究表明,胚胎中死细胞比例和细胞碎片与胚胎质量密切相关。大量的试验研究表明,牛体外受精胚胎的细胞间联结数量明显小于体内胚胎的联结数量,内细胞团之间的紧密程度低于体内胚胎。人们普遍认为这是牛体外受精胚胎移植妊娠率低的比较主要的原因。

(七)胚胎保存

胚胎保存是指胚胎在体内或体外正常发育温度下停止发育,暂时储存起来而不使其失去活力,或者将其保存于低温或超低温情况下,使胚胎处于新陈代谢和分裂速度减慢或停止时期,使其发育处于暂时停顿状态,一旦恢复正常发育温度时,又能再继续发育。胚胎的保存方法目前有三种:常温保存、低温保存和冷冻保存。

1. 常温保存

是指胚胎在常温(15~25℃)下于培养液中保存。通常采用含 20% 犊牛血清的杜氏磷酸盐缓冲液,可保存胚胎 48h。

2. 低温保存

是指在 0~10℃ 的较低温度下保存胚胎的方法。在此温度下,胚胎细胞分裂暂停,新陈代谢速度减慢。但细胞的一些成分特别是酶处于不稳定状态,因此,在此温度下保存胚胎也只能维持有限的时间。各种哺乳动物低温保存胚胎的合适温度是:小鼠 5~10℃,兔 10℃,山羊 5~10℃,牛 0~6℃。

3. 冷冻保存

胚胎冷冻保存是指通过特殊的保护措施和降温程序,使胚胎在 -196℃ 条件下停止代谢,而升温后又恢复代谢能力的一种技术。该项技术不仅使胚胎移植可以不受时间和地点的限制,加速胚胎移植技术的推广应用,而且也是体外受精、显微注射、转基因和克隆等胚胎生物技术的重要组成部分。除此之外,胚胎冷冻技术还可以保护濒临灭绝的动物,可以使利用价值高的品种免于自然灾害、遗传漂变、传染病等潜在的损失。到目前为止,胚胎冷冻保存的方法主要有常规慢速冷冻法、玻璃化冷冻法等。

(1)常规慢速冷冻法 尽管哺乳动物胚胎冷冻保存技术已经出现 30 多年,冷冻技术的研究也取得了很大的进步,但是到目前为止,常规慢速冷冻法仍然是大多数哺乳动物胚胎冷冻保存的主要方法。此方法选择较低浓度的渗透性防冻剂,采用缓慢降温和快速解冻的方法来冷冻保存胚胎。常规慢速冷冻法可分为以下几个步骤:①室温下胚胎置于低分子量渗透性防冻液中 5~10min,使胚胎和冷冻液间达到平衡。②在 -7~-5℃ 植冰。③以 0.2~2℃/min 的速度缓慢降温。④降温到 -70~-30℃,投入液氮中保存。⑤以 250℃/min 的速度快速解冻(例如 25℃ 水中)。⑥在培养或移植前,于室温下除去防冻剂。

(2)玻璃化冷冻法 玻璃化冷冻保存是指通过冷冻过程中形成玻璃态物质来减少细胞内外冰晶的形成,以保护胚胎的一种冷冻方法。一般采用快速降温或高浓度的防冻剂,使冷冻过程中溶液变得十分黏稠和坚固,不形成冰晶。早在 1937 年 Luyet 就提出玻璃化冷冻的概念,但是直到 1985 年 Rally 和 Fahy 用玻璃化法冷冻小鼠胚胎获得成功,玻璃化冷冻技术才开始应用于胚胎冷冻。目前,玻璃化冷冻技术不仅能成功地冷冻保存多种哺乳动物的胚胎,而且还能冷冻保存对低温敏感性高的卵母细胞。玻璃化冷冻法主要包括以下几个步骤:首先在室温下将胚胎放到低浓度的玻璃化溶液中平衡 2~5min,然后放到高浓度的玻璃化溶液中平衡 30s,最后将细管封口,直接投入液氮中冷冻保存。

4. 胚胎的解冻

解冻时要控制胚胎再次脱水。原则上,细胞快速冷冻必须快速解冻,慢速冷冻必须慢速解冻。防止再形成小冰晶对胚胎的伤害。

解冻时需注意,要从液氮中垂直取出细管,不要摇动,在空气中停留 10s,然后放入 35~37℃ 的温水中至完全溶化。拔掉封口塞或剪去封口端后,直接将细管装入胚胎移植枪,在 10min 内给受体牛移植。

(八)胚胎的移植

1. 器械准备

目前多采用不锈钢或塑料套管移植器,一般由无菌软外套、移植管及内芯组成,使用前需进行高压灭菌消毒处理(见图1-28)。另外还需有剪毛剪子、碘酒棉球、75%酒精棉球、2%利多卡因、注射器、无菌纸巾等。

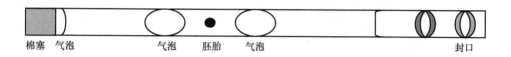

棉塞　气泡　　　　气泡　胚胎　气泡　　　　　　　　　　封口

图1-28　胚胎装管示意图

资料来源:石国庆等,《绵羊繁殖与育种新技术》,2010。

2. 受体牛的筛选与黄体的确定

用鲜胚移植时,供、受体必须进行同期发情处理;用于冻胚移植时,选择与供体同期发情或冻胚胚龄一致的受体(前后相差不超过1d)作为待移植后备母牛。首先对受体牛进行直肠检查,主要检查子宫和卵巢的发育情况,开始检查时子宫紧张性小,随着检查的深入,紧张性会逐步增加。然后再检查两侧卵巢上黄体的发育情况,同时应注意卵巢的结构、黄体的位置和大小,只有黄体发育良好者才能成为待移植母牛,要做好详细记录,并在牛臀部标记黄体位于左右侧的位置。对于黄体发育不良的母牛不应用作受体,以免影响受胎率。

3. 受体牛的保定与消毒

将待移植受体母牛站立保定于保定架内。尾巴由助手向前拉住,剪毛、消毒后,在第一、第二尾椎间注射2%的利多卡因进行硬膜外麻醉,清除宿粪,用高锰酸钾液冲洗外阴部,再用纸巾擦干后用酒精棉球消毒。

4. 移植

移植前用2%利多卡因2~5mL对受体母牛进行硬膜外麻醉,同时通过直肠查确定排卵侧黄体的发育情况,黄体的基部直径应大于15cm,然后把装有胚胎的细管从前端装入预温的移植枪杆内,再套上无菌的移植枪外套,并用环固定住,以确保细管的前端固定在外套的金属端,金属内芯轻轻插入细管的棉栓端内。最后在移植枪尖涂上消毒润滑剂。术者用手扒开受体牛的阴唇,使阴户最大限度张开。把移植器插入阴道,至子宫颈外口,另一只手伸入直肠把握子宫颈,此时,术者用移植管顶开无菌软外套,双手协同配合将移植管小心送入子宫颈,同时缓慢地将移植管推进到与黄体同侧的子宫角大弯或大弯深处,在移卵管前留有一定的空间,并用在直肠处的手托起子宫角内的输卵管,使其处于子宫角部,缓慢推入钢芯,然后轻轻抽出移卵管。最后轻轻按摩子宫角3~4次。移植时动作要迅速准确,避免对组织造成损伤,特别注意不要擦伤子宫黏膜。

(九)供、受体的护理与观察

供、受体处理后要注意观察其健康状况,对于受体,若出现发情,也不要急于输精,因为个别受体妊娠后也有发情表现,应做阴道和直肠检查确认是发情了才能输精。受体母畜应加强饲养管理,注意补充足量的维生素、微量元素,适当限制能量饲料的摄入,避免应激反应。对于供体,在下次发情时即可配种,如计划再重复作为供体,需经 2 个月左右的恢复时间。

认知与解读

一、繁殖力

繁殖力(fertility)是指动物维持正常生殖功能、繁衍后代的能力,是评定种用动物生产力的主要指标。动物繁殖力是个综合性状,涉及动物生殖活动各个环节的功能,因此动物繁殖力的高低受多种因素的影响。

对公畜来说,繁殖力反映在性成熟早晚、性欲强弱、交配能力、精液质量和数量等。对母畜而言,繁殖力体现在性成熟的迟早、发情表现的强弱和次数、排卵的多少、配种受胎、胚胎发育、泌乳和哺乳等生殖活动的功能,这为挖掘动物繁殖力提供了可能。繁殖力高,表示这些功能强。种畜的繁殖力就是生产力。随着科学技术的发展,外部管理因素,如良好的饲养管理、准确的发情鉴定、标准的精液质量控制、适时输精、早期妊娠诊断等,已经成为保证和提高动物繁殖力的有力措施。

二、牛的正常繁殖力

繁殖力是动物生产中重要的经济指标,畜群繁殖力的高低直接影响畜牧生产经济效益。在饲养管理、自然环境条件、生殖功能正常的情况下,正常动物所表现出的繁殖水平称为自然繁殖力或生理繁殖力,也称为正常繁殖力。在乳用家畜生产中,动物必须经过发情、配种、受胎等生殖活动后,才能泌乳。因此动物繁殖是决定动物泌乳的基本条件。自然繁殖力也可认为是繁殖极限或理想型繁殖力,即动物在生理和饲养管理均很正常情况下的最高繁殖力。运用现代繁殖新技术所提高的动物繁殖力,称为繁殖潜能。在奶牛生产实际中,平均产奶量高的牛群,繁殖力必须达到一定水平。例如,应用人工授精技术可提高种公畜的繁殖力,利用胚胎分割、卵母细胞体外培养等可使雌性动物的繁殖效率提高成千上万倍。它反映在受胎率、繁殖成活率等方面,各种家畜的正常繁殖力有一定的差异。

(一)自然繁殖力

各种动物的自然繁殖力主要取决于动物每次妊娠的胎儿数、妊娠长短和产后第一次发情配种的间隔时间等。通常,妊娠期长的动物繁殖率较妊娠期短的动物低,单胎动物的繁殖力较多胎动物低。例如,黄牛妊娠期为280~282d,产后第一次发情配种并受胎的间隔时间一般为45~60d,每次妊娠一般只有一个胎儿,所以黄牛自然繁殖周期最短不会短于327~342d,自然繁殖率最高不会超过112%(365/327×100%)。各种动物自然繁殖率计算可用下式表示。

$$自然繁殖率 = \frac{365}{妊娠期 + 产后配种受胎间隔天数} \times 每胎产仔数 \times 100\%$$

或者

$$自然繁殖率 = \frac{365}{产仔间隔天数} \times 每胎产仔数 \times 100\%$$

(二)牛的正常繁殖力指标

牛的繁殖力,常用一次授精后的受胎效果来表示。与其他家畜相比,公牛的精液耐冻性强,冷冻保存后受精率较高,所以公牛冷冻精液人工授精的推广应用较其他畜种普及。一般成年母牛的情期受胎率为40%~60%;年总受胎率75%~95%;年繁殖率70%~90%;第一情期受胎率55%~70%;产犊间隔14~15个月。奶牛的繁殖年限为4个泌乳期左右。英国R. J. Esslemont等著的《乳牛繁殖管理》中提出的指标是:情期受胎率60%,平均产犊间隔365d(350~380d),分娩至首次配种50~60d,产后空怀时间83d。由于品种、环境气候和饲养管理水平及条件在全国各地有差异,所以牛群的繁殖力水平也有差异。目前,在奶牛生产中几乎所有母牛均用冷冻精液进行人工授精。评定奶牛繁殖力的常用指标及其繁殖力现状见表1-7。在澳大利亚的肉牛生产中,繁殖力较高的母牛产犊间隔只有365d,从配种至分娩的间隔时间平均只有300d,总受胎率90%~92%,产犊率可达85%~90%,犊牛断奶成活率可达83%~88%。我国牧区黄牛由于饲养管理条件差,往往造成母牛特别是哺乳母牛产后乏情期长,发情期受胎率低,使产犊间隔大大延长,某些地区一头母牛平均2年才产一头犊牛。

表1-7　　　　　　　　　　　国内外奶牛繁殖力现状

繁殖力评定指标	国内水平		美国威斯康星州水平	
	一般	良好	一般	良好
初情期/月	12	8	14	12
配种适龄/月	18	16	17	14~16
头胎产犊月龄/月	28	26	27	23~25
第一情期受胎率/%	40~60	60	50	62
配种指数	1.7~2.5	1.7	2	1.65
总受胎/%	75~85	90~95	85	94
发情周期为18~24d的母牛比率/%	80	90	70	90
产后50d内出现第一次发情的母牛比率/%	75	85	70	80

续表

繁殖力评定指标	国内水平		美国威斯康星州水平	
	一般	良好	一般	良好
分娩至产后第一次配种间隔天数/d	80~90	50~70	85	45~70
牛群平均产犊间隔/月	15~14	13	13	12
年繁殖率/%	80~85	90	85~90	95

资料来源:中国农业大学主编《家畜繁殖学》,2000。

　　水牛生长在我国南方农区,虽然草料丰富,但因管理粗放,易错过配种时机,所以产犊间隔较长。而注重发情鉴定、饲养管理良好的地区,则受配率和繁殖率较高,一般为三年两胎,即繁殖率为60%~70%。

三、影响牛繁殖力的主要因素

　　繁殖力是畜牧生产重要经济指标,是动物生产的重要环节之一。动物的繁殖力受遗传、环境和饲养管理等因素的影响,而后天因素,如环境和管理可归纳为包括季节、光照、温度、营养、配种技术等均对动物的繁殖力产生影响。所以,加强种畜的选择、创造良好的饲养管理条件,是保证动物正常繁殖力的重要因素。

(一)遗传因素

　　繁殖力表现为连续的变异,被看作是一种数量性状。遗传对繁殖力的影响,在多胎动物中表现比较明显。遗传因素对单胎动物的繁殖力的影响也比较明显,双胎具有遗传性,尤以牛为多见(见表1-8)。但奶牛业中,不提倡选留双胞胎个体,因异性孪生母犊大多没有生育能力。母猪乳头数的增多,对繁殖育种都有利,如梅山猪的有效乳头数为17只,大白猪平均为14.12只,大梅杂种平均为16.16只,梅山猪第1胎、第2胎的产活仔数分别比大白猪的多2.78头、3.23头。公畜的精液质量和受精能力与其遗传性也有密切关系。遗传因素对单胎动物的影响也较明显,如牛虽为单胎动物,但双胞胎个体的后代产双胎的可能性明显大于独生个体的后代。

表1-8　　　　　　　　　　乳牛的亲代为孪生的双胎率

类别	母牛头数	产犊牛头数	双胎率/%
双胎母牛	112	298	6.0
双胎母牛的女儿	73	305	6.0
双胎公牛的女儿	69	281	3.6
生双胎的母牛的女儿 (母牛本身并非孪生)	263	1054	5.0

资料来源:张嘉保、田见晖主编《动物繁殖理论与生物技术》,2010。

(二)环境因素

季节、温度和光照等生态环境因素不仅能左右性周期,而且能通过内分泌系统影响两性的繁殖力。但在良好的饲养管理条件下,环境因素对动物的影响在逐渐被削弱。

1.季节的影响

野生动物为了使其后代在出生后有良好的生长发育条件,其繁殖活动常呈现出季节性。对母牛而言,冬季是最差的繁殖季节,而以春秋两季的受胎率最高。而另外一些家畜如绵羊、马等动物仍保留着季节性繁殖。母畜繁殖功能的季节性变化与内分泌的季节变化有关。断奶后牛的性活动同样受季节的影响。母牛的繁殖力也有季节性变化,表现为高温季节的受胎率较低(见表1-9)。

表1-9   季节对亚热带荷兰黑白花奶牛受胎率的影响

季节	最高温度/℃	相对湿度/%	初配母牛受胎率/%	经产母牛受胎率/%
春季	33.5	58.5	45.9	44.0
夏季	35.0	76.7	17.4	16.8
秋季	32.8	73.2	35.2	36.7
冬季	28.7	67.8	70.2	59.0

资料来源:张嘉保、田见晖主编《动物繁殖理论与生物技术》,2010。

2.光照的影响

光照不仅可影响性周期,还可影响公畜的精液品质。除绵羊、山羊等动物适于短日照外,其他家畜均需有足够的光照时间。马、驴、水貂、狐、野兔等在光照时间逐渐变长的季节发情配种,被称为"长日照动物"。绵羊、山羊、鹿等在光照时间逐渐变短的季节发情配种,被称为"短日照动物"。随光照时间的逐渐延长,母羊的卵巢功能又逐渐变低而转入乏情期。延长光照同样适用于马和猪,可在秋末冬初引起母马发情,也可促进小公猪的性成熟。光照、温度是影响母马、母羊发情的主要环境因素。卵巢功能正常时,光照对母羊排卵数有显著的影响。绵羊随配种季节的临近,产双羔的比例逐渐增加,并在配种中期达到高峰。以上情况对于野生动物和某些放牧动物尤为明显,家畜由于人类供给食物和畜舍,减弱或消除了很多外界环境的影响,经过长期培育已具有较长的配种季节。畜牧生产集约化程度越高,越应考虑光照对性活动的影响。

3.环境温度

温度对繁殖力的影响以绵羊最为敏感,高温会使绵羊的受胎率降低,胚胎死亡率增加。环境温度对公、母畜的繁殖都有明显的影响,通常高温比低温对繁殖的危害大。高温使公畜精神抑郁,食欲缺乏,以致性欲抑制。若在这一段时间进行配种,母畜的受胎率很低,有些学者称这种现象为"夏季不孕症"。

热应激明显降低公猪、公牛睾丸合成雄激素的能力,外周血中睾酮(T)浓度降低,导致性欲减退和精液品质下降。在夏季,绵羊若处于人工降温的羊舍内,精子的活力很高,异常精子数减少,而且体温也得到适当的降低。水牛在夏季仍能保持其繁殖力,这和水牛长时间浮水,排除高温影响有关,但仍以凉爽的季节繁殖力较好。

高温同样不利于母畜,尤以绵羊最为敏感。热应激时,下丘脑—垂体—肾上腺轴活动被激活,血液中 ACTH 显著增加,致使卵巢发生疾患,性功能减退。其原因在于 ACTH 使下丘脑 GnRH 释放阈值上升,抑制垂体分泌 LH,高温季节下流产母猪血中 LH 和 P_4 水平均显著下降。其他动物虽不及绵羊对高温敏感,但往往造成母畜的安静发情,胚胎死亡增加。热应激降低胚胎存活率。母畜配种后 0 ~ 8d 热应激将降低胚胎存活率,囊胚在附植的阶段(配后 14 ~ 20d)对热应激特别敏感。有研究指出,在高温环境下进行交配的母畜若适当降温,可提高胚胎成活率和产仔数。在生产实践中证实,严寒对动物的影响相对较小,但严寒对初生的仔畜威胁较大,应予以重视。总之,高温对母猪的繁殖率影响十分明显,炎热地区母猪的繁殖性能比寒冷地区的低 15% ~ 20%。

(三)营养与管理

合理的饲养管理能提高繁殖力,饲养管理对家畜之所以重要,在于给种畜生殖功能的正常发育和维持提供了物质基础和环境条件,充分发挥动物繁殖功能。结合合理的配种制度,能确保公、母畜的正常受精和胚胎顺利发育,提高后代的成活率。

1. 营养水平

营养是保证动物繁殖力的主要外来因素,动物取得必要的营养,不仅能保证生殖系统发育良好,更能发挥其种用家畜的繁殖潜能。

日粮中适当的营养水平对维持内分泌系统的正常功能是必要的。营养水平不足,能影响成年母畜的正常发情,造成安静发情和不发情的比例增加,可影响受精、妊娠和内部生殖器官的生理状态,使排卵率和受胎率降低,造成胚胎早期死亡、死胎或初生体重小、死亡率高。高水平的营养能加快猪的性成熟,精液量较多,但精液品质并没有提高。用低营养水平饲料饲喂的泌乳母牛,其卵巢不活动期延长,营养对卵巢活动的影响,可能通过改变下丘脑—垂体轴的内分泌活动来实现。当前,配合饲料或全价日粮在猪和鸡的生产中得到普遍应用。但营养水平过高,特别是能量水平过高,会使成年动物过肥,也会使性欲减退。总之营养水平不平衡会影响动物的生殖功能。

(1)蛋白质 日粮中应有必需的蛋白质含量,以维持家畜的性功能,尤其是以类固醇外的各种主要激素,都由许多氨基酸组成,而来源为蛋白质饲料。蛋白质是繁殖必需的营养物质。蛋白质不足将使生殖器官的发育受阻和功能发生紊乱。对青年公畜而言,蛋白质不足,会影响睾丸和其他生殖器官的生长发育,延迟性成熟并影响睾丸的生精功能,对处于初情期前后的公畜影响尤为明显。成年公畜蛋白质不足,会使精液量减少,精液品质下降。但蛋白质过高,可使公、母畜脂肪沉积过多,使母畜卵巢、输卵管及子宫等脂肪过厚,不利于卵泡的发育、排卵和受精,不利于受精卵的运行,有碍于妊娠。

近几年的研究表明,日粮中蛋白质水平过高会降低动物繁殖功能,甚至引起不育。过高的日粮蛋白质水平,特别是过高的瘤胃可消化蛋白质水平对牛的繁殖性能有不利影响。例如,来源于饲料的β-酪啡肽可抑制公山羊LH和睾酮的分泌。

因此过多的蛋白质含量实则是浪费,对繁殖并不需要,为了降低饲养费用,应有适当的限度。

(2)脂肪　脂肪与动物的繁殖也有密切的关系。精子和精清中均含有脂类,大多以磷脂和脂蛋白的形式存在。脂肪是脂溶性维生素的溶剂,如果缺乏,会影响脂溶性维生素的吸收与利用,从而对繁殖产生不利影响。

(3)能量　母畜分娩前后能量水平对其繁殖力影响较大。产仔前的能量水平与产后的发情排卵以及第一情期受胎率有密切的关系;产后的能量水平对产后发情出现的时间和受胎率也有一定的关系。在我国牧区,黄牛常因产仔前后能量水平不足,致使受胎率很低。

(4)维生素　维生素对动物的健康、生长、繁殖都有重要作用。但有些维生素在家畜体内并不缺乏,例如反刍类动物并不缺乏维生素B族,维生素E一般也不缺乏。要保持种公牛的繁殖力,需有足够的胡萝卜素。奶牛在妊娠期最后两个月缺乏胡萝卜素可引起产后胎衣不下、子宫复旧不良。

缺乏维生素A可严重影响睾丸的发育,使公畜精子生成受阻,已形成的精子死亡。当母牛血液及胎儿肝内维生素A含量降低时,容易发生流产。

维生素B对反刍类以外的动物较为重要,对马尤为敏感。维生素B_{12}有助于受精卵和胚胎的发育,当缺乏时,可能破坏有关妊娠的分泌平衡,间接影响胚胎的发育。

维生素E不仅对母畜的妊娠安全十分重要,而且对公畜精液的质量和幼畜的发育也很重要。维生素E的缺乏与硒(Se)的缺乏密切相关。当日粮中维生素E和硒缺乏,能量和蛋白质又不足时,则母牛受胎率明显下降,公牛的精液品质也下降。

维生素D不足可影响钙、磷的吸收而导致钙、磷的缺乏,从而引起母畜繁殖力下降,公畜受精能力下降,对于母畜严重时会导致永久性不育。

(5)矿物质　某些矿物质和微量元素的缺乏或过量都会影响家畜的繁殖力。

当日粮中缺乏钙、磷或钙、磷比例大于4:1时,母畜繁殖性能下降,发生阴道和子宫脱垂、子宫内膜炎、乳房炎等疾病。实践证明,钙、磷比例以(1.5~2):1为宜。

缺钠可引起机体酸中毒、生殖道黏膜炎症、卵巢囊肿、性周期不正常、胎衣不下等各种症状,严重影响母畜繁殖功能。

碘缺乏可使家畜繁殖力降低,公畜睾丸变性;对于母畜来说,初情期推迟,或不发情,受胎率降低。但碘过量也会使母畜发生流产,产肢体畸形仔。

锰缺乏易使母畜不发情,产生不孕、流产、难产等。

铜缺乏易使母畜不发情,公畜性欲下降、睾丸变性。

钴是瘤胃内形成维生素 B_{12} 的要素,钴缺乏时,瘤胃微生物的活动受到抑制,以致反刍类动物仍能患维生素 B_{12} 缺乏症。

硒缺乏时,可使母畜胎衣不下,流产、产死犊或弱犊。

锌缺乏时,母畜卵巢囊肿、发情异常,公畜睾丸发育延迟,甚至萎缩。

2. 管理

随着科学技术的发展,家畜繁殖逐渐在人类控制下进行。人类管理水平直接影响着动物的繁殖力。

在母畜具备正常繁殖功能的前提下,不论采取何种配种方式,优良品质的精液是保证授精和胚胎正常发育的前提。合理的放牧、饲喂、运动、调教、使役、作息、畜舍卫生设施和交配制度等一系列管理措施,均对家畜的繁殖力有一定的影响。此外,不合理的利用,如过度挤乳或哺乳期过长等都可降低繁殖功能。在选择公畜时。要重视其繁殖性能、体型外貌和生理状态,认真了解其繁殖史,

在人工授精过程中,也要做好各项工作。对公畜而言,不适合的假阴道、采精方法、采精场地等都会引起种用动物的不良反应,过度的连续采精、强迫射精或惊吓等,均会引起性欲减退和精液品质不良,降低公畜的繁殖力并缩短种畜的使用年限。

对母畜而言,每种家畜在发情期内,都有一个配种效果最佳的阶段。配种是否适时直接影响到母畜的受胎率及多胎动物的产仔数。同时,人工授精的技术水平对母畜的受胎率等繁殖力指标也有很大的影响。人工授精时精液处理不当使精子受到损害,或输精操作不当,都可引起母畜繁殖力的降低。管理因素对肉牛繁殖力的影响十分重要,但又是最容易受到忽视的,管理涉及的内容较多,但对肉牛繁殖力有直接影响的是繁殖管理。

(四)生理与病理

1. 生理

雄性动物精液的质量、数量和交配母畜的受胎率受年龄的影响,青年公畜随着年龄增长其精液质量逐渐提高,到了一定年龄后精液质量又逐渐下降。雄性动物年龄过大,主要表现出睾丸变性、性欲减退、脊椎和四肢疾病,以致交配困难。生产实践中,一般公牛可使用到 7～10 岁,随着年龄的进一步增大,公牛出现性欲减退、睾丸变性、精液质量明显下降,有些公牛出现脊椎和四肢方面疾病,爬跨交配困难而无法采精。老龄种用动物的睾丸变性,表现为精细管变性、钙质沉淀和睾丸间质纤维化等,最终引起性欲减退、精液量和精子减少、精子活力差,使繁殖力降低。

母畜自初配适龄起,随分娩次数或年龄增加,繁殖力逐渐提高,尤以壮龄时期

的繁殖力最强。多胎动物一般第一胎产仔数少,以后随胎次而增加,猪一生中以第3~7胎产仔数最多,第8胎后产仔数减少,同时产死胎数增加。

母畜产后发情的出现与否和出现早晚与泌乳期间的卵巢功能、哺乳仔畜、产乳量及挤奶次数均有直接的关系。泌乳也会影响家畜的繁殖力。产后带仔或哺乳以及泌乳量大的母畜,产后第一次发情出现较迟,母猪一般在带仔期间不发情。过度泌乳或泌乳期长也会降低母畜的繁殖力。

2. 病理

家畜体质不良或有生殖器官疾病,如配种、接生、手术助产时消毒不严,产后护理不当,流产、难产、胎衣不下以及子宫脱出等引起子宫、阴道感染,或卵巢、输卵管疾病,以及传染病和寄生虫病(结核、布氏杆菌病、沙门菌病、支原体病、衣原体病等),都会造成家畜繁殖力下降或不育。

四、母牛的繁殖障碍

牛的繁殖过程,是从公母牛产生正常精子、卵子开始,经过配种、受精、胚泡附植、妊娠、分娩和哺乳等一系列环节协调完成的结果。其中任何一个环节遭到破坏,均可导致牛出现繁殖障碍。成年乳牛的繁殖障碍发生率可达30%~40%,肉牛的繁殖障碍发生率可达5%~10%,严重地影响牛群的扩繁和改良,因此,防治繁殖障碍对发展乳、肉牛生产具有很重要的实际意义。在牛的繁殖过程中,母牛承担了大部分的任务,防治母牛的繁殖障碍更显重要。

(一)先天性繁殖障碍

1. 生殖器官幼稚

指母牛因遗传或饲养等原因,生殖器官发育不全,到了初情期而不出现发情现象,有时虽有发情表现却屡配不孕。直肠检查可见生殖器官部分发育不全,子宫细小,卵巢发育不良或硬化,个别母牛阴道狭窄无法进行输精或配种。生殖器官幼稚的母牛如发现的早,可在改善饲养管理的同时,结合施用雌激素或促性腺激素进行治疗,但初情期后一般治疗效果不佳。

2. 两性畸形

是指动物同时具有雌、雄两性的生殖器官。有的性腺一侧为卵巢,另一侧为睾丸,称真两性畸形;有的性腺为一种,外生殖器官为另一性别,称假两性畸形。两性畸形在牛中不常见。

3. 异性孪生母犊

母牛产异性双胎时,其中的母犊有91%~94%不育,公犊则正常。

异性双胎的母犊到性成熟阶段仍不出现发情,检查可发现其生殖器官部分缺损或发育不全,阴门小,阴蒂较长,阴道狭窄。直肠检查时很难找到子宫颈,子宫角细小,卵巢如黄豆粒大小。母牛外形、性情与公牛相似。

根据现代免疫学和细胞遗传学的研究结果,异性孪生母犊不育是其性染色体嵌合体的作用,其体内具有公牛和母牛两种性别的细胞。

4. 种间杂种

有些近亲的种间的动物可以交配繁育,但其后代多半不育。黄牛和牦牛杂交所生的后代为犏牛,雌性犏牛有生殖能力,雄性犏牛生殖能力降低。马和驴杂交后产生的骡无繁殖能力。

(二)卵巢功能障碍

卵巢功能障碍主要包括如下几种类型:

1. 卵巢功能减退、萎缩和硬化

卵巢功能减退是指卵巢功能暂时受到干扰,处于静止状态,不出现周期性的功能活动。如卵巢功能长时间得不到恢复,则卵巢会出现萎缩硬化。

母牛饲养管理不当、利用过度、子宫疾病及卵巢炎症等均能导致此病的发生。多数患此病的母牛长期无发情表现,直肠检查发现卵巢形态和质地无特殊变化,摸不到卵泡和黄体;也有的患病牛表现为发情周期延长,有时发情不排卵或排卵迟缓。

2. 持久黄体

卵巢上的周期黄体长时间不消退,称为持久黄体。饲养管理不当、舍饲期间母牛运动不足、饲料单一、缺乏某些微量元素或维生素都可引起持久黄体。另外,持久黄体也可由内分泌紊乱或子宫内膜炎、子宫积水、子宫积脓等病诱发。

母牛患持久黄体时,长期不发情。直肠检查可发现一侧或双侧卵巢上有黄体存在,多伴有子宫疾病发生。牛的持久黄体多呈圆锥状,略突出于卵巢表面,触之感觉较坚硬,如间隔10～15d检查症状如初即可确诊。

3. 卵巢囊肿

卵巢囊肿可分为卵泡囊肿和黄体囊肿两类。卵泡囊肿是由于卵泡上皮变性,卵泡壁结缔组织增生变厚,卵细胞死亡,卵泡液增多而形成。黄体囊肿是由于排卵后卵巢组织黄体化不足、黄体内形成空腔,并积蓄液体或未排卵的卵泡壁黄体而致。卵泡囊肿比黄体囊肿多见,且营养好的母牛多发。

引起卵巢囊肿的原因,目前尚未完全研究清楚。一般认为与内分泌失调有关,饲料中缺乏维生素A、精料喂量过多、运动不足、气温突然变化及生殖道疾病可增加此病的发生率。

母牛患卵泡囊肿时,发情周期变短,发情期持续延长,严重时出现"慕雄狂"症状。病牛精神极度不安、咆哮、食欲明显减退或废绝,追逐爬跨其他母牛。病程长时明显消瘦,体力严重下降,常在尾根与肛门之间出现明显塌陷,久而不治可衰竭致死。直肠检查时可感到母牛卵巢明显增大,有时囊肿直径可达3～5cm,如乒乓球大小。用指腹触压,可感觉其紧张而似又有波动,稍用力压,母牛表现疼痛,隔2～3d检查症状如初可确诊。

母牛患黄体囊肿时,表现为长期不发情。直肠检查时,发现黄体肿大,壁厚而

软,紧张性弱,可持续数月至一年不消退。

4.卵巢功能障碍的防治

(1)调整饲养管理 分析引发病症的可能,饲养管理原因:日粮营养素是否平衡、营养水平是否符合其生产阶段需要、精粗饲料比例是否适宜、管理上是否有不当之处等,并做出相应的改善调整。在各项调整措施中,要特别注意补充矿物质和维生素,增加母牛的运动量。

(2)物理疗法 可以通过子宫热浴、卵巢按摩、激光照射等物理疗法改善卵巢的血液循环,促进其功能恢复。子宫热浴时,可用生理盐水或1%~2%碳酸氢钠溶液,加温至45℃后向子宫内灌注,停留10~20min后排出。进行卵巢按摩时,可将手伸入直肠内,隔直肠壁按摩卵巢,每次持续3~5min。用氦氖激光治疗仪照射地户穴和交巢穴也有一定的效果。

(3)激素治疗 在改善饲养管理的基础上,可用外源激素制剂促进卵巢功能恢复。卵巢功能减退、萎缩和硬化,可用促性腺激素释放激素制剂、促卵泡素,结合促黄体素或绒毛膜促性腺激素、孕马血清促性腺激素等进行治疗。如成年乳牛可一次肌肉注射促卵泡素100~200IU,促黄体素200IU。持久黄体和黄体囊肿,可用前列腺素制剂,如氯前列烯醇,成年乳牛一次肌肉注射0.2~0.4mg,也可用孕激素制剂进行治疗,成年乳牛每天肌肉注射黄体酮注射液50~100mg,连用3~5d,停药后肌肉注射孕马血促性腺激素100IU。卵泡囊肿可用促黄体素、人绒毛膜促性腺激素或前列腺素制剂肌肉注射。如用促黄体素,成年乳牛一次肌肉注射200IU,隔2~3d再注射一次。也可用大量孕激素治疗。

(三)子宫疾病

1.子宫内膜炎

子宫内膜炎是适繁母牛的一种常发病,炎性分泌物直接危害精子、卵子的生存而影响受精,有时即使能受精,胚胎进入子宫也会因不利环境而死亡。在妊娠期间,子宫黏膜的炎症、萎缩、变性及瘢痕等变化,不仅破坏胎儿胎盘与母体胎盘的联系,而且病原微生物也会通过受损害的胎盘侵入胎儿体内,引起胎儿死亡而发生流产。

子宫内膜炎大致可分为隐性子宫内膜炎、卡他性子宫内膜炎和脓性子宫内膜炎三类。人工授精中不遵守操作规程,如消毒不严格、输入被污染的精液,分娩、助产操作中消毒不严等,是引发子宫内膜炎的主要原因。另外阴道炎、子宫颈炎也可诱发本病。

牛患隐性子宫内膜炎时子宫形态不发生变化,阴道和直肠检查均正常。发情周期正常,屡配不孕。但发情时,从生殖道内流出大量混浊或絮状黏液。卡他性子宫内膜炎属子宫黏膜的浅层炎症,一般无全身反应。患病时,母牛发情周期多正常,屡配不孕,子宫颈在不发情时也微有开张,常呈松弛状态。患牛阴道内积有混浊的黏液,有时从阴门流出,在爬跨时更为明显。直肠检查可感觉子宫颈肿胀变硬,子宫角粗大肥厚,弹性减弱或消失,收缩反应不灵敏,发情期从阴道内流出的黏液明显增多,常带有絮状物。患脓性子宫内膜炎的母牛表现为精神不振、食欲减退、泌乳量下降。发情多不规律,常由阴道流出白色或黄褐色分泌物。阴道黏膜及子宫颈口充血,子宫颈口开张,有脓性分泌物附着。子宫角增大,薄厚不一,弹性消失,触压有波动,卵巢上往往有黄体存在。

治疗子宫内膜炎的原则是促进子宫和血液循环,恢复子宫的功能和张力,促进子宫内积聚的分泌液排出,抑制和消除子宫的再感染。在临床上,常用冲洗子宫与向子宫内注入药液相结合的方法。

治疗隐性子宫内膜炎可用 20mL 生理盐水溶解少量抗生素,如 160 万 IU 青霉素加 200 万 μg 链霉素。卡他性子宫内膜炎可用生理盐水或 1% ~2% 的碳酸氢钠溶液冲洗子宫,每次用量 100mL 左右,加温至 45℃ 左右,边注入边排出。冲洗液排净后向子宫内注入一定量的抗生素保留,如青霉素、链霉素等。

治疗脓性子宫内膜炎可用 5% 的氯化钠溶液、0.1% 的利凡诺尔液、0.1% 的高锰酸钾液或 0.05% 的呋喃西林液加温至 45℃ 左右冲洗子宫,每次用量 2000mL 左右,待药液排净后,再用生理盐水冲洗,边注入边排出,直至回注液清亮为至。最后向子宫内注入少量抗生素液保留。

2. 子宫积水、积脓

子宫内积有棕黄色、红褐色或灰白色稀薄或稍稠的液体,称为子宫积水。子宫内积有大量脓性渗出物,称为子宫积脓。子宫积水、积脓通常是发生在慢性子宫内膜炎后,因子宫腺的分泌功能加强,子宫收缩减弱,子宫颈管黏膜肿胀、阻塞不通,以致子宫腔内的渗出物不能排出而发生此病。有时在发情后,由于分泌物不能通过子宫颈完全排出,形成多次聚集,发展成为子宫积水。

患子宫积水、积脓的母牛,往往长期不发情,从阴道中不定期排出分泌物。如子宫颈完全闭锁,直肠检查会发现子宫颈正常或变细小不易找出,子宫角视其积蓄的液体多少而增大,如同怀孕 2 ~3 个月的子宫,或者更大。触诊感觉子宫壁变薄,有明显的波动感,摸不到胎儿和子叶。卵巢上常有黄体存在。

治疗时,可先施用催产素、雌激素等药物,促进子宫颈开张,兴奋子宫肌,排出积液。然后用 5% ~10% 的盐水冲洗子宫,冲洗后注入抗生素保留。对于积脓的病畜,在注入抗生素的同时注入碘甘油 30mL 效果更好。

任务八 牛的繁殖状况评定技术

【任务实施动物及材料】 牛群繁殖记录、子宫冲洗器、保定栏、保定绳、开膣器、手电筒、长臂手套、盆、毛巾、肥皂、温水、生理盐水、5% 氯化钠液、0.1% 高锰酸钾液、青霉素、链霉素、碘甘油等。

【任务实施步骤】

一、准备工作

收集、整理牛群的繁殖资料。

二、统计方法

1. 评定牛发情与配种指标

（1）发情率（estrus rate，ER） 指一定时期内发情母畜占可繁母畜数的百分比。如果畜群乏情率高，则发情率低。

$$发情率（\%）=\frac{发情母畜数}{可繁母畜数}\times100\%$$

（2）受配率（mating rate，MR） 又称配种率，指一定时期内参与配种的母畜数与可繁母畜数的百分比。主要反映畜群发情情况和配种管理水平。

$$受配率（\%）=\frac{参与配种母畜数}{可繁母畜数}\times100\%$$

（3）受胎率（conception rate，CR） 指配种后受胎的母畜数与参与配种的母畜数的百分比。主要反映母畜的繁殖功能和配种质量。

$$受胎率（\%）=\frac{配种后受胎的母畜数}{参与配种母畜数}\times100\%$$

（4）情期受胎率 指妊娠母畜数与配种情期数的比率。此指标能较快地反映出畜群的繁殖问题，同时反映出人工授精的技术水平，为淘汰母畜及评定某项繁殖技术提供依据。一般情况表示卵巢和生殖道功能正常。此指标同样适用于马、猪和羊。

$$情期受胎率（\%）=\frac{妊娠母畜数}{配种情期数}\times100\%$$

（5）第一情期受胎率（first-cycle conception rate，FCR） 指第一次配种就受胎的母畜数占第一情期配种母畜总数的比率，包括青年母牛第一次配种或经产母牛产后第一次配种后的受胎率，主要反映配种质量和畜群生殖能力。它可以反映出公牛精液的受精能力及母牛群的繁殖管理水平，一般情况下，FCR 要比情期受胎率高。

$$第一情期受胎率=\frac{第一情期受胎母畜数}{第一情期配种母畜数}\times100\%$$

（6）总受胎率 指年内妊娠母畜头数占配种母畜头数的百分率。此指标反映了牛群的受胎情况，可以用来衡量年度内的配种计划完成情况。

$$总受胎率=\frac{年受胎母畜数}{年配种母畜数}\times100\%$$

（7）不返情率（non-return rate） 指配种后一定时期不再发情的母畜占配种母畜数的百分比，该指标反映畜群的受胎情况。实际生产中，不返情率往往高于实际受胎率。如果两者数值相近，说明畜群的发情排卵功能正常。

$$不返情率 = \frac{不再发情母畜数}{配种母畜数} \times 100\%$$

（8）配种指数（conception index）　又称受胎指数，指每次受胎所需的配种情期数，是反映配种受胎的另一种表达方式。

$$配种指数 = \frac{受胎母畜配种的总情期数}{妊娠母畜数} \times 100\%$$

2. 评定牛增长情况指标

（1）繁殖率　指本年度内实繁母牛数占应繁母牛数的比率。主要反映畜群繁殖效率，与发情、配种、受胎等生殖活动的功能以及管理水平有关，是生产力的指标之一，可用来衡量牛场生产技术管理水平。

$$繁殖率 = \frac{本年实繁母牛头数}{本年应繁母牛头数} \times 100\%$$

（2）繁殖成活率（alive fertility rate，AFR）　指本年度内成活仔畜群数占上年度末可繁母畜数的百分比。

$$繁殖成活率（\%）= \frac{本年度内存活仔畜数}{上年度末可繁母畜数} \times 100\%$$

（3）成活率（survival rate，SR）　一般指哺乳期的成活率，即断奶时成活仔畜数占出生时活仔畜总数的百分比。

$$成活率（\%）= \frac{一定时期内存活的仔畜数}{出生时的活仔畜数} \times 100\%$$

（4）增殖率（increase rate，IR）　指本年度内出生仔畜在年终的实有数占本年度初或上年度终畜群总头数的百分比。

$$增殖率（\%）= \frac{本年度出生的仔畜在年末实际数}{本年度初或上年度末存栏数} \times 100\%$$

（5）受胎指数（conception index，CI）　又称配种指数（serve index，SI），指每次受胎所需的配种次数，或参加配种母畜平均每次妊娠的配种情期数。无论自然交配还是人工授精，指数超过 2 都表示配种工作没有组织好。

$$受胎指数 = \frac{配种总次数}{受胎头数} \times 100\%$$

（6）产犊间隔　又称平均胎间距，指两次产犊间隔的时间，是牛群繁殖力的综合指标。由于妊娠期是一定的，因此提高母牛产后发情率和配种受胎率，是缩短产犊间隔、提高牛群繁殖力的重要措施。统计方法：①按自然年度统计。②凡在年内繁殖的母牛（除一胎牛外）均进行统计。

$$产犊间隔 = \frac{\sum 胎间距}{n}$$

式中　n——头数

胎间距——当胎产犊日距上胎产犊日的间隔天数，d

$\sum$胎间距——n 个胎间距的合计天数，d

（7）犊牛成活率　指出生后 3 个月时犊牛成活数占产活犊牛数的比率。

$$犊牛成活率 = \frac{生后3个月活犊牛数}{总产活犊牛数} \times 100\%$$

此外,还有空怀率、产犊到配种妊娠天数等,在一定情况下都能反映出繁殖力和生产管理技术水平。

思考与练习

1. 根据奶牛场母牛繁殖和生产记录,计算该奶牛场的年度繁殖率、情期受胎率。

2. 制订奶牛子宫内膜炎的治疗方案,并实施。

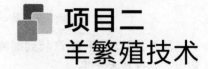

项目二
羊繁殖技术

【学习内容】

1. 母羊的发情鉴定及发情控制技术。

2. 种公羊的采精技术。

3. 羊精液的处理。

4. 羊人工授精技术。

5. 母羊的妊娠诊断技术。

6. 母羊的分娩与助产技术。

7. 羊繁殖力的测定。

【学习目标】

1. 了解羊的繁殖特点，能独立运用试情法对母羊进行发情鉴定。

2. 学会母羊的发情控制技术。

3. 了解种公羊的采精技术。

4. 学会对精液进行正确检查和处理。

5. 学会准确判定母羊的输精时间。

6. 学会母羊的输精操作。

7. 学会母羊的妊娠诊断方法。

8. 学会对正常分娩的母羊进行接产和对难产进行常规救助。

认知与解读

一、母羊生殖器官的特点

羊属于双分子宫。羊的子宫角有大小两个弯,大弯游离,小弯由子宫阔韧带附着,两侧子宫角基部内有纵膈将两个子宫角分开,与纵膈相对应的外部有一纵沟,称为角间沟。子宫颈发达,子宫颈为极不规则的弯曲管道。子宫黏膜有突出于表面的子宫阜,绵羊的子宫角黏膜有时有黑斑,子宫阜数量绵羊为 80 ~ 100个,山羊为 160 ~ 180 个。阜的中央有一凹陷,胎儿胎盘的子叶能嵌入其中。

二、羊发情周期的特点

羊属季节性多次发情动物,每年发情的开始时间及次数因品种及地区气温不同而异。例如,我国北方的绵羊发情多集中在 8、9 月份,而温暖地区饲养的湖羊及寒羊发情季节不明显,但多集中在秋季,南方地区农户饲养的山羊发情季节也不明显(见表 2 - 1)。

表 2 - 1　　　　　　　　山羊与绵羊的发情周期和发情持续期

种类	发情周期(d)	平均范围(d)	发情持续期(h)	排卵时间
山羊	20	18 ~ 23	26 ~ 42	发情结束后不久
绵羊	17	14 ~ 20	24 ~ 26	发情结束时

发情季节初期,绵羊常发生安静排卵,山羊发生安静排卵现象较绵羊少,接近繁殖期时,将公羊与母羊合群同圈饲养能诱发母羊性活动,使配种季节提前,并缩短产后至排卵的时间间隔。

初配母羊发情期较短,年老母羊发情期较长。绵羊的发情征状不明显,仅稍有不安,摆尾,阴唇稍肿胀、充血,黏膜湿润等。山羊发情较绵羊明显,阴唇肿胀、充血,且常摇尾,大声哞叫,爬跨其他母羊等。

任务一　羊的发情鉴定技术

【任务实施动物及材料】　试情公羊、成年母羊、保定栏、保定绳、开膣器、手电筒、盆、毛巾、肥皂、75% 酒精、温水、手术器械、试情兜布、兽用套管针、阴道海绵栓或硅胶栓、PMSG、18 - 甲基炔诺酮、硅胶、消炎粉、氯前列烯醇、LH、FSH、LRH - A₂ 或 LRH - A₃、0.25% 奴夫卡因等。

【任务实施步骤】

一、试情公羊的选择

1. 准备工作

根据饲养的母羊数量计算出需要选择试情公羊的数量,一般每 20～30 只母羊配备一只试情公羊。算出数量后,在种公羊群中挑选试情公羊。

2. 选择标准

(1)体况　公羊应选择在中上等体况、体质健壮,不能过肥或者过瘦。

(2)性欲　性欲旺盛。

(3)疾病　健康个体,没有生殖器官疾病,没有传染病。

(4)年龄　一般选择在 2～5 岁为宜,可以在后备的公羊群中挑选出精液品质不好的作为试情公羊,或者在种群中挑选出精液品质下降的个体。

二、试情公羊的处理

试情公羊的作用在于发现羊群中发情旺盛的母羊,然后挑出实施人工授精,其本身并不参与配种,这就要求试情公羊既要有旺盛的性欲,又要在试情过程中不能与母羊完成配种。生产中有以下几种方法来处理试情公羊,以达到此目的。

1. 割断输精管法

将公羊仰卧保定后,在阴囊上精索部位用拇指和食指捏住输精管,消毒后用手术刀纵向切开 1～2cm 长的小口,把精索和输精管挤到切口处,挑破精索外面的组织鞘膜,暴露输精管,然后用止血钳夹住输精管,将其拉出,剪断 1～2cm,最后用碘酊消毒,涂上消炎粉,不进行缝合,一天后即可痊愈。此种方法的缺点是,试情几天后,阴囊会发生肿胀现象,因此公羊需要定期休息。

2. 戴试情布法

一般在试情时,将长 40cm、宽 30cm 的布系在试情公羊的腹下,挡住阴茎。这样在公羊爬跨后,无法进行交配。试情布应定期清洗,以防感染。此种方法操作简单,且对公羊生殖功能无影响,生产中应用比较多。

3. 阴茎转向术

将公羊仰卧保定后,腹部剪毛、消毒,然后在距右侧阴茎包皮 1.5～2cm 处切开皮肤,剥离阴茎旁侧组织直到基部,再从腹下右侧基部与原阴茎呈 45°角切开皮肤,进行剥离,将阴茎移位缝合,术后用碘酊消毒,涂上消炎粉,防止感染。此种方法,操作麻烦,且如果手术操作不当会出现偷配现象。

以上三种方法各有利弊,解、系试情布比较麻烦,需定期清洗,否则试情布变硬会擦伤阴茎,容易感染;割断输精管的方法,试情几天后,阴囊有肿胀情况,要定期休息;阴茎移位术稍麻烦,角度须移好,否则会出现偷配。但仍以阴茎移位后的试情羊使用方便,性欲较好。

三、试情方法

1. 准备工作

挑选出 1 只 2～5 周岁、体格健壮、无疾病、性欲旺盛、已经处理的试情公羊。

2. 检查方法

将试情公羊按照 1:30～1:20 的比例放入母羊群中。

3. 结果

公羊开始嗅闻母羊,如果发现公羊爬跨母羊而母羊站立不动接受爬跨,该母羊即被认为发情。如母羊躲避爬跨,则为不发情或发情不好的母羊。在试情中必须做到细致准确,不漏情。母羊发情时,其外阴部发生肿胀,但不是非常明显,只有少量黏液,有的发情母羊甚至见不到黏液仅稍有湿润。用这种方法试情,可以将母羊群中 90% 以上的发情母羊挑选出来。

四、注意事项

1. 应保证试情公羊有旺盛的性欲及试情的积极性。

2. 试情公羊与母羊群的比例应保持在 1:30～1:20,母羊最多不要超过 60 只,防止因公羊疲劳影响试情的准确性。

3. 要保证试情时间和试情次数。一般情况下,每群羊应早晚各试情 1 次,对于 1～2 周岁的母羊,应根据情况增加 1 次试情,每次试情应保证在半小时以内。

4. 发现试情公羊爬跨母羊,应将该母羊及时挑出圈外,避免公羊射精影响性欲。

5. 试情公羊的管理、补饲,应参照配种采精公羊的标准。

另外,还可采用外部观察和阴道检查法鉴定发情母羊。

思考与练习

1. 采用试情法鉴定母羊是否发情。

2. 如何选择试情公羊?

任务二　羊的发情控制技术

【任务实施动物及材料】　成年未发情的母羊、孕激素制剂、植物油、阴道硅橡胶环、FSH、LH、PMSG、LRH – A_2、LRH – A_3 等。

【任务实施步骤】

一、同期发情

1. 准备工作

选择健康、成年、未孕、未发情的母羊,黄体酮阴道栓(CIDR)。

2. 操作方法

(1)孕激素阴道栓塞法 取孕激素制剂,用植物油(如色拉油)溶解,浸于灭菌后的海绵中。海绵呈圆柱形,直径和长度均约10cm,在一端系一细绳(见图2-1)。在发情周期的任意一天,利用开张器将阴道扩张,用放置器将海绵送入阴道中,使细绳暴露在阴门外,以便拉出。10~14d后,拉出细绳将海绵栓取出。为了提高发情率,最好在取出海绵后肌肉注射PMSG 400~500IU,经30h左右即开始发情。

除海绵栓外,国外有阴道硅橡胶环孕激素装置,使用方法同海绵栓。这种装置由硅橡胶环和附着在环内用于盛装孕激素的胶囊组织构成(见图2-2)。另一种孕激素装置为黄体酮阴道栓(CIDR),黄体酮含量为300mg,形状呈"Y"字形,内有塑料弹性架,外附硅橡胶,两侧有可溶性装药小孔,尾端有尼龙绳(见图2-3)。用特制的放置器将阴道栓放入阴道的过程中,首先将阴道栓收小,装入放置器内,然后将放置器推入子宫颈口周围,推出放置器内的阴道栓即可完成。

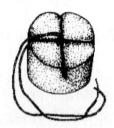

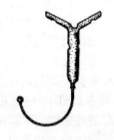

| 图2-1 黄体酮海绵 | 图2-2 阴道硅橡胶环黄体 | 图2-3 孕激素CIDR装置 |
| 阴道栓 | 酮阴道释放装置图 | |

(2)前列腺素法 在繁殖季节内,母羊已开始有发情周期时,于发情周期的第四天后,用国产氯前列烯醇0.4mg进行肌肉注射或者子宫灌注0.2mg,可诱导羊群中70%以上的羊在处理后的3~5d发情排卵。由于前列腺素对新生黄体(排卵后5d内)没有作用,因此一次注射前列腺素往往有部分羊不发情。为了提高同期发情效果,可以间隔9~12d,分两次进行前列腺素处理。

3. 结果

放入试情公羊(按2%比例投放),在处理后的1~3d内,约有85%~95%的母羊发情。发情母羊即可进行人工输精。使用孕激素处理后第一次发情的母羊受胎率往往低于常规发情母羊,为此,可采用处理后的第二个情期,一般在第二情期的6~7d内有80%~90%的母羊发情,这时的受胎率与常规相同。使用孕激素前列腺素注射法处理后,可使母羊高度化同期发情,但受胎率较低。

4. 注意事项

(1)同期发情处理应用的药物很多,方法也有多种,基本上都是先用黄体酮或孕激素处理,接着注射促性腺激素,刺激卵泡生长与排卵。大多采用黄体酮、甲孕酮、氟孕酮等做成海绵栓。

（2）对母羊常用和较有效的方法是阴道海绵栓法和前列腺素注射法，但这两种处理方法往往干扰精子的运动，造成情期受胎率低。

（3）用前列腺素对羊进行同期发情的先决条件是繁殖季节已到，母羊已开始有发情周期。绵羊在情期的 8~15d，山羊在情期的 9~18d，肌肉注射 PG 处理才有效果。

二、超数排卵

作为单胎动物，对羊运用超数排卵的效果较为明显。母羊超数排卵开始处理的时间，应在自然发情或诱导发情情期的第 12~13d 进行。

1. 准备工作

母羊应符合品种标准，具有较高的生产性能和遗传育种价值。年龄一般为 2.5~7 岁，青年羊为 18 月龄。体格健壮，无遗传及传染性疾病，繁殖功能正常，经产母羊没有空胎史。

2. 操作方法

（1）促卵泡素（FSH）减量处理法　母羊在发情前的 4d 开始肌肉注射 FSH，早晚各一次，间隔 12h，采用递减法分四天注射。使用国产 FSH 总剂量为 200~400IU。母羊一般在开始注射后的第四天表现发情，发情后立即静脉注射（或肌肉注射）促黄体素（LH）75~120 IU，或促性腺激素释放激素的类似物 50~75μg，LH 的剂量一般为 FSH 的 1/3。超数排卵剂量及激素比例可根据不同厂家和批号稍作调整。

（2）孕马血清促性腺激素（PMSG）处理法　在发情周期前 4d，一次肌肉注射 PMSG l500~2500IU，发情后 18~24h 肌肉注射等量的抗 PMSG 或前列腺素 200μg。超数排卵剂量及激素比例可根据不同厂家和批号稍作调整。

3. 结果

通过手术，观察卵巢表面排卵点和卵泡发育情况，详细记录，并判断操作是否成功。

三、诱导发情

处于乏情的母畜，其腺垂体 FSH 和 LH 的分泌量少，活性低，不足以引起卵泡的发育和排卵。此时卵巢上既无卵泡发育，也无黄体存在。因此，对哺乳期、季节性等乏情的母羊，可利用外源性激素或某些环境条件刺激，通过内分泌和神经调节作用，激发其卵巢活动，促使卵泡正常发育和排卵。

1. 准备工作

可用于季节性乏情、哺乳期乏情、病理性乏情的母羊。

2. 操作方法

（1）对产后长期不发情的母羊，采用 LRH - A₂ 或 LRH - A₃。肌肉注射，1 次/d，连用 2~3d 即可发情，总剂量不能超过 50μg/头。

（2）对季节性乏情的绵羊，可连续 14d 使用孕激素栓塞法处理，在停药当天一次肌肉注射 PMSG 500～1000IU,即可引起发情排卵。

3. 检查结果

使用试情法对处理后的母羊进行发情鉴定。

4. 注意事项

从理论和实践角度看,孕激素 PMSG 法应当作首选方案。孕激素的选用:繁殖季节采用甲孕酮海绵栓(MAP),非繁殖季节采用氟孕酮(FGA),剂型以阴道海绵装置为最好。对不适宜埋栓的母羊,也可采用口服黄体酮的方法。PMSG 的注射时间:应在撤栓当天进行,以避免因突然撤栓造成的雌激素峰而引起排卵障碍。这种处理方法符合安全、可靠的要求。若第一个情期不受胎,还会正常出现第二、第三个情期,不至对母羊的最终受胎造成影响。

思考与练习

1. 制订羊同期发情方案。
2. 制订羊超数排卵方案。

认知与解读

一、人工授精概述

人工授精技术能大大提高优秀种公羊的配种效率,减少种公羊的饲养数量,节省了大量的饲料、场地及饲养管理等费用,从而降低了生产成本;防止因自然交配而造成的生殖器官疾病的传播;人工授精使用的精液都经过严格的品质鉴定,保证了精液质量;克服因公、母羊体型悬殊而造成的交配困难;人工授精不受地域的限制,有效地解决了种公羊不足地区的母羊配种问题。

我国绵羊人工授精的规模及冷冻精液的研究水平居世界先进行列。1976 年由 7 省区共 10 个单位联合成立了"全国绵羊冷冻精液技术科研协作组",1981 年进行大规模的生产试验,绵羊的冷冻精液情期受胎率达到 50.6%～60.9%,与对照组鲜精的平均情期受胎率 69.5% 相差不大。

二、自然交配与人工授精

羊的配种方式有两种,即自然交配和人工授精。

(一)自然交配

自然交配指公、母羊直接交配,也称为本交。根据人为干预的程度又分为以下四种方式。

1. 自由交配

公、母羊常年混牧放养,不分群。一旦母羊发情就会与公羊随机交配。自由交配是最原始的一种交配方式。会出现系谱混杂,群体羊产力下降,在偏远的山区、牧区,这种配种方式依然保留着。

2. 分群交配

在配种季节里,将母羊分成若干小群,每小群放入经严格选择的一只或数只种公羊,让公、母羊在小群内自然交配。这样公羊的配种次数得到适当的控制,配种公羊得到一定程度的挑选。在偏远的新疆、内蒙古牧区,这种配种方式较为普遍。

3. 围栏交配

将公、母羊分群饲养,当母羊发情时,放入特定的公羊进行交配。

4. 人工辅助交配

公、母羊严格分群饲养,只有在母羊发情配种时,才按照原定的选种选配计划,让其与特定的公羊进行交配。与上述三种配种方式相比,人工辅助交配较为科学、合理,增加了种公羊的可配母羊数,延长了种公羊的使用年限,而且在一定程度上防止疾病的传播,可有计划地进行选种选配,建立系谱,有利于品种改良。

(二)人工授精

人工授精与自然交配每头公羊可配母羊数见表 2 - 2。

表 2 - 2　　　　　　　　每头公羊可配母羊数

动物	自由交配/只	人工辅助/只	人工授精平均数/只
羊	30 ~ 40	80 ~ 100	300 ~ 400

三、种公羊的利用

(一)种公羊的挑选

要挑选外貌符合品种特征、精力旺盛、体格健壮的公羊作为种公羊。

(二)种公羊的调教

为了使公羊适应爬跨假台羊,一般要经过一定时间的调教和训练,使其逐渐习惯,并建立稳定的条件反射。调教时地面要平坦,不能太粗糙或太光滑,最好选择与其匹配的发情母羊做台羊。具体调教方法:一是利用有正常性行为的羊进行采精,让被调教公羊站在一旁观摩,然后训练其爬跨;二是将不会爬跨的公羊和若干只发情母羊混群饲养,几天后公羊便开始爬跨。三是在假台羊的旁边拴系一发情母羊,让待调教公羊爬跨发情母羊,然后反复拉下几次,当公羊的性兴奋达到高峰时,将其牵向假台羊,这种方法成功率较高。

(三)种公羊的采精频率

公羊配种季节短,其附睾储存精液的量大而射精量少。因此,公羊的采精频率较其他动物的采精次数多。刚开始为每周采精 1 次,逐渐增至每周 2 次,以后每日可采精数次,绵羊采精 7~25 次/周,山羊采精 7~20 次/周,且连续数周都不会影响精液的质量。种公羊每天可采精 1~2 次,持续 3~5d,休息 1d。必要时每天可采精 3~4 次,每次采精应有 1~2h 的间隔时间。

四、羊精液保存

精液保存方法有三种,常温保存、低温保存和冷冻保存。绵羊精液常温保存的时间在 48h 以上,精子活力为原精液的 70%;使用葡萄糖、甘油、卵黄稀释液等,温度分别在 12~17℃、15~20℃精液可保存 2~3d。羊精液冷冻保存效果不理想,具体操作请参见牛繁殖技术。

五、输精

(一)输精时间的确定

母羊的输精时间主要是依据试情制度来确定。如果每天试情一次,在发现母羊发情后的当天及半天后各输精一次;如果每天试情两次,绵羊和山羊有所不同,绵羊经过试情确定发情的,可在发情后半天输精,即早晨发情的母羊,下午输精,傍晚发情的母羊,第二天早上输精;然后间隔半天再输精一次。山羊可在发情开始后的第 12h 输精,如果第二天仍然发情的,可再输精一次,以提高受胎率。

(二)输精要求

输精量和输入的有效精子数,应根据年龄、胎次等生理状况及精液的不同保存方法而有所不同。体型大的、经产的、子宫松弛的母羊,应适当增加输入精液的量;液态保存的精液要比冷冻保存精液的输精量多;经超数排卵处理的母羊,无论是输精量和有效精子数都要比一般配种的母羊有所增加(见表 2-3)。

表 2-3　　　　　　　　　　　　　　　　输精要求

项　目	绵羊和山羊	
	液态保存精液	冷冻保存精液
输精剂量/mL	0.05~0.1	0.1~0.2
有效精子数/亿	0.5~0.7	0.3~0.5
适宜输精时间/h	发情开始后 10~36	
输精次数/次	1~2	
输精间隔时间/h	8~10	
输精部位	子宫颈口内	

任务三　羊的采精及精液处理技术

【任务实施动物及材料】　种公羊、母羊、显微镜、恒温干燥箱、电热鼓风干燥箱、计数板、酒精灯、假阴道、开膣器、玻璃输精器、载玻片、盖玻片、擦镜纸、0.1%高锰酸钾溶液、鸡蛋、甘油、葡萄糖、青霉素、双氢链霉素、二水柠檬酸钠、羊奶、磺胺嘧啶钠、明胶、鲜脱脂牛奶、乳糖、蒸馏水、洗衣粉、75%酒精棉球等。

【任务实施步骤】

一、采精

（一）准备工作

1. 器械的清洗与消毒

（1）清洗 人工授精所用的器材在使用前均应彻底清洗。每次使用后也必须及时清洗干净。新的金属器械要先擦去油渍后洗涤。首先用清水冲去残留的精液或灰尘，再用少量洗衣粉洗涤，然后用清水冲洗干净，最后用蒸馏水冲洗1~2次。

（2）消毒 人工授精所用的器材在每次使用前必须经过严格的消毒。

①玻璃器皿消毒。将玻璃器皿清洗干净后，控干剩余水分，再放入电热鼓风干燥箱内，在130~150℃下消毒80min。也可使用高压灭菌器煮沸或蒸汽消毒。消毒后的器皿可放在恒温干燥箱内，使其表面的水渍蒸发、干燥。使用前器皿表面应没有任何污渍。

②橡胶制品的消毒。可放在水中煮沸，也可以使用75%的酒精棉球擦拭消毒。需注意，一定要在酒精完全挥发后方可使用。在使用前最好用生理盐水冲洗后再用。

③金属器具的消毒。可用75%的酒精棉球进行擦拭消毒，也可用水煮沸消毒。开膣器可以用酒精灯火焰进行消毒。

2. 采精场地

要有良好的固定采精场所，以便使公羊建立巩固的条件反射。采精场地应宽敞、明亮、平坦、清洁、安静。

3. 台羊准备

最好选择发情母羊作台羊。要求母羊体格健壮、体型大小适中、健康无病，也可使用假台羊。

4. 假阴道准备

假阴道的形状结构基本与牛相同，只是大小有所不同。假阴道要经过洗涤、消毒、安装与调试，方可使用（见图2-4）。

5. 种公羊的准备

在采精前擦拭其下腹部，用0.1%的高锰酸钾溶液清洗包皮内外并擦干。

（二）假阴道采精的操作方法

与牛的采精基本相似。采精时假阴道的温度一定要控制在38~40℃。一般采精人员站在公羊的右侧，右手握住假阴道，这样较方便采精。

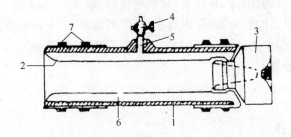

图 2 - 4　羊用假阴道

1—外壳　2—内胎　3—集精管(或集精杯)
4—气嘴　5—水孔　6—温水　7—固定胶圈

(1)采精时,选择发情的健康母羊,或用假台羊。将母羊颈部卡在采精架上保定,外阴部用2%煤酚皂溶液消毒后用清水洗去药液并擦干。

(2)将消毒后的集精瓶灌满食盐水,插入假阴道的一端,深2~3cm。进行振荡冲洗后,将水倒出,使其内胎湿润,以代替滑润剂。同时将安装消毒好的假阴道加入50~55℃的温水150~180mL,用漏斗注入假阴道的夹层内。

(3)为使假阴道内腔的松紧适度,需压入适量空气,一般以假阴道采精口一端的内胎成三角形为适宜。

(4)采精前,用消毒的温度计检查假阴道内的温度,以39~42℃为宜。

(5)采精时先用湿毛巾把种公羊阴茎的包皮周围擦净。工作者以右手拿假阴道,假阴道与地面成30°~40°的角度。当种公羊爬跨母羊伸出阴茎时,工作者应精神集中,动作敏捷,注意勿使假阴道边缘或手触着阴茎,用左手指轻托阴茎包皮,将阴茎导入假阴道内。射精后,将假阴道竖起,集精瓶一端向下,送往精液处理室,放出空气,取下集精瓶,盖上盖,放在操作台上标有公羊号的固定地方。

(6)种公羊每天可采精2~3次,必要时可采4~5次。1~2次采精后应休息2h,方可进行再次采精。

二、精液处理

(一)精液品质检查

1. 精液的外观性状检查

(1)采精量　羊的采精量较少,如果集精杯带有容量刻度,采精后可直接读取,或者是放在有刻度的小试管中读取。绵羊每次的采精量为0.8~1.5mL,山羊为0.5~1.5mL。

(2)色泽　精液正情况下呈乳白色或灰白色,少数也有呈乳黄色的。如果颜色发生改变,出现淡红色或褐色,则说明混有血液,可能是由于生殖器官损伤造成的出血;如果出现浅绿色,说明可能混有尿或脓汁。如果出现这些异常颜色的精液,应废弃不用,并马上停止采精,查找原因对症治疗。

(3)气味 羊的精液一般无味或略带腥味,对于气味异常的精液应废弃不用。

(4)云雾状 羊精液虽然射精量少,但精子密度较大。刚采出的新鲜精液放在容器中,用肉眼可看到精液呈翻滚的现象,似云雾状。云雾状越明显,说明精子密度越大,活力越好。

2.精子活力检查

由于羊精子密度大,检查时可用等温的生理盐水对精液进行稀释。然后可以利用平板压片法或悬滴法对精液进行活力检查,采用"十级一分制"对精液进行评定。一般羊新鲜精液精子活力为0.6~0.8以上。具体检查方法请参照牛繁殖技术。

3.精子密度检查

分别采用估测法、血细胞计数法及光电比色法对羊精液进行密度检查。羊精子密度等级划分见表2-4。具体检查方法请参照牛繁殖技术。

表2-4　　　　　　　　　　　羊精子密度等级划分

动物类别	精子数/(亿/mL)		
	密	中	稀
羊	25以上	20~25	20以下

4.精子畸形率检查

凡是形态和结构不正常的精子都属于畸形精子。羊的畸形精子不能超过14%,如果畸形精子超过20%,则该精液视为精液品质不良,不能用作输精。具体检查方法请参照牛繁殖技术。

(二)精液稀释与保存

1.绵羊、山羊稀释液配方(见表2-5、表2-6和表2-7)

表2-5　　　　　　　　　绵羊、山羊精液常用常温保存稀释液

成分	绵羊		山羊	
	葡-柠-卵液	RH明胶液	明胶羊奶液	羊奶液
基础液				
葡萄糖/g	3.0			
二水柠檬酸钠/g	1.4			
羊奶/mL			100	100
磺胺嘧啶钠/g		0.15		
明胶/g		10.00	10.00	
蒸馏水/mL	100	100		
稀释液				
基础液/容量%	100	100	100	100

续表

成分	绵羊		山羊	
	葡-柠-卵液	RH 明胶液	明胶羊奶液	羊奶液
卵黄/容量%	20			
青霉素/(IU/mL)	1000	1000	1000	1000
双氢链霉素/(μg/mL)	1000	1000	1000	1000

表 2-6　　　　　　　　　绵羊、山羊精液常用冷冻保存稀释液

成分	绵羊		山羊	
	葡-柠-卵液	卵-奶液	葡-柠-卵液	奶粉液
基础液				
葡萄糖/g	0.8		0.8	
二水柠檬酸钠/g	2.8		2.8	
奶粉/g		10		10
蒸馏水/mL	100	100	100	100
稀释液				
基础液/容量%	80	90	80	100
卵黄/容量%	20	10	20	
青霉素/(IU /mL)	1000	1000	1000	1000
双氢链霉素/(μg /mL)	1000	1000	1000	1000

表 2-7　　　　　　　　　绵羊、山羊常用低温保存稀释液

成分	绵羊		山羊	
	配方 1	配方 2	配方 1	配方 2
I 液				
鲜脱脂牛奶/mL		20		
乳糖/g	5.5	10	6	3.8
葡萄糖/g	3.0			2.6
柠檬酸钠/g	1.5		1.5	1.3
卵黄/g		20		
蒸馏水/mL	100	80	100	100
II 液				
液/容量%	75	45	80	80

续表

成分	绵羊		山羊	
	配方1	配方2	配方1	配方2
卵黄/容量%	20		20	20
甘油/容量%	5	5	5	5
葡萄糖/g		3		
青霉素/(IU/mL)	1000	1000	1000	1000
双氢链霉素/(μg/mL)	1000	1000	1000	1000

2.稀释倍数的确定

羊精液的稀释倍数一般为2~4倍。稀释精液时,精液与稀释液的温度要保持一致。稀释前必须将两种液体置于同一温度(30℃)中,并在此温度下进行稀释。

3.精液的稀释方法

参照项目一牛繁殖技术。

4.精液保存

羊精液的低温保存方法具体操作:把稀释后的羊精液按照10~20个输精量分装,封口,再包以数层脱脂棉或纱布,最外层装上防水套,扎紧,防止水分渗入,放入冰箱冷藏室。如无冰箱或有特殊需要,可用广口保温瓶代替,在保温瓶中加入水和冰块,把包装好的精液放在上面,注意要定期添加冰源。也可采用化学致冷,在水中加入一定量的氯化铵或尿素,可使水温达到2~4℃。

思考与练习

1.实施羊精子活力及密度检查。

2.制定并实施羊精液稀释方法。

任务四 羊的输精技术

【任务实施动物及材料】 发情母羊、75%的酒精、高压灭菌器、生理盐水、冷冻精液、新鲜精液、开膣器、羊用输精枪等。

【任务实施步骤】

一、输精前的准备

1.母羊准备

经过发情鉴定确定已到输精时间的母羊,由助手用两腿夹住母羊的头部,两手提起母羊后肢,即倒提羊。或者使用专用的输精架将母羊固定,将外阴清洗消毒并擦干。

2. 器械准备

首先将输精器械进行清洗消毒。金属材质输精器用火焰消毒后再用 75% 的酒精棉球擦拭消毒;玻璃输精器用高压灭菌器煮沸或蒸汽消毒,使用前用生理盐水冲洗 2 ~ 3 次。

3. 精液准备

如果使用冷冻精液,应先解冻,活力在 0.3 以上方可使用。新鲜精液经检查,活力要求在 0.6 ~ 0.8 以上,然后将精液吸入输精管中备用。

4. 人员的准备

输精人员要身着工作服,指甲剪短磨光,手清洗消毒。

二、输精操作

1. 开膣器输精法

将发情母羊固定在输精架内或由助手用两腿夹住母羊头部,两手提起母羊后肢将羊保定。洗净并擦干其外阴部,将已消毒过的开膣器顺阴门裂方向合并插入阴道,旋转 45°角后打开开膣器,并借助一定的光源(手电筒或电灯等)找到子宫颈外口,把输精器插入子宫颈内 0.5 ~ 1cm,将精液缓慢注入,随后撤出输精器并取出阴道开膣器。然后输精员用手轻拍母羊的腰背部,防止精液发生倒流。最后将母羊放下,输精结束。

2. 输精器阴道插入法

对于初配阴道比较狭小的母羊及使用阴道开张器插入阴道困难的母羊,可模拟自然交配的方法,将精液用输精管输入到阴道的底部。具体操作方法是把母羊两后腿提起倒立进行保定。操作人员用手拨开母羊阴户,将输精管插入到阴道底部输精。如果出现精液流入较缓慢,可轻轻转动输精器,略微改变角度或来回拉动几下,以便让精液流入。输精完毕后,输精员用手轻拍母羊的腰背部,防止精液倒流。

利用开膣器法为母羊适时输精。

母羊的妊娠生理知识

母羊接受自然交配或人工授精,经受精过程和胚胎发育,在母羊体内发育成为羔羊的整个时期称为妊娠期。妊娠期间,母羊的全身状态,特别是生殖器官相应地发生一些生理变化。母羊的妊娠期长短因品质、营养及单、双羔等有所变化。山羊的妊娠期略长于绵羊,山羊妊娠期的正常范围为142~161d,平均为152d;绵羊为146~157d,平均为150d。预产期推算:配种月份加上5,日数减去2,即为羊的预产期。

妊娠母羊因胚胎的存在,引发了一系列形态和生理变化,可以从体况、生殖器官和体内激素的变化作妊娠诊断,各种变化的要点如下。

一、妊娠母羊的体况变化

(1)妊娠母羊新陈代谢旺盛,食欲增强,消化能力提高。

(2)因胎儿的生长和母体自身增重的增加,妊娠母羊体重明显上升。

(3)妊娠前期因新陈代谢旺盛,母羊营养状况改善,表现毛色光润,膘肥体壮。妊娠后期则因胎儿剧烈生长的消耗,或饲养管理较差时,母羊则表现瘦弱。

二、妊娠母羊生殖器官变化

(1)卵巢　母羊妊娠后,妊娠黄体在卵巢中持续存在,发情周期中断。

(2)子宫　子宫增生,继而生长和扩展,以适应胎儿的生长发育需要。

(3)外生殖器　妊娠初期,阴门紧闭,阴唇收缩,阴道黏膜颜色苍白。随着妊娠时间的进展,阴唇表现水肿,其水肿程度逐渐增加。

三、妊娠后母羊体内生殖激素变化

妊娠后,母羊体内的几种主要生殖激素发生变化,内分泌系统协调黄体酮的平衡,以维持正常妊娠。主要变化有两点:第一,排卵后颗粒细胞转变为分泌黄体酮的黄体细胞,在垂体促黄体素(LH)和释放激素(GnRH)的调控下生成黄体;第二,在促性腺激素的作用下,卵巢释放雌激素,通过血液中黄体酮与雌激素的浓度控制腺垂体分泌促卵泡素和促黄体素,从而控制发情。

任务五　羊的妊娠诊断技术

【任务实施动物及材料】　配种后的母羊、B超诊断仪、探诊棒、肥皂水、75%的酒精棉球、润滑剂、消毒液等。

【任务实施步骤】

一、准备工作

(1)母羊在腹部触诊前一夜进行停食。

(2)母羊仰卧保定。

（3）肥皂水灌肠，排出宿粪。

（4）探诊棒的准备 直径1.5cm、长50cm前端弹头形的光滑木棒或塑料棒，用75%的酒精棉球消毒，然后用消毒液浸泡消毒，最后用40℃的温水冲去药液并涂抹润滑剂使用。

二、诊断方法

1. 外部观察

母羊配种后如果一个发情周期不发情，一个月后阴户干燥紧缩，颜色发紫，有时从阴道向外流出略带黄色的黏液便可初步认为妊娠。结合检查母羊的阴道，刚打开时可见黏膜为白色，几秒钟后变为粉红色，而未孕的母羊阴道黏膜为粉红或苍白。妊娠60d可见腹部明显增大。

2. 直肠—腹部触诊

待查母羊用肥皂水灌洗直肠排出粪便，使其仰卧，然后用涂抹上润滑剂的探诊棒插入肛门，贴近脊柱，向直肠内插入约30cm。然后一只手用探诊棒轻轻把直肠挑起，以便托起胎胞，另一只手则在腹壁上触摸（见图2－5），直肠腹部触诊时，如有胞块状物体即表明已妊娠；如果摸到探诊棒，将棒稍微移动位置，反复挑起触摸2～3次，仍摸到探诊棒即表明未孕。使用该方法时，动作要小心，轻缓，以防损伤直肠及胎儿，引起流产。

图2－5 直肠—腹部触诊方法

3. 腹壁触诊法

母羊的腹壁触诊妊娠诊断有两个方法，一是检查者面向羊的后驱，两腿夹住颈部或前肢，两手掌贴在左右腹壁上，然后两手同时向里平稳的压迫，或一侧用力大些，另一侧轻压，或双手滑动触摸，检查子宫有无硬块，有时可以摸到黄豆大小的子叶。另一方法是检查者半跪在羊的左侧，一手挽住羊颈，用右膝顶住左腹壁，同时用右手在右腹壁触摸（见图2－6）检查子宫内是否有胎儿的存在。

羊的个体小，不便进行直肠检查，主要

图2－6 腹壁触诊方法

采用外部观察结合阴道检查法、腹壁触诊及直肠探诊等方法进行妊娠诊断。此外还可采用超声波诊断法、血清酸滴定法、免疫学方法对母羊实行早期妊娠诊断。

思考与练习

1. 利用直肠腹部触诊法做妊娠诊断。

2. 利用 B 超诊断仪做妊娠诊断。

任务六　羊的分娩与助产技术

【任务实施动物及材料】　待产母羊、盆、桶、肥皂、毛巾、刷子、绷带、5%的碘酊、消毒药、产科绳、剪刀、体温计、听诊器、注射器、强心剂、催产药物、产科器械等。

【任务实施步骤】

一、正常分娩

1. 准备工作

产羔前应准备好接羔用的棚舍,要求棚舍宽敞、光亮、保温、干燥、空气新鲜。产羔棚舍内的墙壁、地面,以及饲草架、饲槽、分娩栏、运动场等,在产羔前 3 ~ 5d 要彻底清扫和消毒。要为产羔母羊及其羔羊准备充足的青干草、质地优良的农作物秸秆、多汁饲料和适当的精饲料,或在产羔舍附近为产羔母羊留有一定面积的产羔草地。

2. 分娩过程观察

母羊临产前乳房胀大,乳头直立,用手挤时有少量黄色初乳,阴门肿胀潮红,有时流出浓稠黏液。骨盆部韧带松弛,临产前 2 ~ 3h 最明显。

在分娩前数小时,母羊表现精神不安,频频转动或起卧,有时用蹄刨地,排粪、排尿次数增多,不时回顾腹部;经常独处墙角卧地,四肢伸直努责。放牧母羊常常掉队或卧地休息,以找到安静处等待分娩。

母羊分娩时,在努责开始时卧下,由羊膜绒毛膜形成白色、半透明的囊状物至阴门突出,膜内有羊水和胎儿。羊膜绒毛膜破裂后排出羊水,数分钟至 30min 产出胎儿。正常胎位的羔羊出生时一般是两前肢及头部先出,头部紧靠在两前肢的前面。若产双羔,前后间隔 5 ~ 30min,但也有长达数小时以上的。胎儿产下后2 ~ 4h排出胎衣。

3. 操作方法

羔羊产出后,首先把其口腔、鼻腔清理干净,以免因呼吸困难、吞咽羊水而引起窒息或异物性肺炎。羔羊身上的黏液应及早让母羊舔干,既可促进新生羔羊的血液循环,又有助于母羊认羔。如果母羊恋羔性弱时,可将胎儿身上的黏液涂在母羊嘴上,引诱其舔净羔羊身上的黏液。

4. 注意事项

(1)在母羊产羔过程中,非必要时一般不应干扰,让其自行分娩。

(2)排出的胎衣要及时取走,以防被母羊吞食养成恶习。

二、助产

1. 准备工作

(1)产房 要求有单独的产房。并应具备阳光充足、干燥、宽敞、温暖、没有贼风的安全环境。场地要经常用消毒液喷洒消毒,垫草每天更换,保持清洁、干爽。

(2)接产人员 专人值班接产,并应具备接产的基本知识和兽医知识。

(3)药品及器械 产房内必须备有清洁的盆、桶等用具,及肥皂、毛巾、刷子、绷带、消毒用药、产科绳、剪刀等,还应有体温计、听诊器、注射器和强心剂、催产药物等,有条件的最好准备一套产科器械。

2. 操作方法

接羔员蹲在母羊的体躯后侧,用膝盖轻压其胁部,等羔羊的嘴部露出后,用一手向前推动母羊的会阴部,待羔羊头部露出后再用一手拉住头部,用另一手握住胎儿的前肢,随着母羊的努责慢慢将其拉出。母羊产羔后站起,脐带自然断裂,在脐带端涂 5% 的碘酊消毒。

3. 注意事项

遇到下述情况时,要及时帮助拉出胎儿:①母羊努责阵缩微弱,无力排出胎儿;②产道狭窄或胎儿过大,产出滞缓;③当胎儿头部露出阴门之外,而羊膜尚未破裂时应立即撕破羊膜,擦净胎儿鼻孔内的黏液,露出鼻端,便于胎儿呼吸,防止窒息;④遇到羊水已流失,即使胎儿尚未产出,也要尽快将胎儿拉出,可抓住胎头及前肢,随母畜努责,沿骨盆轴方向拉出胎儿,在牵拉过程中要注意保护阴门不被撕裂。

思考与练习

在羊场实施母羊接产。

任务七 羊的胚胎移植技术

【任务实施动物及材料】 供体母羊的选择、受体母羊的选择、超净工作台、恒温水浴锅、羊常规手术器械等。

【任务实施步骤】

羊胚胎移植的基本程序主要包括:供体和受体的选择、供体和受体的同期化处理、供体的超数排卵、胚胎收集、胚胎质量评定、胚胎的保存以及移植。

一、供体和受体羊的选择

1. 供体羊的选择

供体羊应符合品种标准,具有较高生产性能和遗传育种价值,年龄一般为2.5～7岁,青年羊为18月龄。体格健壮,无遗传及传染性疾病,繁殖功能正常,经产羊没有空怀史。

2. 受体羊的同期发情

受体羊选择健康、无传染病、营养良好、无生殖疾病、发情周期正常的经产羊。为保证供体的胚胎在受体生殖道内能够正常发育,需要对受体牛进行同期发情处理,将受体母畜与供体母畜的发情调整在同一时期,使供体母羊和受体母羊的生殖器官处于相同的生理状态。供体和受体发情开始的时间越接近,胚胎移植的受胎率越高。为了获得最佳的胚胎移植后受胎效果,一般将供体和受体的发情时间间隔控制在12h以内。具体技术方案见任务二。

二、超数排卵处理

绵羊胚胎移植的超数排卵,应在每年绵羊最佳繁殖季节进行。供体羊超数排卵开始处理的时间应在自然发情或诱导发情的发情周期第11～13d进行,山羊多在第9～17d开始。具体技术方案见任务二。

三、胚胎收集

1. 胚胎回收时间

以发情日为0d,在6～7.5d或2～3d用手术法分别从子宫和输卵管回收卵。

2. 供体羊准备

供体羊手术前应停食24～48h,可供给适量饮水。

(1)供体羊的保定和麻醉 供体羊仰放在手术保定架上,四肢固定。全身麻醉时肌肉注射2%静松灵0.2～0.5mL,局部麻醉用2%普鲁卡因2～3mL,在第一、二尾椎间作硬膜外麻醉。

(2)手术部位及其消毒 手术部位一般选择乳房前腹中线部(在两条乳静脉之间)或四肢股内侧部。在术部剪毛,应剪净毛茬,分别用清水、消毒液清洗,然后涂以2%～4%的碘酊,待干后再用70%～75%的酒精棉脱碘。先盖大创布,再将灭菌布盖于手术部位,使预定的切口暴露在创布中开口的中部。

3. 术者准备

术者应将指甲剪短磨光,再进行清洗和消毒,并需穿清洁手术服,戴工作帽和口罩。

手臂消毒。在两个盆内各盛3000~4000mL温热的清水(已煮沸过),加入氨水5~7mL,配成0.5%的氨水,术者将手指尖到肘部在两盆氨水中各浸泡2min,随后用消毒过的毛巾擦干。然后再将手臂置于0.1%的苯扎溴铵液中浸泡5min,或用70%~75%酒精棉球擦拭2次。双手消毒后,要保持拱手姿势,避免接触未消毒的物品,一旦接触,即应重新消毒。

4.胚胎收集方法

(1)子宫法 供体羊发情后6~7.5d,全身麻醉后沿腹中线向前切口约5cm,常规方法打开腹腔,将子宫暴露于创口表面后,用套有胶管的肠钳夹在子宫角分叉处,注射器吸入预热的冲卵液20~30mL(一侧用液50~60mL),将冲卵针头从子宫角尖端插入,确认针头在管腔内,进退通畅时,将硅胶管连接于注射器上,注入冲卵液,当子宫角膨胀时,将收回卵针头从肠钳夹基部的上方迅速扎入,冲卵液经硅胶管收集于杯内,最后用两手拇指和食指将子宫角捋一遍。另一侧子宫角用相同方法冲洗(见图2-7)。

子宫法对输卵管损伤甚微,尤其不涉及伞部,但卵回收率较输卵管法低,用冲卵液较多,检卵较费时。

(2)输卵管法 供体羊发情后2~3d收集胚胎,用输卵管法。将冲卵管一端由输卵管伞部的喇叭口插入,约2~3cm深,另一端接集卵皿,用注射器吸取37℃的冲卵液5~10mL,在子宫角靠近输卵管的部位,将针头朝输卵管方向扎入,一人操作,一只手的手指在针头后方捏紧子宫角,另一只手推注射器,冲卵液由宫管结合部流入输卵管,经输卵管流至集卵皿(见图2-8)。

输卵管法的优点是卵的回收率高,冲卵液用量少,检卵省时间。缺点是容易造成输卵管特别是伞部的粘连。

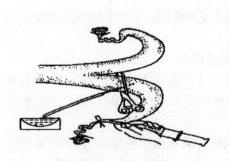
图2-7 子宫回收胚胎
资料来源:徐兴军、张伟伟.《动物胚胎工程》,2009。

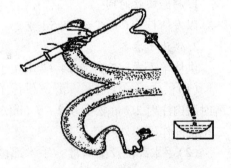
图2-8 输卵管回收胚胎
资料来源:徐兴军、张伟伟.《动物胚胎工程》,2009。

(3)术后处理 胚胎收集完毕后,用37℃灭菌生理盐水湿润母羊子宫,冲去凝血块,再涂少许灭菌液体石蜡,将生殖器官送回原处,常规方法缝合腹壁。皮肤缝合后,在伤口周围涂碘酊,再用酒精作最后消毒。供体羊肌肉注射青霉素 80 万 IU 和链霉素 100 万 IU,注射 3 ~ 5d,7d 后创口拆线。

四、胚胎的质量评定

方法同项目一任务七牛胚胎移植技术。

五、胚胎移植

(1)受体羊的准备 受体羊术前需空腹 12 ~ 24h,仰卧或侧卧于手术保定架上,肌肉注射 0.3% ~ 0.5% 静松灵。手术部位及手术要求于供体羊相同。

(2)手术法 母羊术部消毒后,拉紧皮肤,在腹部作 5cm 左右的切口,用食指和中指从腹腔取出输卵管、子宫和卵巢,确认排卵侧黄体发育状况,再将胚胎注入输卵管或子宫角。子宫内移植时,用钝形针头在黄体侧子宫角前 1/3 处扎孔,将移植针顺子宫方向插入宫腔,随后摆动针头,确认针头在子宫腔时注入胚胎。输卵管移植时,先把黄体侧的输卵管引出,找到喇叭口,再将装有胚胎的移植器由喇叭口插入到壶腹部,注入胚胎。移植完毕后,将子宫角和输卵管复位并缝合创口。具体见图 2 – 9、图 2 – 10 和图 2 – 11。

图 2 – 9 将胚胎移植到子宫

资料来源:徐兴军、张伟伟.《动物胚胎工程》,2009。

图 2 – 10 将胚胎移植到输卵管

资料来源:徐兴军、张伟伟.《动物胚胎工程》,2009。

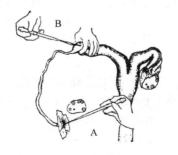

图 2 – 11 羊手术法胚胎移植

A—将胚胎移入输卵管 B—将胚胎移入子宫角

资料来源:王新庄.《家畜胚胎移植技术》,2004。

任务八 羊的繁殖力评定

【任务实施过程】

【案例】 某山羊场,有适配母羊 510 只。其中 263 只第 1 次发情配种受胎,154 只第 2 次发情配种受胎,57 只第 5 次发情配种受胎,其他一直没有受胎。在配种 120d 之前发现有 11 只母羊流产。在第二年春天,有 476 只母羊产羔,其中 387 只母羊产单羔,89 只母羊产双羔。到本年底,有 14 只羔羊出现死亡。试计算该羊场母羊的情期受胎率、第 1 次受精情期受胎率、总受胎率、受胎指数、流产率、产羔率、双羔率、繁殖成活率。

1. 情期受胎率

表示妊娠母羊只数与配种情期数的比率。即

情期受胎率 = 妊娠母羊只数/配种情期数 × 100%

$$= (263 + 154 + 57)/[510 + (510 - 263) + (510 - 263 - 154)] \times 100\%$$

$$= 55.76\%$$

2. 第一次受精情期受胎率

表示第一次配种就受胎的母羊数占第一情期配种母羊总数的百分率。即

第一次受精情期受胎率 = 第一次情期受胎母羊只数/第一次情期配种母羊总数 × 100%

$$= 263/510 \times 100\%$$

$$= 51.57\%$$

3. 总受胎率

年内妊娠母羊只数占配种母羊只数的百分率。即

总受胎率 = 一年受胎母羊只数/年配种母羊只数 × 100%

$$= (263 + 154 + 57)/510 \times 100\%$$

$$= 92.94\%$$

4. 受胎指数

是指每次受胎所需的配种次数。即

受胎指数 = 配种总次数/受胎只数 × 100% = [510 + (510 - 263) + (510 - 263 - 154)]/

$$(263 + 154 + 57) \times 100\%$$

$$= 179\%$$

5. 流产率

是指流产的母羊只数占受胎的母羊只数的百分率。即

流产率 = 流产母羊数/受胎母羊头数 × 100%

$$= 11/(263 + 154 + 57) \times 100\%$$

$$= 2.32\%$$

6. 产羔率

指产活羔羊数与参加配种母羊数的比率。即

$$产羔率 = 产活羔羊数/参加配种母羊数 \times 100\%$$
$$= (387 + 89 \times 2)/510 \times 100\%$$
$$= 110.78\%$$

7. 双羔率

产双羔的母羊数占产羔母羊数的百分率。即

$$双羔率 = 产双羔母羊数/产羔母羊总数 \times 100\%$$
$$= 89/476 \times 100\%$$
$$= 18.70\%$$

8. 繁殖成活率

分断奶成活率和繁殖成活率两种。

$$繁殖成活率 = 年内成活羔羊数/产活羔数 \times 100\%$$
$$= (387 + 89 \times 2 - 14)/(387 + 89 \times 2) \times 100\%$$
$$= 97.52\%$$

思考与练习

根据羊场相关记录,计算该羊场情期受胎率、总受胎率、产羔率、双羔率和繁殖成活率等指标。

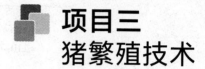

项目三
猪繁殖技术

【学习内容】

1.母猪发情鉴定与控制。

2.种公猪调教及采精。

3.种公猪精液的处理。

4.母猪人工授精技术。

5.母猪妊娠诊断、分娩与助产。

6.种猪繁殖障碍防治。

【学习目标】

1.能运用外部观察法、压背反射法对猪进行发情鉴定。

2.学会利用激素等方法对猪进行有效的繁殖控制。

3.学会调教种公猪并进行采精。

4.学会对精液进行正确检查和处理。

5.学会准确判定母猪的输精时间。

6.学会对母猪进行输精操作。

7.学会利用B超诊断仪、腹部触诊等检查方法对猪的妊娠作出及时、准确的判定。

8.学会对正常分娩的母猪进行接产和对难产进行常规救助。

9.能诊治母猪常见的繁殖障碍疾病。

认知与解读

一、母猪生殖器官

母猪的生殖器官主要由卵巢、生殖道(包括输卵管、子宫、阴道,又称为内生殖器官)和外生殖器官(母畜的交配器官)构成。

1. 卵巢

猪的卵巢形态、体积及位置因年龄、胎次不同而有很大的变化。断奶时仔猪的卵巢为长圆形小扁豆状,而接近初情期时卵巢可达2cm×1.5cm,且表面出现许多小卵泡,形似桑葚。初情期开始后,在发情期的不同时间卵巢上出现卵泡、红体和黄体,突出于卵巢的表面。卵巢的位置随着胎次的增加由岬部逐渐向前方移动。

2. 输卵管

位于输卵管系膜内,是卵子受精和卵子进入子宫的必经通道。它主要由三部分构成:

①漏斗:管道前端接近卵巢,并扩大成为漏斗,其边缘有许多瓣状结构称为输卵管伞,输卵管伞的前部附着在卵巢上。

②壶腹部:是卵子受精的地方,位于管道靠近卵巢端的1/3处,有膨大,沿着壶腹部向输卵管漏斗方向可以找到输卵管腹腔孔,称为壶腹峡接合处。

③宫管峡接合处:沿壶腹部后子宫角方向输卵管变细,后端与子宫角相通。

3. 生殖道

①子宫:母猪为双子宫角型子宫,即子宫角长1~1.5m,子宫体长3~5cm。子宫角长而弯曲,管壁较厚,直径为1.5~3cm。子宫颈较长,10~18cm,内壁上有左右两排相互交错的皱褶,中部较大,靠近子宫内外口的较小,子宫颈后端逐渐过渡为阴道,为没有子宫颈的阴道部。当母猪发情时子宫颈口开放,精液可以直接射入母猪的子宫内,因此,猪称为子宫射精型动物。

②阴道:长约10cm,除有环状肌以外,还有一层薄的纵行肌。

③尿生殖道前庭:是由阴瓣至阴门裂的一段短管,是生殖道和尿道共同的管道,前庭前端底部中线上有尿道外口,从外口至阴唇下角的长度为5~8cm。前庭分布有大量腺体称为前庭大腺,相当于公猪的尿道球腺,是母猪重要的副性腺,其分泌物有润滑阴门的作用,有利于公猪的交配。

二、下丘脑—垂体—性腺的关系

1. 下丘脑

位于前脑的腔区,由多个神经核团构成。这些神经核团可以释放多种释放或抑制激素,其化学结构为多肽类,这些激素包括有生长激素释放激素(GH-RH)、促甲状腺释放激素(TSH-RH)、促肾上腺皮质激素释放激素(ACTH-RH)、促乳素释放激素(P-RH)以及它们的抑制激素或抑制因子,还有促性腺激素释放激素(Gn-RH)。其中与猪繁殖活动有直接关系的有3种:促性腺激素释放激素(Gn-RH)、促乳素释放激素和抑制激素。

促性腺激素释放激素(Gn-RH)主要作用于腺垂体,促使腺垂体释放促卵泡素(FSH)和促黄体素(LH)。促乳素释放激素和抑制激素都是直接作用于腺垂体,共同调节促乳素的释放。此外,在下丘脑存在两个中枢,即紧张中枢和周期中枢,用以调节母猪初情期后性周期的变化。

2. 垂体

位于下丘脑下方,由漏斗柄和下丘脑相连,垂体由两部分组成,即腺垂体和神经垂体。现已知道腺垂体合成和分泌六种激素,分别是生长激素、促甲状腺素、促肾上腺皮质激素、促卵泡素、促黄体素以及促乳素,而神经垂体则储存催产素和加压素。这些激素的化学结构为糖蛋白。在这些激素中与生殖有直接关系的有促卵泡素、促黄体素、促乳素以及催产素。

(1)促卵泡素(FSH) 主要作用于母猪卵巢上的卵泡,促进其生长发育,并与促黄体素协同,促进卵泡的成熟。除此之外,还可以作用于卵泡内膜细胞,使其分泌雌激素。而对公猪来说促卵泡素具有刺激精子发生的作用。促卵泡素能够刺激精细管上皮和精母细胞的发育,并在促黄体素的协同下,使精子的发育完成。

(2)促黄体素(LH) 主要作用于性腺(卵巢或睾丸)。对于母畜而言促黄体素最主要的功能是促进卵泡的成熟和排卵。此外,还具有促进黄体的生成、维持以及促进黄体分泌黄体酮的作用,而当促黄体素作用于公猪睾丸时则具有促进雄激素的分泌及精子成熟的作用。

(3)促乳素 可以作用于性腺和乳腺,作用于乳腺可以促进泌乳,同时对卵巢的黄体具有促进生成和维持的作用,促进黄体分泌黄体酮。此外促乳素也可以刺激睾丸间质细胞分泌产生雄激素,并刺激雄性副性腺的发育。

(4)催产素 是由神经垂体储存并释放的一种激素,在母猪交配或受精时,由于子宫颈受到了机械的刺激,而反射性引起催产素的释放,刺激母猪子宫和输卵管的收缩,促使精子到达受精部位。而在不安或紧张的应激状态下,肾上腺素的释放对催产素的释放有抑制作用,因而可能会引起受胎率的下降。在仔猪出生前的很短时间里,当胎儿开始排出也会刺激母猪子宫,引起催产素的释放,并导致子宫强烈收缩,使胎儿排出。另外,哺乳时仔猪对乳头的吸吮作用也反射性引起催产素的释放,并作用于乳腺肌上皮细胞,使乳汁从乳腺腺泡中排出。在公猪射精时,催产素还可以刺激睾丸腔及附睾平滑肌的收缩,促进精子的排出。由于神经垂体与下丘脑有着丰富的神经联系,神经刺激可直接引起催产素从神经末梢的释放。因此,这种调节是非常迅速,并且很容易得到证实的。

3. 性腺

母猪的性腺是卵巢。卵巢上存在有大量的卵泡,初情期后排卵后的卵泡在促黄体素的作用下形成黄体,并分泌黄体酮,而卵泡内膜细胞可以产生雌激素。此外,卵巢除了可以分泌上述两种类固醇激素外,还可以分泌松弛素和卵巢抑制素,这两种激素都属于肽类激素。

(1)雌激素主要是促进雌性生殖管道及乳腺腺管的发育,促进第二性征的形成,与孕激素协同影响母猪发情行为的表现。

（2）孕激素的主要形式是黄体酮，由黄体细胞在促黄体素作用下分泌的。其主要生理功能由与雌激素协同促进乳腺腺泡的发育，促进母猪发情表现，同时维持妊娠以及促进雌性生殖管道的发育和成熟。

（3）松弛素是在分娩前由卵巢分泌的短肽，主要作用是松弛产道以及有关的肌肉和韧带。

（4）卵巢抑制素是由卵巢分泌的短肽，主要通过对下丘脑的负反馈作用来调节性腺激素在体内的平衡。

综上所述，腺垂体分泌的促性腺激素（包括促卵泡素、促黄体素和促乳素）主要的靶器官是卵巢和睾丸，而性腺在促性腺激素的作用下，可以分泌性腺激素（如雄激素、雌激素和孕激素），它们对生殖道、乳腺及第二性征的形成都有作用。同时性腺激素又调节着下丘脑和垂体的活性，并通过性腺激素对下丘脑的负反馈（有时也有正反馈作用）作用调节释放或抑制激素的释放，从而影响着猪的性行为、争斗行为以及其他的行为构成。这种下丘脑—垂体—性腺之间相互关联又相互制约、调节的关系被称为下丘脑—垂体—性腺轴。

三、母猪性功能的发育阶段

母猪性功能的发育过程是一个发生、发展直至衰老的过程，一般分为初情期、性成熟期、初配适龄和繁殖功能停止期。各阶段的年龄因猪品种、个体、饲养管理及自然环境条件等因素的不同而有所差异。

1. 初情期

初情期是指正常的青年母猪达到第一次发情排卵的月龄。母猪初情期一般为5~8月龄，平均为7月龄，但我国的一些地方品种可以早到3月龄。母猪达初情期已经初步具备了繁殖力，但初情期后的几个发情周期往往时间变化较大，同时母猪身体发育还未成熟，体重约为成年体重的30%，如果此时配种，可能会导致母体负担过重，不仅窝产子少，初生体重低，同时还可能影响母猪今后的繁殖。因此，不应在此时配种。

影响母猪初情期到来的因素有很多，最主要的有两个：一是遗传因素，主要表现在品种上，一般体型较小的品种较体型大的品种到达初情期的年龄早；近交推迟初情期，而杂交则提早初情期。二是管理方式，如果一群母猪在接近初情期与一头性成熟的公猪接触，则可以使初情期提早。此外，营养状况、舍饲、畜群大小和季节都对初情期有影响。例如，一般春季和夏季比秋季或冬季母猪初情期来得早。我国地方品种的初情普遍早于引进品种，因此，在管理上要有所区别。

2. 性成熟期

初情期后，促性腺激素分泌水平进一步提高，其周期性释放的幅度和频率都增加，足以使生殖器官及生殖功能达到成熟阶段，生殖器官发育完全，具有协调的生殖内分泌，排出能受精的卵母细胞以及有规律的发情周期，具有繁衍后代的能力，这个年龄阶段就称为性成熟。母猪的性成熟一般为 5 ~ 8 月龄,但此时母猪身体生长发育尚未完成,不宜配种,以免影响母猪的继续生长发育和胎儿的初生体重。这一时期体重约占成年体重的 50%。

3. 初配适龄

是指母猪第一次进行配种利用的适宜年龄,初配适龄应根据其具体生长发育情况、年龄和体重等确定。即体重达成年体重 70% 左右时可以开始配种,此时早已达到性成熟,即使妊娠也不会影响母体和胎儿的发育,母猪的初配适龄一般为 8 ~ 12 月龄。

4. 繁殖功能停止期

母猪繁殖功能停止的年龄,称为繁殖功能停止期。该期的长短与动物的种类及其寿命有关。另外,同种动物内品种、饲养管理水平以及动物本身的健康状况等因素对繁殖功能停止期均有影响。母猪繁殖功能停止期一般为 10 ~ 15 岁。但在实际生产实践中,即使遗传性能非常好的品种,当猪的生产力开始下降、无经济效益时,应尽早淘汰,减少经济损失。

四、母猪的发情周期及其特点

1. 母猪发情周期

母猪初情期后,卵巢出现周期性的卵泡发育和排卵,并伴随着生殖器官及整个机体发生一系列周期性生理变化,这种变化周而复始(妊娠期间除外),一直到性功能停止活动的年龄为止,这种周期性的性活动称为发情周期。发情周期的计算,一般是指从一次发情开始到下一次发情开始的间隔时间,猪的发情周期平均为 21d。

发情周期的划分是根据机体发生的一系列生理变化,一般多采用四期分法和二期分法来划分发情周期阶段。四期分法是根据母猪的性欲表现以及生殖器官变化来划分的,将发情周期分为发情前期、发情期、发情后期和间情期四个阶段。二期分法是依据卵巢的组织学变化以及有无卵泡发育和黄体存在为依据来划分的,把发情周期分为卵泡期和黄体期。

(1)四期分法

①发情前期:是卵泡发育的准备期。卵巢中上一个发情周期所形成的黄体进一步退化或萎缩,新的卵泡开始发育,雌激素开始分泌,使整个生殖道血液供应量开始增加,引起毛细血管扩张伸展,渗透性逐渐增强,阴道和阴门黏膜有轻度充血、肿胀;子宫颈略为松弛,子宫腺体略有生长,腺体分泌活动逐渐增加。分泌少量稀薄黏液,阴道黏膜上皮细胞增生,但无性欲表现。

②发情期:是母猪性欲达到高潮的时期。此期特征是:愿意接受公猪交配,卵巢上的卵泡迅速发育,雌激素分泌增多,强烈刺激生殖道,使阴道及阴门黏膜充血肿胀明显,子宫黏膜显著增生,子宫颈充血,子宫颈口开张,子宫肌层蠕动加强,腺

体分泌增多,有大量透明稀薄黏液排出。多数在发情期的末期排卵。

③发情后期:是母猪排卵后黄体开始形成时期。此期特征是:动物由性欲激动逐渐转入安静状态,卵泡破裂排卵后雌激素分泌显著减少,黄体开始形成并分泌黄体酮作用于生殖道,使充血肿胀逐渐消退;子宫肌层蠕动减弱,腺体活动减少,黏液量少而稠,子宫颈管逐渐封闭,子宫内膜逐渐增厚,阴道黏膜增生的上皮细胞脱落。

④间情期:又称休情期,是黄体活动时期。此期特征是:母猪性欲已完全停止,精神状态恢复正常。间情期的前期,黄体继续发育增大,分泌大量黄体酮作用子宫,使子宫黏膜增厚,子宫腺体高度发育并增生,分泌作用加强,其作用是产生子宫乳提供胚胎发育营养。如果卵子受精,黄体继续生长发育成为妊娠黄体,母猪不再发情。如未孕则进入间情期,在间情期后,增厚的子宫内膜回缩,腺体缩小,腺体分泌活动停止,黄体也逐渐萎缩退化,卵巢有新的卵泡开始发育,又进入到下一个发情周期的前期。

(2)二期分法

①卵泡期:是指黄体进一步退化,卵泡开始发育至排卵的时期。卵泡期包括了发情前期和发情期两个阶段。

②黄体期:是指从卵泡破裂排卵后形成黄体,直至黄体萎缩退化为止。黄体期包括了发情后期和间情期两个阶段。

2.母猪发情周期特点

在正常情况下,母猪全年都有发情周期循环,无明显发情季节,但在严寒和酷暑季节,或饲养管理不良时,会暂时不出现发情。

(1)发情周期 平均为21d(17~24d)。发情周期的长短在不同年龄和不同品种间差异不大。

(2)产后发情 产后第一次出现发情时间与哺乳有关,一般在哺乳期不发情,通常在断奶后5~7d便开始发情。如果在哺乳期间任何时候停止哺乳仔猪,则在4~10d便可发情。据报道,约有20%~60%的母猪在产后3~6d出现第一次发情,但持续期比断奶后发情约短2/3,多不排卵,且不易发现。

(3)发情期 一般为2~3d,品种、年龄、胎次对发情期有一定影响。成年母猪发情持续期比青年母猪长;断奶后第一次发情持续期比以后出现的发情期长;夏季较冬季长。排卵发生在发情开始后20~36h,从排第一个卵子到最后一个卵子的间隔时间约4~8h。每次排卵数目依品种和胎次不同而有差异,一般为10~25个,胎次较多者排卵数也较多,5~7胎的排卵率最高,以后逐渐下降。

五、母猪的排卵机制及排卵时间

1.排卵机制

母猪的排卵机制目前比较清楚,成熟的卵泡不是依靠卵泡的内压增大、崩解排出卵母细胞的,而是首先降低卵泡内压,在排卵前1~2h,卵泡膜被软化变松弛,这主要是由于卵泡膜中酶发生变化,引起靠近卵泡顶部细胞层的溶解,同时使卵泡膜上的平滑肌的活性降低,这样就保证了卵泡液流出并排除卵子时,卵泡腔中的液体没有全部被排空。而这一系列的排卵过程是由于卵泡中的雌激素对下丘脑产生的正反馈作用引起 GnRH 释放增加,刺激腺垂体释放 LH 的排卵峰,FSH 和 LH 与卵泡膜上的受体结合而引起的。此外,子宫分泌的前列腺素也对卵泡的排卵有刺激作用。

2. 排卵时间

母猪雌激素的水平不仅代表了卵泡的成熟性,而且也通过下丘脑来调节发情行为与排卵的时间。排卵前所出现的 LH 峰不仅与发情表现密切相关,而且与排卵时间有关。一般 LH 峰出现后 40～42h 出现排卵。由于母猪是多胎动物,在一次发情中多次排卵,因此排卵最多时是出现在母猪开始接受公猪交配后约 30～36h,如果从开始发情(即外阴部红肿)算起,约在发情 38～40h 之后。

母猪的排卵数与品种有密切关系,一般在 10～25 枚。我国的太湖猪是世界著名的多胎品种,平均窝产仔为 15 头,如果按排卵成活率为 60% 计算,则每次发情排卵在 25 枚以上,而一般引进品种的窝产仔在 9～12 头。排卵数不仅与品种有关,而且还受胎次、营养状况、环境因素及产后哺乳时间长短等影响。据报道,从初情期起,头 7 个情期,每个情期大约可以提高一个排卵数,营养状况好有利于增加排卵数,产后哺乳期适当且产后第一次配种时间长也有利于增加排卵数。

任务一　猪的发情鉴定技术

【任务实施动物及材料】　母猪、试情公猪、脸盆、毛巾、消毒液等。
【任务实施步骤】

一、外部观察法

1. 准备工作

将母猪放入圈舍或运动场中,让其自由活动。

2. 检查方法

在早晨母猪喂料后半小时进行发情检查,此阶段母猪比较安静。观察母猪阴门肿胀程度和黏液分泌情况。

3. 检查结果

检查一般选在早晨进行,特别是喂料后半小时对母猪进行发情检查最理想,此时母猪较安静,发情现象容易观察。母猪发情时精神兴奋、食欲减退、有时鸣叫。发情前期,对公猪或外圈任何猪的出现,都表现出注意或警惕,常追逐同圈猪,企图爬跨。常越圈寻找公猪,对于公猪的逗情,甚至闻到公猪的气味或听到公猪的叫声,立即表现静立,僵直不动,两耳频频扇动。

外阴红肿,阴门处有黏液流出。阴道黏液由黏稠变稀薄,手拉成细丝。在发情旺期,阴门肿胀更加明显,并渐渐趋向高峰,阴道湿润。到发情后期,阴门肿胀减退,皱纹又出现,变为暗紫色,阴门较干,这是配种适期。之后阴门肿胀更加减退,呈淡红色。

二、压背反射法(静立反应)

1. 准备工作

将母猪放入圈舍中。

2. 检查方法

检查人员用双手按压母猪背部,观察母猪的反应。

3. 检查结果

用手按压发情母猪的后背或骑在母猪背上,母猪表现静立不动并用力支撑,或有向后坐的反应,并且尾巴上翘露出阴门,这说明母猪已经到了发情盛期。公猪在场时进行压背,母猪的发情现象更加明显,发情时间更长(见图3-1)。一般上午发现静立反射的母猪,下午应第一次输精,第二天下午再第二次输精;下午发现静立反射的母猪,第二天上午输精一次,第三天上午再进行第二次输精。两次输精时间间隔至少8h。

图3-1 猪压背检查方法示意图

4. 注意事项

猪的发情现象较为明显,在生产中多采用外部观察法鉴定母猪发情,但对于个别母猪出现安静发情或孕后发情等,无法依靠外部观察法准确鉴定时,应采用多种方法综合鉴定。

除以上方法外,在实践中,人们总结出了"一看、二听、三算、四按背、五综合"的母猪发情鉴定方法。即:一看外阴变化、行为表现、采食情况;二听母猪的哼鸣声;三算发情周期和持续期;四做压背试验;五进行综合分析。当阴户端几乎没有黏液,颜色接近正常,黏膜由红色变为粉红色,出现"静立反应"时,为输精适时期。

1. 母猪发情时的外部变化有哪些?

2. 对母猪实施压背反射操作。

任务二　猪的发情控制技术

【任务实施动物及材料】　氯前列烯醇、75%酒精、紫外线灯、温水、PMSG、HCG、催产素注射器等。

【任务实施步骤】

一、同期发情

同期发情的方法主要有同期断奶、饲喂新型黄体酮类似物、乙基去甲睾酮。

1. 同期断奶

对于正在哺乳的母猪来说,同期断奶是母猪同期发情通常采用的有效方法。一般断奶后1周内绝大多数母猪可以发情,如果断奶的同时使用PMSG,效果更佳。

2. 饲喂新型黄体酮类似物

这种物质为[allyI + renbolone(RU – 2267)],每天给母猪饲喂20~40mg,共18d,处理后4~6d出现发情,繁殖力正常,而且不会出现卵巢囊肿。虽然药的开支较大,但适合于集约化程度很高的养猪场,采用这种方法不仅有利于生产管理和安排生产,而且也可以减少人员劳动强度,后备母猪和经产母猪都可以使用。

3. 乙基去甲睾酮

皮下埋植500mg乙基去甲睾酮20d;或每日注射30mg,持续18d,停药后2~7d内发情率可达80%以上,受胎率达60%~70%。

应该说明,猪对外源激素的反应与牛、绵羊和山羊等畜种稍有不同,通常对牛、羊有效的孕激素对猪基本上无效,还会引起高比率的卵巢囊肿,影响母猪以后的繁殖性能。而溶解牛、羊黄体效果很好的前列腺素,对于有性周期的青年母猪或成年母猪的使用价值不大,因为只有在发情周期的12~15d处理,黄体才能退化,所以不能用于同期发情。

二、诱导发情

诱导发情的方法主要有早期断奶、PMSG治疗、公猪刺激。

1. 早期断奶

哺乳期由于激素的作用,母猪一般处于乏情期,一旦仔猪断奶,母猪大约在一周左右出现发情。现存养猪业有缩短母猪哺乳期的趋势,一般水平的种猪场,猪在20～21d断奶,高水平的猪场现已将断奶时间缩短至14d。

2. PMSG治疗

对于后备母猪情期延迟,可采用PMSG 400～600 IU肌肉注射,以诱导发情和排卵;经产猪断奶后不发情也可肌肉注射PMSG 1000～1500IU 1～2次,隔日或连续2d。3～4d后再肌肉注射HCG 500IU效果更佳。

3. 公猪刺激

让乏情母猪养在邻近公猪的栏中,或让成年公猪在乏情母猪栏里追逐10～20min,让公、母猪有直接的身体接触,通过这样的生物手段可以促使母猪发情。

三、诱发分娩

诱发分娩的方法主要有以下几种。

1. 单独使用前列腺素及其类似物

目前简便易行的方法是在母猪妊娠110d后,一次性肌肉注射氯前列烯醇,剂量为0.05～0.20mg/头,可使母猪在药物注射后24h左右集中产仔,产程缩短。由于母猪通常在注射后24h左右发动分娩,所以利用该方法可以有效地控制母猪在白天分娩。由于母猪所产死胎中,部分是因妊娠期及产程延长所引起的,通过利用该技术则可合理缩短妊娠期及产程,从而降低死胎率,提高产活仔数。

2. 氯前列烯醇与催产素或孕激素配合使用

在妊娠110～113d注射氯前列烯醇0.10mg/头,次日再注射催产素10 IU/头,可于注射催产素后数小时分娩。注射催产素后产仔时间平均为(2.94±1.67)h,氯前列烯醇处理后30h内分娩率为90%,单用氯前列烯醇处理后25～30h内分娩率为80%,配合使用使分娩更加集中。

在预计分娩前数日,先注射3d黄体酮,每天100mg/头,第四天再注射氯前列烯醇0.2mg/头,也能使分娩时间控制在较小范围内,分娩平均时间在氯前列烯醇处理后24h。

3. 单独使用催产素

单独使用催产素也可诱发母猪分娩,但会出现母猪产程延长或产出1～2头仔猪后分娩停止等不良效果。

四、同期分娩

将诱发分娩技术应用于大群配种时间相近的妊娠母猪,使其在较小的时间范围内分娩,即为同期分娩。可采取下列方法:

(1)妊娠112d,肌肉注射氯前列烯醇175μg,多数母猪在30h内分娩。

（2）肌肉注射 $PGF_{2\alpha}$，平均为 16mg，效果较好。

（3）肌肉注射国产合成品 15 - 甲基 $PGF_{2\alpha}$ 25 ~ 10mg 也有类似效果。

（4）更严格地控制分娩时间，在妊娠 112d 注射氯前列烯醇，次日注射催产素 50IU，数小时后即可分娩。

制订同期发情方案并实施。

一、公猪生殖生理

（一）公猪的生殖器官

公猪的生殖器官包括：①性腺，即睾丸，位于阴囊腔内；②副性腺，包括输精管壶腹、精囊腺、前列腺、尿道球腺，其作用主要是产生精液；③输出管，包括睾丸输出小管、附睾管、输精管、尿生殖道；④交配器官，即阴茎，其前端位于包皮腔内。

1. 睾丸

睾丸的功能是产生精子和雄激素。睾丸的包膜由一层固有鞘膜和它下面的致密白膜构成，二者紧密粘在一起。白膜向睾丸内分出小梁，将睾丸分为许多外粗内细的锥体状小室，并在睾丸纵轴上汇合成一个纵隔，每个小室内有曲细精管 2 ~ 5 条，它们之间存在有间质细胞，主要产生雄激素。每一小室的曲细精管先汇合成直精细管，然后汇合成睾丸网，从睾丸网分出 6 ~ 23 条睾丸输出小管，构成附睾头的一部分。

2. 阴囊

是维持精子正常生成的温度调节器官。阴囊由外向内由皮肤、睾外提肌、筋膜及壁层鞘膜构成，并由一纵隔分成两腔，两个睾丸分别位于鞘膜腔内。

3. 附睾

是睾丸的输出管，同时也是精子成熟发育和储存的地方。附睾分为附睾头、体、尾三部分，附睾主要由睾丸输出小管构成，小管会合成的附睾管构成附睾体和附睾尾；附睾管上皮为假复层柱状细胞，表面有纤毛。附睾头及附睾体具有吸收液体的作用，而尾部则无此作用。附睾管由附睾尾过渡为输精管，精子在附睾管内的酸性环境（pH6.2 ~ 6.8），缺少果糖，所以精子不活动，消耗的能量很少。精子通过附睾管时主要是借助附睾管肌的蠕动和上皮细胞纤毛的摆动，公猪精子通过附睾管至附睾尾的时间一般为 10d。在这段时间精液不仅在附睾中被脱水、浓缩和储藏,而且只有通过此过程才能最后发育成熟。精子成熟最显著的外观标志是尾部含有残存的原生质滴消失及精子表面各结构的变化,如头部变小、变硬,而且顶体更接近于核。

公猪每一次射精并不是将全部精子排出,但若配种过勤,会导致精液中不成熟精子的比例升高;但若久不配种,则精子老化、死亡、分解并被吸收。

4. 输精管壶腹

公猪的输精管壶腹很不发达,壶腹末端和同侧精囊腺的排除管开口于尿道起始部背侧壁的精阜上。

5. 精囊腺

位于输精管壶腹外侧,表面呈分叶的腺体状,由于公猪的精囊腺和尿道球腺都很发达,所以公猪的射精量较大。据统计,精液体积中有 2%～5% 来自睾丸和附睾,有 55%～75% 来自前列腺,有 12%～20% 来自精囊腺,10%～25% 来自尿道球腺。公猪的一次射精量为 150～300mL。

6. 前列腺

是分支管泡状腺,分为体部和扩散部,体部位于尿道内口之上,而扩散部包在尿道海绵体骨盆部周围,前列腺分泌稀薄、淡白色、稍具腥味的弱碱性液体,可以中和进入尿道中酸性液体,改变精子的休眠状态,使其活力加强。

7. 尿道球腺

由分支管泡状腺构成,位于尿道骨盆部末端两边,位于精囊腺之后,分泌黏稠胶状物,呈淡白色。

8. 阴茎

为纤维型,较细,海绵体不发达,不勃起时也是硬的,呈 S 状弯曲,勃起时伸直。阴茎前端呈螺旋状,勃起时尤其显著,阴茎头不明显,没有尿道突。在不交配时,一般阴茎保持于包皮内。

9. 包皮

包皮腔前端背侧有一圆孔,向上与包皮盲囊相通,囊中常带有刺激性气味的分泌物。

10. 雄性尿生殖道

是尿液和精液共同经过的管道。输精管、精囊腺、前列腺及尿道球腺均开口于尿道骨盆部。

(二)公猪性功能发育阶段

1. 初情期

公猪射精后,其射出的精液中活率达 10%、有效精子数为 5000 万个时的年龄称为初情期。值得注意的是这个概念不能理解为公猪的第一次射精,而初情期往往晚于第一次射精的年龄。公猪的初情期略晚于母猪,一般为 6～7 月龄。

影响公猪初情期的因素很多,如遗传、营养及环境因素等,其影响规律与母猪的初情期基本相似。

2. 公猪的适配年龄

公猪的适配年龄不像母猪那样容易确定,由于品种及个体上的差异,公猪的适配年龄,不能简单地根据年龄来推算,更重要的是应该根据精液品质来确定,只有精液品质达到了交配或输精的要求,才能确定其初配适龄。资料表明,公猪 7～12 月龄时,精液体积和精子数目都有很大的提高,但小于 9 月时精液品质较差,而公猪在 2～3 岁时精液的品质最好。由此看来,公猪的适配年龄至少不小于 9 月龄,由于我国地方品种具有早熟的特点,则适配年龄可以适当提前,但在开始使用时应注意不要强度过大。

公猪精液数量和品质受很多因素的影响,如品种、年龄、气候、采精方法、营养、体况及采精或交配频率等。交配或采精频率高,则精液量下降,未成熟精子的比率上升,精液品质下降。高温季节公猪的精液量及品质下降较寒冷季节快,说明公猪对高温更敏感。

二、猪人工授精技术

(一)人工授精概述

1. 人工授精概念

人工授精是利用器械采集公猪的精液,经过品质检查、稀释、保存等适当的处理后,再用器械把精液按一定剂量输入到发情母猪子宫体或子宫角内,从而使其受胎的一种代替公母猪直接交配的配种方法。

2. 人工授精的优越性

由于猪具有很高的繁殖力,因此,猪人工授精与单胎动物,如牛相比优越性并不突出,直到 1948 年才有人首先报道利用新鲜猪精液进行人工授精应用技术。随着猪人工授精技术的研究与发展,目前猪的人工授精技术较牛的人工授精技术简单。虽然猪精液冷冻还没有取得很理想的效果,但常温保存已相当成功,猪精液常温保存 3～4d,甚至 7～8d,受胎率仍然较高。这些都为人工授精的推广提供了技术保障,此外,现代化饲养规模的日益扩大也为人工授精提供了可能。

(1)提高优良公猪的利用率,促进品种改良和提高商品猪质量及其整齐度 在自然交配的情况下,一头公猪 1 年负担 25～30 头母猪的配种任务,繁殖仔猪 600～800 头;而采用人工授精技术,一头公猪可负担 300～500 头母猪的配种任务,繁殖仔猪 1 万头以上。对于优良的公猪,可通过人工授精技术,将它们的优质基因迅速推广,促进种猪的品种品系改良和商品猪生产性能的提高。同时,可将差的公猪淘汰,留优汰劣,减少公猪的饲养量,从而减少养猪成本,达到提高效益的目的。

(2)克服体格大小的差别,充分利用杂种优势 在自然交配的情况下,一头大的公猪很难与一头小的母猪配种,反之亦然。根据猪的喜好性,相互不喜欢的公、母猪也很难进行配种,这样,对于优秀公猪的保种(要指定配种)和种猪品质的改良,都将造成一定的困难,对于市场来说,利用杂种优势,培育肥育性能好、瘦肉率高、体型优秀的商品猪,特别是出口猪,也将会造成一定的困难。而利用人工授精技术,只要母猪发情稳定,就可以克服上述困难,根据需要进行适时配种,有利于优质种猪的保种和杂种优势充分发挥。

(3)减少疾病的传播　进行人工授精的公、母猪,一般都是经过检查为健康的个体,只要严格按照操作规程配种,减少采精和精液处理过程中的污染,就可以减少部分疾病特别是生殖道疾病(不能通过精液传播的疾病)的传播,从而提高母猪的受胎率和产仔数。但部分通过精液传播的疾病,如感染口蹄疫、非洲猪瘟、猪水疱病等,还没表现出症状的公猪和携带伪狂犬病毒、猪细小病毒的公猪,采用人工授精时,均可发生感染。故对进行人工授精的公猪,应进行必要的疾病检测。

(4)克服时间和区域的差异,适时配种　自然交配时,由于母猪发情但没有公猪可利用,或需进行品种改良但引进公猪又较困难的现象时时阻碍着养猪产业的发展。采用人工授精,则可将公猪精液进行处理保存一定时间,随时给发情母猪输精配种,可以不引进公猪而购买精液(或冻精),携带方便,经济实惠,并能做到保证质量和适时配种,从而促进养猪业社会效益和经济效益的提高。

(5)节省人力、物力、财力,提高经济效益　人工授精和自然交配相比,饲养公猪数量相对减少,节省了部分的人工、饲料、栏舍及资金,即使重新建立一座合适的公猪站,但总的经济效益仍是提高的;若单纯买猪精液(或冻精),将会创造出更多的经济效益。

人工授精的缺点:如果猪场本身生产水平不高,技术不过关,使用人工授精很可能会造成母猪子宫炎增多、受胎率低和产仔数少的情况。建议让技术人员先学技术,后进行小规模人工授精试验,或采取自然交配与人工授精相结合的方式,随着生产水平和技术的不断提高,再进行推广。

(二)人工授精技术操作程序

1.公猪的调教及采精

(1)公猪的调教　瘦肉型种猪一般在7月龄的时候开始训练采精。①观摩法:将小公猪赶至待采精栏,让其旁观成年公猪交配或采精,激发小公猪性冲动,经旁观2~3次大公猪和母猪交配后,再让其试爬假台畜进行试采。②发情母猪引诱法:选择发情旺盛、发情明显的经产母猪,让小公猪爬跨,等小公猪阴茎伸出后用手握住螺旋阴茎头,有节奏的刺激阴茎螺旋体部可进行试采。③外激素或类外激素喷洒假母猪台畜:用发情母猪的尿液,大公猪的精液,包皮冲洗液喷涂在假母台畜背部和后躯,引诱新公猪接近假台畜,让其爬跨假台畜。对于后备公猪,每次调教时间一般不超过15~20min,每天可训练1次,一周最好不要少于3次,直至爬跨成功。

(2)公猪的采精　经训练调教后的公猪,一般一周采精一次,12月龄后,每周可增加到 2 次,成年后 2 ~ 3 次。采精过于频繁的公猪,精液品质差,密度小,精子活力低,母猪配种受胎率低,产仔数少,公猪利用年限短;经常不采精的公猪,精子在附睾储存时间过长,精子会死亡,精子活力差,不利于配种。采精用的公猪的使用年限为 2 ~ 3 年。

（3）采精方法

①假阴道采精法:制造一个类似于假阴道的工具,利用假阴道的压力、温度、湿润度与母猪阴道类似的原理,诱使公猪射精而获得精液。此方法只能采集部分精液,要求设备多,清洗费时费力,现在采用较少。

②徒手采精法（常用）:根据自然交配的原理而总结的一种简单、方便、可行的办法。这种方法的优点主要是可将公猪射精的前段和中段较稀的精清部分弃掉,根据需要取得精液,缺点是公猪的阴茎刚伸出和抽动时,容易造成阴茎碰到母猪台而损伤龟头或擦伤阴茎表皮,以及未保持清洁而易污染精液。使用这种方法,所需设备不需特制,操作简便。

2. 精液品质检查

精液品质检查的目的:①鉴定精液品质的优劣,确定精液是否可以利用;②根据检查结果,了解公猪的营养水平和生殖器官的健康状况;③了解公猪的饲养管理和繁殖管理对公猪的影响;④反映采精技术水平和操作质量;⑤依据检查结果,确定期稀释倍数、保存和运输的预期效果;⑥通过检查了解外界环境对公猪精液品质的影响等。精子是对外界环境最灵敏的指示剂。轻微的毒物、毒性对人和动物体的反映还不明显的时候,精液品质早已有了显著的变化。

检查精液品质时要对精液进行编号,将采得的精液迅速放置于 30℃ 的温水中,防止低温打击。检查要迅速、准确,取样要有代表性。

（1）精液外观性状检查

①采精量:采精后即可测出精液量的多少。猪的精液应经 4 ~ 6 层消毒纱布或离心处理,除去胶胨物质后再读数。公猪的一般射精量为 150 ~ 300mL,如发现精液有异常,应查明原因,及时调整或治疗。

②颜色:猪精液为淡乳白色或灰白色,颜色异常属不正常现象。若精液颜色呈红色说明混有鲜血;精液呈褐色很有可能混有陈血;精液呈淡黄色则可能混有浓汁或尿液。颜色异常的精液应废弃,立即停止采精,查明原因及时治疗。

③气味:正常公猪的精液略带特殊腥味,如混有尿液会有尿味,如保存时间长且保存方法不当则精液会腐败变臭,有异味的精液不能用来输精,应及时淘汰。

④云雾状:精子密度大的精液,放在玻璃容器中观察,精液呈上下翻滚状态,像云雾一样,称为云雾状。这是精子运动活跃的表现,猪的浓份精液有较明显的云雾状。

（2）精子活力检查　精子活力又称为活率,是指精液中作直线运动的精子占整个精子数的百分比。活力是精液检查的重要指标之一,在采精后、稀释前后、保存和运输后、输精前都要进行检查。

①检查方法:检查精子活力需借助显微镜,放大200~400倍,把精液样品放在镜下观察。

a.平板压片:取一滴精液于载玻片上,盖上盖玻片,放在镜下观察。此法简单、操作方便,但精液易干燥,检查应迅速。

b.悬滴法:取一滴精液于盖玻片上,迅速翻转使精液形成悬滴,置于有凹玻片的凹窝内,即制成悬滴玻片。此法精液较厚,检查结果可能偏高。

②评定:评定精子活力多采用"十级一分制",如果精液中有80%的精子作直线运动,精子活力计为0.8;如果精液中有50%的精子作直线运动,精子活力计为0.5,以此类推。评定精子活力的准确性与经验有关,检查时要多看几个视野,取平均值。猪的浓份精液精子密度较大,为方便观察,可用等渗溶液,如生理盐水等稀释后再检查。温度对精子活力影响较大,为使评定结果准确,要求检查温度在37℃左右,需用有恒温装置的显微镜。

(3)精子密度检查 精子的密度是指单位体积(1mL)精液中所含的总精子数。精子密度大,稀释倍数高,进而增加可配母畜数,是评定精液品质的重要指标。

①估测法:实际生产中通常结合精子活力检查来估测浓度,根据显微镜下精子的密集程度,把精子的密度大致分为稠密、中等、稀薄三个等级。

a.稠密:在整个视野中精子密度很大,彼此之间空隙很小,看不清各个精子的活动情况。每毫升精液含精子数约在10亿个以上。

b.中等:精子之间的空隙明显,精子彼此之间的距离约有一个精子长度,有些精子的活动情况可以清楚地看到。每毫升精液含精子数在2亿~10亿个以上;

c.稀薄:精子分散于视野内,精子之间的空隙超过一个精子的长度,每毫升精液含精子数约在2亿个以下。这种方法能大致估计精子的密度,主观性强,误差较大。

②血细胞计数法:用血细胞计数法对公猪的精液进行检查,可较准确地测定精子密度。基本操作步骤如下。

a.在显微镜下找出红细胞计数板上的计数室:计数室的高度为0.1mm,为正方形,边长为1mm,由25个中方格组成,每一中方格分为16个小方格。寻找方格时,先用低倍镜看到整个格的全貌,然后再用高倍镜进行计数。

b.稀释精液:用3%的NaCl液对精液进行稀释,同时杀死精子,便于精子数目的观察,猪的精液用白细胞吸管(10倍或20倍)稀释,抽吸后充分混合均匀,弃去管尖端的精液2~3滴,把一小滴精液充入计数室。

c.镜检:把计数室置于400倍镜下对精子进行计数。在25个中方格中选取有代表性的5个(四角和中央)计数,按公式进行计算。即

1mL原精液中的有效精子数 = 5个中方格的精子数×5(等于25个中方格的精子数)×10(等于1mm³内的精子数)×1000(1mL稀释后的精子数)×稀释

倍数。

为保证检查结果的准确性,在操作时要注意:滴入计数室的精液不能太多,否则会使计数室高度增加。检查方格内的精子时,要以精子头部为准,为避免重复和漏掉,对于头部压线的精子采用"上计下不计,左计右不计"的方法。为了减少误差,应连续检查2次,求其平均值。如2次误差在10%以上,要求做第3次。

③光电比色法:普遍用于对牛、羊、猪的精子密度测定。此法快速、准确、操作方便。其原理是根据精液的透光性的强弱,精子密度越大,透光性就越差。

事先将原精液稀释成不同倍数,用血细胞计数法计算精子密度,从而制成精液密度标准管,然后用光电比色测定其透光度,根据透光度求每相差1%透光度的级差精子数,编制成精子密度表备用。测定精液样品时,将精液稀释80~100倍,用光电比色计测定其透光值,查表即可得知精子密度。

(4)精液的其他检查

①精子畸形率的检查:凡属形态和结构不正常的精子通称为畸形精子。正常精液中不可能完全没有畸形精子,但一般不会超过10%~20%,且对受精力影响不大。一般优良品质的猪精液中精子畸形率14%~18%。如果超过畸形率20%以上,则会影响受精力,表示精液品质不良,不宜用作输精。

根据精子的变态部位,精子畸形一般可分为4类:a.头部畸形:如头部巨大、瘦小、细长、圆形、轮廓不明显、皱缩、缺损、双头等;b.颈部畸形:如颈部膨大、纤细、屈折、不全、带有原生质滴、不鲜明、双颈等;c.中段畸形:如中段膨大、纤细、不全、带原生质滴、弯曲、曲折、双体等;d.主段畸形:如主段弯曲、屈折、回旋、短小、长大、缺陷、带原生质滴、双尾等。

检查时,可用少许精液小心操作做成抹片(防止人为损伤精子),用普通染色液(如亚甲蓝)或红、蓝墨水染色3min,水洗干燥后,置于高倍(不低于600倍)显微镜下检查。随机观察检查500个精子(最少不得少于200个),看其中有多少个属于畸形的,即可计算出畸形精子百分率。

②精子顶体异常率的检查:由于精子顶体在受精过程中具有重要作用,因此一般认为只有呈前进运动并顶体完整的精子才可能具有正常的受精能力。事实上在正常的新鲜精液中同样不可避免地存在一些顶体异常的精子,但其比率不高,一般为2.3%,故对受精力影响不大。但是,如果猪精子顶体异常率超过4.3%,就将直接导致受精力下降,这也是目前猪冷冻精液的受胎率明显不及新鲜精液的主要原因之一。由此可见,在精子的形态检查中,顶体异常率的检查具有更加重要的意义,并且它在一定程度上也是检验精液冷冻效果的一项重要方法。

虽然精子在体外遭受低温打击(特别是冷冻方法不当时)是出现顶体异常的重要原因,但是也可能与公猪的生精功能和副性腺分泌物性状异常有关。顶体异常状态有膨胀、缺损、部分或全部脱落等数种。

顶体异常率的常规检查方法是:先如同畸形率检查一样制成抹片,待自然干燥后再在固定液中固定片刻,水洗后经姬姆萨染色 1.5～2h,再水洗干燥后,用树脂封装,置于 1000 倍以上普通生物显微镜下随机观察 500 个精子(不得少于 200个),即可计算出顶体异常率。采用此法时,凡是含有卵黄、甘油成分稀释液的精液抹片,必须先在含有甲醛的柠檬酸盐液中固定,才能染色和镜检,否则无法清晰地观察精子的形态。

3. 精液的稀释

精液稀释是采精及精液品质检查后,向精液中添加适合精子体外存活并保持受精能力的液体。

(1)精液稀释的目的　扩大精液量,增加受配母猪头数;通过向精液中添加营养物质和保护剂可延长精子在体外的存活时间;便于精液保存和运输。

(2)稀释液的成分及作用

①稀释剂:稀释剂主要用以扩大精液容量,要求所选用的药液必须与精液具有相同的渗透压。严格地讲,凡向精液中添加的稀释液都具有扩大精液容量的作用,均属稀释液的范畴,但各种物质添加各有其主要作用,一般指用来单纯扩大精液量的物质有等渗的氯化钠、葡萄糖、蔗糖溶液等。

②营养剂:主要为精子体外代谢提供养分,补充精子消耗的能量。如糖类、奶类、卵黄等。

③保护剂

a. 缓冲物质:精子在体外不断进行代谢,随着代谢产物(乳酸和二氧化碳等)的累积,精液的 pH 值逐渐下降,甚至会发生酸中毒,使精子不可逆地失去活力。因此,有必要向精液中添加一定量的缓冲物质,以平衡酸碱度。常用的缓冲剂有柠檬酸钠、酒石酸钾钠、磷酸二氢钾等。近些年,生产单位采用三羟甲基氨基甲烷(Tris)作为缓冲剂,效果较理想。

b. 降低电解质浓度:副性腺中 Ca^{2+}、Mg^{2+} 等强电解质含量较高,刺激精子代谢和运动加快,在自然繁殖中无疑有助于受精,但这些强电解质又导致精子早衰、精液保存时间缩短。为此,需向精液中加入非电解质或弱电解质,以降低精液电解质的浓度。常用的非电解质和弱电解质有各种糖类、氨基己酸等。

c. 抗冷物质:在精液保存过程中,常进行降温处理,如果温度发生急剧变化,会使精子遭受冷休克而失去活力。发生冷休克的原因是精子内部的缩醛磷脂在低温下冻结而凝固,影响精子正常代谢,出现不可逆的变性死亡。因此,在保存的稀释液中加入抗冷休克物质,使精子免于伤害。常用的抗冷休克物质有卵黄、奶类等,二者合用效果更佳。

d. 抗冻物质:在精液冷冻保存过程中,精液由液态向固态转化,对精子的危害较大,不使用抗冻剂精子冷冻后的复苏率很低。一般常用甘油和二甲基亚砜(DM-SO)作为抗冻剂。

e. 抗菌物质:在采精和精液处理过程中,即使严格遵守操作规程,也难免使精液受到细菌的污染,况且稀释液含各种营养物质较丰富,给细菌繁殖提供了较好条件。细菌过度繁殖不但影响精液品质,输精后也会使母畜生殖道感染,患不孕症。常用的抗菌物质有青霉素、链霉素、氨苯磺胺等。氨苯磺胺不仅可以抑制细菌和微生物的繁殖,也能抑制精子的代谢功能,有利于延长精子的体外生存时间,但在冷冻精液中反而对精子有害,故仅适用于液态精液的保存。近些年来,国内外应用新型抗生素如氯霉素、林可霉素、卡拉霉素、多粘霉素等于精液保存,取得了较好的效果。

④其他添加剂:除上述三种成分以外,另向精液中添加的起某种特殊作用的微量成分都属其他添加剂的范畴。

a. 激素类:向精液中添加催产素、前列腺素 E 等,能促进母畜子宫和输卵管的蠕动,有利于精子的运行,提高受胎率。

b. 维生素类:某些维生素如维生素 B_1、维生素 B_2、维生素 B_{12}、维生素 C、维生素 E 等具有改进精子活力,提高受胎率的作用。

c. 酶类:过氧化氢酶能分解精液中的过氧化氢,提高精子活力。

(3)稀释液种类和配制 稀释液的配制应在实验室进行,精液稀释液配制应在精液稀释前 1h 左右进行,以便使稀释液的温度升高到与精液同温,并使稀释液的成分相互作用达到稳定状态。

①稀释液的种类:根据精液保存时间要求和保存的温度不同,可选用多种稀释液的配方。在生产中,猪的精液一般采用常温保存,保存时间 3 ~ 5d。最广泛使用的稀释液配方为葡萄糖、柠檬酸钠乙二胺四乙酸液(BTS)液,采用葡萄糖、柠檬酸钠、乙二胺四乙酸二钠、抗生素等 7 种成分溶解于水配制而成,稀释后的精液可保存 3 ~ 5d。一些保存时间更长的稀释液配方,除了成本较高外,在受胎率方面也不如短期保存的稀释液。

②水:配制稀释液用的水最好是二次蒸馏水,如使用饮用纯水、单次蒸馏水应经过试验,方可使用。如果认为可用,最好在使用前煮沸消毒。在配制稀释液时,蒸馏水的温度不可超过 40℃,过高的温度会破坏稀释液中的抗生素。

③稀释液的配制过程:以 1000mL BTS 稀释液为例,可用任一方法。

a. 取一个经过清洗干燥消毒的三角瓶,将一袋 BTS 稀释粉(50g)全部加入瓶中,用量筒量取二次蒸馏水 1000mL,加入三角瓶中。盖上盖子或用稀释粉袋套在三角瓶口上,封紧摇动,使稀释粉完全溶解。或放在磁力搅拌器上,搅拌加速溶解。取下盖子,放入 35℃的水浴锅中预温。

稀释液用过后,三角瓶应用蒸馏水冲洗,控干水分,然后将三角瓶、量筒用牛皮纸封口,放入 80 ~ 120℃的消毒柜或干燥箱中烘干。

b. 将两个食品袋相套放入大烧杯或塑料杯中,放在电子秤上,打开电子秤开关,当电子秤上读数为零时,将连接蒸馏水容器的硅胶管放出少量水后,将管口对准杯口注水,并注意读数变化。当接近 1000g 时,应放慢流速,改为滴注,直到

1000g 之后,应将蒸馏水管的龙头套好,防止污染。

在大烧杯中加入一袋稀释粉(50g)。从盛磁珠的小烧杯中取镊子并夹取磁珠,在废液缸上用洗瓶冲洗磁珠 2~3 次,待磁珠上水分滴净后,放入烧杯中,然后将烧杯放在磁力搅拌器上,打开电源开关和加热开关,调整磁珠转速旋钮,使磁珠以适当速度旋转(水体形成涡流),使稀释粉全部溶解后,降低磁珠转速,关闭加热和电源开关。将杯子放入 35℃ 的水浴中预温。

注意:若使用不能控温的加热磁力搅拌器,使用时间不可超过 10min,或及早关闭加热电源;平时磁珠放在一个清洗干燥过的小烧杯中,注入新鲜蒸馏水半杯,镊子为不锈钢材料,也经清洗干燥放入杯中,盖上干净的培养皿,每 3 周应换掉陈水,冲净换上新的蒸馏水。稀释液加入精液中后,应用小烧杯中的镊子将磁珠从大烧杯中夹出,并在废液缸上冲洗磁珠和镊子前端 3~4 遍,待磁珠上水分滴净后,连同镊子放入小烧杯中,盖上培养皿。

由于稀释液是在一次性食品袋中配制的,因此,不需要对配制稀释液的容器进行清洗和消毒,实现了稀释液配制的免消毒。冬季稀释粉溶解较慢,可将稀释粉与水混合后,放入水浴锅中预温 10min,再摇匀,加速稀释粉溶解。使用加热磁力搅拌器时不必在水浴锅中预温。

除大规模人工授精站外,一般不主张自己配制稀释粉,推荐使用商业化稀释粉,产品质量稳定可靠。另外,稀释粉与蒸馏水的混合比例是十分严格的,应按照说明书上的配比进行稀释粉的溶解。

④稀释方法:

a. 稀释要求:采精后原精液应保持在 33~35℃。检查完精液品质后尽快稀释,要求不超过 30min,否则将严重影响精液品质;稀释液与精液要求同温稀释,两者温差不超过 1℃,即稀释液应预热至 33~35℃;稀释时将稀释液约按 1:1 比例缓慢倒入精液中,混匀,30s 后将混合后的精液全部倒入稀释液中混匀,稀释后必须镜检精子活率。

b. 稀释倍数的确定:要求原精液活率大于或等于 0.7,一般按每个输精剂量含 30 亿~60 亿个精子,输精量为 80~90mL,可计算出稀释倍数。例如,某头公猪一次采精量 200mL,活率为 0.8,密度为 4 亿/mL,要求每个输精剂量含 40 亿精子,输精量为 80mL。则总精子数为 200mL × 4 亿/mL = 800 亿,输精头份为 800 亿/40 亿 = 20 个,加入稀释液的量为 20 × 80mL – 200mL = 1400mL。

c. 精液分装:输精剂量:每个输精剂量不应少于 80mL,否则会影响精液的保存时间、与配母猪的受胎率和产仔数。分装:一般按每个输精剂量 80~90mL 进行分装,常用瓶装或袋装。也可大包装保存,用时再分装,分装可用分装机械或手工完成。

4. 精液的保存

(1)保存前处理　稀释后精液从 33~35℃ 缓慢降温至 17℃(1~2h),或用多层毛巾包裹后直接放置 17℃ 冰箱。

（2）保存方法　保存温度一般为 16～18℃，常用 17℃。保存过程中要求每 12h 将精液混匀（旋转瓶体活动）一次，防止因精子沉淀而引起死亡。保存时间根据稀释液的组成不同而定，常用稀释液的精液一般保存不超过 3d。17℃ 冰箱可用普通冰箱改造而成，室温低于 17℃ 时可通过灯泡加热来维持温度，要求有小风扇确保箱内温度均匀，现在也有市售的冰箱，总之，要求温差变化在（17±0.5）℃ 范围内。

5. 输精

输精是人工授精技术的最后一关，输精效果的好坏，关系到母猪情期受胎率和产仔数的高低，而输精管插入母猪生殖道部位的正确与否，则是输精的关键。

任务三　种公猪的调教及采精技术

【任务实施动物及材料】　种公猪、发情母猪、新鲜公猪精液、显微镜、显微镜恒温台、载玻片、盖玻片、温度计、猪常温保存稀释液配方（葡萄糖 50g；柠檬酸钠 3g；乙二胺酸四乙酸二钠 1g；青霉素 0.6g；链霉素 1g；蒸馏水 1000mL）或市场袋装稀释粉、烧杯、水浴锅、定性滤纸、电子秤、精液瓶（猪专用 80mL 或 100mL）、输精器（一次性或可重复使用）等。

【任务实施步骤】

一、种公猪的调教

瘦肉型种猪一般在 7 月龄时开始训练采精，进行种公猪调教的人员，要有足够的耐心，在时间不充足或天气不好的情况下，不要进行调教，因为这时不利于对公猪进行调教。

对于不喜欢爬跨的公猪，要树立信心，多次调教。调教时，应先调教性欲旺盛的公猪。经调教后的公猪，一周内每隔 1d 就要采精 1 次，以加强记忆。以后每周采精 1 次，12 月龄后，每周可增加至 2 次，成年后为 2～3 次。

调教方法主要有观摩法、发情母猪引诱法、外激素或类外激素喷洒假母猪台畜法，可参考本项目认知与解读的内容进行。

二、公猪的采精

1. 采精准备

将聚乙烯袋放进采精用的保温杯中，将袋口打开，环套在保温杯口边缘，并将精液过滤纸或四层消毒纱布罩在杯口上，用橡皮筋套上，置于 37℃ 恒温箱中待用。采精时交给采精室的工作人员；当处理点距采精室较远时，应将保温杯放入泡沫保温箱，然后带到采精室，这样做可以减少低温对精子的刺激。

2. 公猪的准备

采精之前,应将公猪包皮部的积尿挤出,若阴毛太长,则要用剪刀剪短,以利于采精,否则操作时抓住阴毛和阴茎会影响阴茎的勃起。将待采精公猪赶至采精栏,用水冲洗干净公猪全身特别是包皮部位,用0.1%的高锰酸钾溶液清洗其腹部及包皮,再用清水洗净,并用毛巾擦干净包皮部位,避免采精时高锰酸钾残留液滴、清水等滴入精液,导致精子死亡和污染精液,清洗消毒的目的是减少繁殖疾病传播给母猪,减少母猪子宫炎及其他生殖道或尿道疾病的发生,以提高母猪的情期受胎率和产仔数。

3. 采精室的准备

采精前先将假台猪周围清扫干净,特别是公猪副性腺分泌的胶状物,一旦残落地面,公猪走动很容易打滑,易造成公猪扭伤而影响生产。采精栏的安全角应避免放置物品,以利于采精人员因突发事情而转移到安全地方。采精室内避免积水、积尿,不能放置易倒或能发出较大响声的东西,以免影响公猪的射精。

4. 猪的徒手采精技术

徒手采精时,采精员戴上双层医用塑料手套,手套外面不得使用滑石粉,采精员蹲于公猪一侧,待公猪阴茎伸出后即用右手抓住阴茎,握住螺旋头,由轻到重有节奏地紧握龟头螺旋部,并以适度压力,使公猪射精。另一手持集精杯接取公猪精液。由于公猪的射精反应对压力比对湿度更为敏感,只要掌握适当的压力,经过训练的公猪都可以采到精液。假台畜的制作应结实、稳定,高度可以调节,便于公猪爬跨。假台畜用钢木结构时,外面覆盖一厚层弹性泡沫塑料,中间垫一层麻布,外用厚帆布或用剥制熟化后的猪皮。采精场地应平坦、开阔、干净、无噪声。在采精时用录放机播放公猪自然交配时的哼哼声最佳。假台畜后面垫一张1.5m长,1.2m宽的弹性橡胶垫,可防滑,保护公猪四肢,又易用水冲洗消毒。采精时应固定人员,以免更换人员时,由于不良刺激导致采精失败。集精瓶内部垫上一个塑料薄膜袋(可用保鲜膜代替),宜选用600mL容积,能保持37～38℃的双层套杯,中间充40～42℃温水即可保温,由于精子对温度(低温)十分敏感,应防止精液突然降温而引起不可逆的休克。采精后精液温度不得低于35℃。精液由窗口递给实验室人员,称量塑料薄膜袋内的精液重量,可换算成体积、或直接记录精液重量。

思考与练习

采用手握法对公猪实施采精。

任务四　精液品质检查及保存技术

【任务实施动物及材料】 新鲜公猪精液、显微镜、显微镜恒温台、载玻片、盖玻片、温度计、猪常温保存稀释液配方(葡萄糖50g;柠檬酸钠3g;乙二胺酸四乙酸二钠1g;青霉素0.6g;链霉素1g;蒸馏水1000mL)或市场袋装稀释粉、烧杯、水浴锅、定性滤纸、电子秤等。

【任务实施步骤】

一、精液外观性状检查

检查精液品质时要对精液进行编号,将采得的精液迅速放置30℃的温水中,防止低温打击。检查要迅速、准确,取样要有代表性。

1.采精量

一般用电子天平对精液称量,以1g为1mL折算。通常一头公猪的射精量为150~300mL,但范围可在50~500mL,种猪场一般要求公猪每次的采精量为300~500mL。

2.气味

正常、纯净的精液只有略微的腥味。

3.色泽

猪的精液呈浅灰白色到浓乳白色,而公猪刚射出的浓份精液则呈奶油色。

二、检查精子活力、密度、畸形率

生产中要求精液的活力在0.7以上。精子密度大致分为稠密、中等、稀薄三个等级。稠密:每毫升精液含精子数在10亿个以上。中等:每毫升精液含精子数在2亿~10亿个。稀薄:精液每毫升含精子数约在2亿个以下。猪的精子畸形率不能超过20%,否则应弃去。检查方法见本项目的认知与解读部分。

1.确定稀释倍数

一头种公猪一次采得鲜精液350mL,密度为2亿/mL。计划稀释后为50亿/100mL,则公猪精液能制成多少头份,需配制多少稀释液?

制成的公猪精液头份:(350mL×2亿/mL)÷50亿/100mL=14头份

需配制稀释液:(14×100)-350=1050mL

2.猪精液的稀释

根据精子密度、精子活力,确定精液稀释的倍数,一般稀释约4倍。稀释精液时,将稀释液缓慢加入精液中,轻轻摇匀精液,使精液稀释均匀。

3.分装

按每份精液的体积(一般为100mL)分装于每个精液袋,用封口机封口。

4. 保存

在恒温储藏室常温保存,温度为 16～18℃,保存时间为 24～36h。

思考与练习

1. 对精子进行活力和密度检查。

2. 确定猪精液的稀释倍数并保存猪的精液。

任务五 猪的输精技术

【任务实施动物及材料】 发情母猪、新鲜公猪精液、显微镜、猪常温保存稀释液配方(葡萄糖 50g;柠檬酸钠 3g;乙二胺酸四乙酸二钠 1g;青霉素 0.6g;链霉素 1g;蒸馏水 1000mL)或市场袋装稀释粉、精液瓶(猪专用 80mL 或 100mL)、输精器(一次性或可重复使用)等。

【任务实施步骤】

一、输精前的准备

输精前,将一次性输精管准备好,根据母猪情况选择不同规格的一次性输精管。镜检活力大于 0.6 的精液方可使用。母猪外阴部用 0.1% 的高锰酸钾液清洗干净,并擦干,以防将细菌带入阴道。

二、猪的输精技术

输精是人工授精技术的最后一关,输精效果的好坏,关系到母猪情期受胎率和产仔数的高低,而输精管插入母猪生殖道部位的正确与否,则是输精的关键。

1. 发情母猪的鉴定

后备猪比生产母猪难于鉴定,长白母猪比大约克、杜洛克母猪难于鉴定,一般可通过下面方法进行鉴定。发情的母猪,外阴开始轻度充血红肿,逐渐明显,若用手打开阴户,则发现阴户内颜色由红到红紫的变化,部分母猪爬跨其他母猪,也任其他母猪爬跨,接受其他猪的调情,当饲养员用手压猪背时,母猪会由不稳定到稳定,当赶一头公猪至母猪栏附近时,母猪会表现出强烈的交配欲。当母猪阴户呈紫红色,压背稳定时,则说明母猪已进入发情旺期。

对于集约化养猪场来说,可采用在母猪栏两边设置挡板,让试情公猪在两挡板之间运动,与受检母猪沟通,检查人员进入母猪栏内,逐头进行压背试验,以检查发情程度,这种方法在美国常被采用。

2. 适时输精

进行母猪输精时,新鲜精液和保存精液有一个时间的差别。新鲜精液因精子活力强,死精率低,故配种时母猪受胎率高;保存精液随着保存时间的延长,精子活力逐渐变弱,死精子数增多,母猪受胎率偏低。一般情况下,上午发现站立反应的母猪,下午应输精1次,第二天下午再进行第二次输精;下午发现站立反应的母猪,第二天上午输精1次,第三天上午再进行第二次输精。在美国,一般会因精液的性质不同而改变适时输精时间。

输精的准备:输精前,精液要进行镜检,检查精子活力、死精率等。死精率超过20%的精液不能使用。

输精管的选择:输精管有一次性和多次性两种。一次性的输精管,目前有国外产的和我国台湾省产的,有螺旋头型和海绵头型,长度有50～51cm。螺旋头一般用无不良反应的橡胶制成,适合于后备母猪的输精;海绵头一般用质地柔软的海绵制成,通过特制胶与输精管粘在一起,适合于生产母猪的输精。选择海绵头输精管时,一是应注意海绵头粘得是否牢固,不牢固的则容易脱落到母猪子宫内;二是应注意海绵头内输精管的深度,一般以0.5cm为好,若输精管在海绵头内包含太多,则输精时因海绵体太硬而损伤母猪阴道和子宫壁,包含太少则因海绵头太软而不易插入或难于输精。一次性的输精管使用方便,不用清洗,但成本较高,大型集约化养猪场一般采用此种方法。多次性输精管,一般为一种特殊制的胶管,因其成本较低可重复使用而较受欢迎,但因头部无膨大或螺旋部分,输精时易倒流。现在虽已有进口的带螺旋头的多次输精管在中国市场出售,但价格较贵,并且每次使用均需清洗、消毒,保管不好还会产生变形,所以目前较少使用。

3. 输精

(1)输精时机　一般在母猪出现静立反射后12～18h进行第1次输精配种,12h后第2次输精。

(2)精液准备　在恒温加热板37℃下观察精子活力不低于0.5,并轻轻摇动精液使其沉淀的精子与上清液混合均匀。

(3)输精前再次进行发情鉴定　将试情公猪赶至待配母猪栏之前,使母猪在输精时与公猪口鼻部接触。

(4)外阴部消毒　用消毒纸巾将母猪的外阴部擦干净,应特别注意阴门裂内的清洁。

(5)涂抹润滑剂　从密封袋中取出一次性输精导管,注意手不应接触输精管的前2/3部分,在其前端上涂上润滑剂,注意不要将输精器前端的小孔堵塞。

(6)固定输精导管　将输精导管插入母猪的生殖道内,从精液储存箱中取出品质合格的精液,确认公猪品种、耳号;缓慢颠倒摇匀精液,打开精液袋封口将塑料管暴露出来,瓶装精液应掰去封盖,与输精导管连接。双手分开母猪外阴部,使阴门保持张开状态,将输精导管呈向上45°角插入母猪生殖道内,当感到有阻力时,继续缓慢向左旋转并用力将输精导管向前送入,直到感觉输精导管前端被锁定(轻轻回拉时拉不动)。

(7)进行输精 将精液袋后端提起,开始进行输精。在输精过程中,应不断抚摸母猪的乳房或外阴,压背、抚摸母猪的腹侧以刺激母猪,使其子宫收缩产生负压,将精液吸纳。输精时除非输精开始时精液不下,勿将精液挤入母猪的生殖道内,以防精液倒流。

(8)防止精液倒流 用控制精液袋高低的方法来调节精液流出的速度,输精持续时间一般在5~10min。输完后,把输精导管后端一小段折起,用精液袋上的圆孔或瓶口固定,使输精导管的泡沫头滞留在生殖道内5~7min,让输精导管慢慢滑落,输精导管取出时应较快地将输精导管向斜下方抽出,以促进子宫颈口收缩,防止精液倒流。输精结束后10min内应防止母猪卧下,以免腹压增大和子宫位置上移后导致精液倒流。

确定母猪输精时间并完成母猪输精工作。

一、妊娠诊断的意义

母畜配种或输精后,应及早进行妊娠诊断,对保胎防流、减少空怀、提高母畜繁殖率等具有重要意义。通过妊娠诊断,对确诊为妊娠的母畜,可以按照孕畜所需要的条件,加强饲养管理,确保母畜和胎儿的健康,防止流产;对确诊未妊娠的母畜,要查明原因,及时改进措施,查情补配,提高母畜的繁殖率。妊娠诊断的方法有多种,但几乎没有一种妊娠诊断技术能达到100%的准确率,有些方法准确率相对较高,但设备昂贵,体积大,需要一定的操作环境和操作技术,在猪场中的实用性不是很强。若多种方法同时使用,相互印证,即使几种比较简易的方法,也能达到很高的准确率。此外,妊娠诊断过程中,技术人员的技术水平和经验也十分重要。

二、妊娠诊断的方法

(一)返情检查

妊娠诊断最普通的方法是根据配种后17~24d是否恢复发情来确诊。观察母猪在公猪面前的表现,尤其是当公、母猪直接发生身体接触时的行为表现,将有利于发情检查。一般将配种后的母猪与空怀待配母猪饲养在同一栋猪舍中,在对空怀母猪进行查情时,同时每天对配种后 16～24d 的母猪进行返情检查,如不返情,可认为母猪已经受孕。这种检查方法的总体准确性有较大的差异。猪场母猪繁殖状况越好,通过返情检查进行妊娠诊断的准确性越高,但当猪场管理混乱、饲料中含有真菌等毒素、炎热、母猪营养不良时,则母猪持续乏情或假妊娠率会增高,这种情况下,配种后检查返情进行妊娠诊断,就会有部分母猪出现假阳性诊断结果。因此,通过返情检查进行妊娠诊断的准确性高时可达 92%,但低时会低于 40%。在配种后第 38～45d 进行第二次返情检查,如仍不返情,其诊断的准确性会进一步提高。在配种后 17～24d 进行返情检查是猪场中较为实用的方法之一。

(二)激素检测

血清中黄体酮和雌酮的浓度通常可作为妊娠的指标。因激素浓度有一个动态变化,所以应在妊娠过程的不同时期取样检查。这些方法在猪场中应用都不普遍,但可作为一种诊断方法进行更全面的研究,以期找到更实用的方法。

妊娠母猪血清中黄体酮浓度应很高,而在非妊娠母猪则应较低(<5ng/mL)。测定黄体酮浓度的最佳取血样时间是在母猪配种后 17～20d。应用血清中的黄体酮浓度来诊断妊娠,其灵敏度可高达 97% 以上,但特异性仅为 60%～90%。发情延迟、不规律、假妊娠或卵巢囊肿时,诊断结果会出现假阳性。实验室操作错误也可能会导致诊断结果假阴性。

目前已开发出适用于猪场的酶联免疫反应试验盒。这种试剂盒减少了实验室放射免疫方法的应用,但是需要采取血样,因而,之后又开发出检测粪便中黄体酮浓度的酶联免疫吸附试验和放射免疫方法。尽管这些检测粪便的方法有应用潜力,但其实用性还有待于商品猪场的进一步证实。

(三)注射激素诊断法

用注射激素来判断母猪是否妊娠的方法在实用性上有待进一步的探讨,在这里只作为一种方法进行介绍。

1.注射雌激素

在配种后的第 17d 注射低剂量的雌二醇,如果母猪妊娠,则 3～5d 内母猪没有明显变化;如果未孕,母猪会表现发情征状。这种方法显然有一定的风险性,如果日期计算不准,处于配种后 21～28d 的妊娠母猪,注射雌激素可诱导母猪假孕;如果剂量过大,也会使配种后 17d 的妊娠母猪妊娠中止;处于假孕状态的母猪,用此方法也会出现假阳性结果。所以这种方法的推广价值不大。

2.注射促排 3 号

在配种后的第 16d 注射 25μg 的促排 3 号,3～5d 后,如果母猪发情,则为未孕母猪,可安排配种;如果未发情可判断为阳性。促排 3 号是促性腺释放激素的类似物,可促进 FSH 和 LH 的分泌,因此,对处于发情周期第 16d 的母猪,可促进卵泡发育和分泌雌激素,但如果有黄体存在也会促进黄体分泌黄体酮,从而有利于妊娠的维持。从理论上讲,这种方法对母猪发情或妊娠都不会有危害性,但妊娠结果的准确性有待于研究。

3. 注射前列腺素法

这种方法可称为具有破坏性的验证,如果用其他方法证明母猪并没有妊娠,比如配种 60d 后母猪的腹围没有明显变化,仪器诊断也为阴性,并且母猪也没有返情记录,则可注射一个溶黄体剂量的前列腺素 $F_{2\alpha}$。如果母猪流产,证明母猪之前是处于妊娠状态,经过一段时间的恢复后,母猪会重新发情;如果是假孕状态,则注射前列腺素 $F_{2\alpha}$ 后,会表现发情,但没有流产征状,可在配种时机安排配种。

（四）物理检查法

1. 直肠触诊法

用直肠触诊法诊断妊娠是一种十分实用且准确性高的方法。让母猪站在妊娠栏或圈中,或将其保定好,然后进行检查。此方法主要是检查子宫颈和子宫,同时触摸子宫中动脉,感觉其形态大小、感觉音的高低和脉搏类型。用此方法检查妊娠 21~27d、妊娠 28~30d 和妊娠 60d 至妊娠结束的母猪,其灵敏度分别为 75%、94% 和 100%。初产母猪或接近临产期的经产母猪的骨盆腔和直肠通常很小,不利于检查。但如果检查时误把髂外动脉或其分支之一当作子宫中动脉,则会造成假阳性诊断。由于触诊方法失误或触诊过早而造成的假阴性通常比假阳性多。直肠触诊法对技术人员的技术水平和经验有较高的要求,因而,这种方法目前在国内应用并不普遍。

2. 超声波检查法

其原理是根据超声波回声来检查妊娠,是一种早期妊娠检查的普遍且实用的方法,一般可与返情检查结合使用。

（1）多普勒超声波　多普勒超声仪检测胎儿心跳和脉搏,子宫动脉脉搏为 50~100 次/min,而脐动脉的脉搏为 150~250 次/min。腹部探查位置是母猪胁腹部、横过乳头并且对准骨盆腔区域。超声波通过传感器进行发放、接收并转换成声音信号。也可通过直肠探查,这与腹部探查相似。直肠探查和腹部探查的灵敏度高于85%,特异性高于 95%,妊娠 29~34d 效果最佳。当周围环境中有噪声干扰或直肠探查部位有粪便阻塞时会出现假阴性诊断。此种方法一般需要用不同妊娠期探查的录音进行比照,但随着经验的积累,技术人员可直接根据声音信号来判断是否妊娠。

（2）A 型超声波　A 型超声仪利用超声波来检查充满积液的子宫。声波从妊娠的子宫反射回来,并被转换成声音信号或示波器屏幕上的图像,或通过二极管形成亮线。在配种后 30~75d 内进行妊娠检查,此方法总体准确度高于 95%。不同型号的 A 型超声仪的灵敏度和特异性间存在差异。从 75d 到分娩,假阴性和不能确定的比例增加,这主要是由于尿囊液和胎儿生长的变化。但这对这种妊娠诊断仪器的应用并没有多大影响,因为 75d 以后,从腹部隆起的状况和胎动就可以看出是否妊娠。膀胱积液、子宫积脓和子宫内膜水肿容易造成假阳性诊断结果。因此,用 A 型超声波进行妊娠诊断,同样也会因为母猪群的健康状况而影响到诊断的准确性。另外,这种诊断仪应注意其应用的对象,一些对大型家畜使用的诊断仪应用于猪时,可能会使所有的被测对象都呈阳性。

(3)实时超声波法 实时超声波在初产母猪和经产母猪的早期准确诊断方面颇具潜力。腹部实时超声波探查的传感器与其他诊断仪相同。超声波穿过子宫然后返回到传感器,若在生殖道内探测到明显的积液囊或胎儿则可确诊妊娠。

研究表明,在妊娠 21d 时,分别用 3.5MHz 和 5MHz 的探头,其总体准确度分别为 90% 和 96%。5MHz 探头的特异性比 3.5MHz 探头高。操作人员、妊娠日期、仪器和探头类型(3.5MHz 或 5MHz、线型面或扇形面)都可以影响实时超声波检查的准确性。在妊娠 28d 时检查,实时超声波的上述影响对检查结果的影响比在妊娠 21d 时的影响小。

(4)B 型超声波法 目前有几款较为实用的 B 型超声波诊断仪,可进行腹部探查或直肠探查,如果设备图像质量较好,一般能得到准确的诊断。

(五)外部观察法

外部观察法是根据母猪配种后的外观和行为的变化来进行妊娠诊断的。但这种方法只能作为其他诊断方法的辅助手段,以便验证其他方法诊断的结果,而且外部观察法诊断一般只能在配种后 4 周以上才能进行。

1. 食欲与膘情

母猪妊娠后,处于为胎儿后期快速发育阶段贮备营养的需要,往往食欲会明显增加。另外,由于妊娠期在孕激素的作用下,妊娠前期的同化作用增强,而基础代谢较低,因此,怀孕后的母猪即使饲喂通常用以维持的饲料量,母猪的膘情也会提高。

2. 外观

由于处于妊娠代谢状态下的母猪同化作用增强,膘情提高,其外观的营养状况会有明显改善,被毛顺滑,皮肤滋润。

受孕激素的作用影响,外生殖器的血液循环明显减弱,外阴苍白、皱缩,阴门裂线变短且弯曲。因此,如果出现上述变化,应作为母猪受孕的依据之一。但某些饲料成分会影响这种变化,饲喂含有被镰孢霉污染的饲料,妊娠母猪的外阴的干缩状况并不明显,甚至有些妊娠母猪的外阴还有轻度肿胀。某些品种妊娠时,外阴部的变化也不够明显。

随着胎儿的增大,母猪的腹围会增大,通常在妊娠到 60d 左右时,腹部隆起已经较为明显,75d 以后,部分母猪可看到胎动,随着临产期的接近,胎动会越来越明显。

3. 行为

母猪妊娠后,性情会变得温和,行动小心,与其他母猪群养时,会小心避开其他母猪。

外部观察法进行早期妊娠诊断的可靠性显然不高,但日常观察经验的积累会提高判断的准确性。因此,生产过程中对母猪外观行为变化的观察,有助于及时发现未孕母猪,减少母猪的非繁殖期的长度。

任务六 猪的妊娠诊断技术

【任务实施动物及材料】 妊娠母猪、多普勒妊娠诊断仪、耦合剂、听诊器、肥皂、脸盆、毛巾、消毒药液等。

【任务实施步骤】

1. 外部检查

视诊时,母猪妊娠后半期,腹部显著增大下垂,但在胎儿数量少时不明显,乳房皮肤发红且逐渐增大,乳头随之增大;触诊时在母猪体抓挠使之卧下后,细心触摸妊娠 3 个月的母猪腹壁,可在乳房的上方与最后两乳头平行处触摸到胎儿。消瘦的母猪在妊娠后期比较容易触摸。

2. 查情法

用试情公猪在母猪输精后第 21d、42d、63d 查情,观察母猪的表现,如果母猪没有任何发情症状,表明母猪已妊娠。

3. 妊娠诊断仪(多普勒超声仪)

(1)不需保定待查母猪,令其安静侧卧、趴卧或站立均可。

(2)常规诊断在母猪输精后第 35d、55d 检查,在诊断仪的探头上涂上耦合剂,放置于倒数第 2 个乳头斜上方,若仪器发出短而间隔短的声音表明没有妊娠,若声音长而间隔长则可以确定母猪妊娠。如果一头母猪在右边测试的结果是空怀,则应在左边重复同样的测试程序以保证测试的准确性(见图 3 - 2)。

  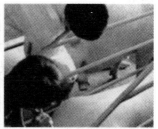

查情   诊断仪的使用   诊断仪探头放置部位

图 3 - 2 妊娠诊断

4. 注意事项

(1)测试每一头母猪前均必须用耦合剂,以保证探头和猪体接触良好。

(2)初次测试未孕应隔 7 ~ 10d 复测进行确定。

（3）最早可在配种18d进行初测,30d后复测以保证测试结果准确。

利用多普勒超声仪为母猪实施妊娠诊断。

一、分娩的概念

母畜妊娠期已满,将成熟的胎儿和胎盘从子宫中排出体外的生理过程称为分娩。

二、猪的妊娠期及预产期的推算

妊娠期是母畜妊娠全过程所经历的时间,妊娠期长短可因品种、年龄、胎儿因素、环境条件等不同而异。母猪的妊娠期平均114d(102~118d),猪的预产期的推算方法是:配种月份加4,配种日期减6。也可按"3、3、3"法,即3月、3周加3d来推算。

三、分娩的发动机制

1. 母体激素变化

母畜临近分娩时,体内孕激素分泌降低或停止,雌激素、$PGF_{2\alpha}$、催产素分泌增加,同时卵巢及胎盘分泌的松弛素能使产道松弛,激素的变化是导致分娩的内分泌因素。

2. 机械刺激和神经反射作用

母畜妊娠末期,由于胎儿生长很快,羊水增多,胎儿运动的加强,使子宫不断扩张,承受的压力逐渐升高,从而引起神经反射性自动收缩和子宫颈的舒张。

3. 胎儿因素作用

胎儿发育成熟后,其下丘脑—垂体—肾上腺轴的内分泌功能建立,进而引起母体内分泌变化而发动分娩。

4. 免疫学机制

妊娠后期,胎盘发生脂肪变性,胎盘屏障受到破坏,胎儿被母体免疫系统识别为"异物"而加以排出。

四、母猪临产症状

（1）母猪临产前腹部大而下垂,阴户红肿、松弛,成年母猪尾根两侧下陷。

（2）乳房膨大下垂、红肿发亮，产前2~3d，奶头变硬外张，用手可挤出乳汁。待临产4~6h前乳汁可成股挤出。

（3）衔草作窝，行动不安，时起时卧，尿频，排粪量少、次数多、且分散。一般在6~12h可分娩。

（4）阵缩待产，即母猪由闹圈到安静躺卧，并开始有努责现象。从阴户流出黏性羊水时（即破水），1h内可分娩。

任务七　猪的分娩与助产技术

【任务实施动物及材料】　临产母猪、母猪产仔记录表格、照明灯、接产箱、擦布、剪刀、碘酊、煤酚皂溶液、结扎线、秤、耳号钳、保暖电热板或保温灯等。

【任务实施步骤】

一、母猪分娩前的准备与护理

（一）母猪分娩前准备

1. 产房的准备

工厂化猪场实行流水式的生产工艺，均设置专门的产房。如果不设产房，在天冷时，圈前也要挂塑料布帘或草帘，圈内挂红外线灯。产房要求温暖干燥、清洁卫生、舒适安静、阳光充足、空气新鲜。温度在22~23℃，相对湿度为65%~75%。产房内温度过高或过低、湿度过大是仔猪死亡和母猪患病的重要原因。在母猪产前的5~10d将产房冲洗干净，再用2%~3%煤酚皂溶液或2%的NaOH液消毒，墙壁用石灰水粉刷。

2. 接产用具及药品准备

包括母猪产仔记录表格、照明灯、接产箱（筐）、擦布、剪刀、5%的碘酊、2%~5%煤酚皂溶液、结扎线（应浸泡在碘酊中）、秤、耳号钳、保暖电热板或保温灯等。

3. 猪体的清洁消毒

母猪应在产前5~7d迁入产房，以适应新环境。进产房前应对猪体进行清洁消毒，用温水擦洗腹部、乳房及阴门附近，然后用2%~5%的煤酚皂溶液消毒。

（二）母猪分娩前的护理

应根据母猪的膘情和乳房发育情况采取相应的措施。对膘情及乳房发育良好的母猪，产前3~5d应减料，逐渐减到妊娠后期饲养水平的1/2或1/3，并停喂青绿多汁饲料，以防止母猪产后乳汁过多而发生乳房炎，或因乳汁过浓而引起仔猪消化不良，发生拉稀。对膘情及乳房发育不好的母猪，产前不仅不应减料，还应加喂含蛋白质较多的饼类饲料或动物性饲料。产前3~7d应停止驱赶运动或放牧，让其在圈内自由运动。

二、接产与助产技术

1. 接产技术

接产时接产人员的手臂应洗净,并用2%的煤酚皂溶液消毒。仔猪产出后,应迅速擦干口、鼻、全身的黏液。然后断脐,用手把脐带撕断,留下3~5cm长,脐带头涂上或喷上碘酊,如果脐带流血,应用在碘酊中浸泡过的结扎线扎紧。然后是剪乳牙、剪尾和将不作种用的小公猪阉割,最后是称重、编号和作产仔登记。仔猪全部产出后,一起吃初乳,使所有仔猪所得到的营养和抗体较为平衡。如果产仔时间过长,只好分批吃初乳,不吃初乳的仔猪较难养活。

2. 假死仔猪的急救技术

仔猪产出后,心脏和脐带动脉还在跳动,但呼吸停止,这种现象称为假死。

(1)初生仔猪假死的原因 仔猪在产道内停留的时间过长,吸进产道内的羊水或黏液,造成窒息。仔猪在产道内停留时间过长的原因可能是母猪年老体弱,分娩无力,或母猪长期不运动,腹肌无力,或胎儿过大并卡在产道的某一部位,或母猪产道狭窄等。

(2)急救技术 人工呼吸法,即饲养员把仔猪放在麻袋或垫草上,然后两手分别伸屈两前肢和两后肢,促其呼吸;呼气法,即向假死仔猪鼻内或嘴内用力吹气,促其呼吸;提起两后腿,头向下,用手拍胸拍背,促其呼吸。

无论用哪种方法,在急救前必须先把仔猪口、鼻内的黏液或羊水用手挤出并擦干,再进行急救,而且急救速度要快,否则假死会变成真死。

3. 助产技术

在接产过程中,如果发现胎衣破裂,羊水流出,母猪用力时间较长,但仔猪生不下来,可能是发生难产。

(1)难产原因 难产在生产中较为常见,由于母猪骨盆发育不全、产道狭窄、子宫弛缓、胎位异常、胎儿过大或死胎引致分娩时间拖长。如不及时处置,可能造成母仔死亡。母猪过肥可造成产道狭窄,过瘦则体弱分娩无力;妊娠期母猪营养过度,造成胎儿过大;近亲繁殖,可使胎儿畸形;妊娠期由于缺乏运动,造成胎位不正;产仔时,人多杂乱,其他动物如狗、猫进入猪圈,使母猪神经紧张;母猪因先天性发育不良;或配种过早而发育不良;曾经开过刀有伤疤等情况,造成产道狭窄;母猪年老体衰,子宫收缩力弱,以及患其他疾病致使母猪体弱而分娩无力等,都能导致母猪难产。

(2)助产技术 即五字措施"推、拉、掏、注、剖"。推:是接产人员用双手托住母猪的后腹部,随着母猪的努责,向臀部方向用力推。拉:看见仔猪的头或腿出现时出、时进,可用手抓住头或腿把仔猪拉出。掏:母猪用力努责,仔猪长时间仍生不出来,可用手在努责时慢慢伸入产道掏仔猪,并随努责把仔猪掏出来,当掏出1头仔猪后转为正产时,则不要继续再掏。掏前先剪指甲,消毒手臂,涂上润滑剂。掏后用手把 40 万 IU 青素霉抹入阴道,防止患阴道炎。注:肌肉注射催产素 3～5mL。剖:即以上措施都采用后,仔猪还是生不下来,应请兽医实施剖腹产。

4.仔猪编号

给仔猪编号是为了建立种猪档案,有计划地进行选配,避免近亲繁殖,了解同胞和后代的生产性能和发育情况等。编耳号有专用的号钳,在左右耳的固定位置,剪上缺口或圆孔,以代表一定的数字,把所有数字相加,就是这头猪的号码。一般多采用"左大右小,上一下三"的剪耳方法。

除用耳号钳编号外,近年来常用耳牌对猪只进行识别,耳牌由优质橡塑材料制造,颜色分为橘红、黄、蓝、白等几种,耳牌安装钳能将耳牌牢固固定在猪只的耳朵上,除可在耳牌上直接印上数字外,还可印上猪场名或公司名。或用耳牌笔书写,保证 3 年不褪色。刺耳方法也是近年在种猪场中流行的猪只识别方法,这种方法能有效地保证对仔猪的终生识别。使用时,先将小猪的耳朵涂上专用墨,再打上相应的耳刺,如 A001,8899,ABC123 等。耳刺专用墨,能渗入皮肤内部,留下清晰、永久的标志。

三、初生仔猪的护理

1.早吃初乳

对性情较好或已进入生产的母猪可以随产随给仔猪哺乳。采用接产箱接产仔猪,吃初乳最晚不得超过生后 1～2h。吃初乳前应用手挤压各乳头,弃去最初挤出的乳汁。检查乳量、浓度和各乳头的乳空数目以便确定有效乳头数和适当的带仔数,并用 0.1% 高锰酸钾液清洗乳房,然后给仔猪吮吸。对弱仔可人工辅助吃 1～2 次的初乳。

2.匀窝寄养

对多产或无乳仔猪采取匀窝寄养时,应做到以下几点。

(1)乳母要选择性情温顺,泌乳量多,母性好的母猪。

(2)养仔应吃足半天以上初乳,以增强抗病力。

(3)两头母猪分娩日期相近(2～3d 内)。两窝仔猪体重大小相似。

(4)隔离母仔使生仔与养仔气味混淆。使乳母胀奶,养仔饥饿,促使母仔亲和。

(5)避免病猪寄养,殃及全窝。

3.剪齿

仔猪出生时已有末端尖锐的上下第三门齿与犬齿 3 枚。在仔猪相互争抢固定乳头过程中会伤及面颊及母猪乳头,使母猪不让仔猪吸乳。剪齿可与称重。打号同时进行。方法是左手抓住仔猪头部后方,以拇指及食指捏住口角将口腔打开,用剪齿钳从根部剪平即可。

4.保育间培育训练

为保温、防压可于仔猪补饲栏一角设保育间,留有仔猪出入孔,内铺软干草。用

150~250W 红外灯吊在距仔猪躺卧处 40~50cm 处,可保持猪床温度 30℃左右。仔猪出生后即放入取暖,休息后放出哺乳,经 2~3d 训练即可养成自由出入的习惯。

四、母猪分娩后的护理

一般情况下,母猪产仔结束后,要注意检查母猪胎盘是否完全排出,当胎盘排出困难时,可给母猪注射一定量的催产素,有助于胎盘的排出。

母猪产后要注意观察是否有生殖道炎症,如有炎症要及时进行消炎治疗,母猪分娩后身体极度疲乏,往往感到很渴,没有食欲,也不愿活动,此时不要急于饲喂平时的饲料,应只喂给稀的热麸皮盐水。

产后的头几天,仔猪小而吃奶量少,如果母猪产奶多,就会有剩余的奶留在乳管中引起乳房炎。因此应根据实际情况人为地调节母猪的日饲喂量,使母猪的产奶量随着仔猪需要的增加而增加。母猪产后的日饲喂量应该由少而多地逐日增加,一般在产后 4~5d 达到其哺乳和自身维持所需的量。母猪自身维持需要的饲喂量参照其妊娠前期的饲喂量,然后,以饲喂一头仔猪增加日粮 0.2~0.3kg 计算其哺乳需要。

1. 分娩当天不喂食

由于母猪分娩时间较长,体质消耗较大,精神疲乏,胃肠功能活动能力较差,一般不提倡当天喂食,可供给足量的饮水。冬季饮温水,适当加盐、电解多维等,必要时可饮麸皮(少量)水。

2. 分娩后 2~3d 喂稀食,并逐渐增加供食量

母猪分娩后 2~3d,由于分娩带来的胃肠功能下降,这时饲喂过度,最易诱发母猪产后不食病的发生。前 2~3d 要少喂勤添,喂流质食物,而后逐渐增加饲料供给量,5~7d 达到正常饲喂量。

3. 母猪分娩后 4~5d,注意增加母猪的活动

母猪生产后,由于体质较弱,加之仔猪频繁的哺乳,这时应当增加母猪的运动,以利于体质的增强,减少疾病,增加泌乳。可采取母猪出圈活动,而后入圈再行哺乳。

4. 注射适量药物,预防母猪子宫内膜炎

大部分母猪的分娩时间都比较长,特别是胎衣很长时间暴露外部,甚至胎衣不下,生产后易感染继发子宫内膜炎。一般在第一头小猪产出后注射脑垂体后叶素,促进子宫复原,减少出血。产后 1~3d,注射青霉素、链霉素、鱼腥草等药物,预防子宫内膜炎的发生。

思考与练习

如何对母猪难产实施救助?

一、猪场正常繁殖力指标

猪的正常情期受胎率一般是 75% ~ 80%,总受胎率可达 85% ~ 90%,平均窝产仔数 8 ~ 14 头。我国地方品种的产仔数一般高于国外的品种。

二、营养性繁殖障碍

能量和蛋白质供应过量使母猪过肥,尤其在缺乏运动的情况下,导致肥胖性不育。能量和蛋白质供应不足,母猪瘦弱,则发情期向后推迟或不发情,卵泡停止发育,形成卵泡囊肿。配种前一周每天给母猪增加饲料,消化能为 12MJ/kg 可获得较高的胚胎存活率。

维生素 A、维生素 B、维生素 D、维生素 E 是母猪维持正常繁殖功能不可缺少的维生素,严重缺乏时会影响受胎和胎儿的正常发育。有研究表明,在母猪日粮中添加维生素 A、维生素 D、维生素 E 可明显缩短从断奶到发情的时间,提高受胎率。

三、疾病性繁殖障碍

1. 细小病毒病

主要特征取决于在感染该病毒的阶段。感染后母猪可能再发情,或既不发情、也不产仔,或窝产仔只有几头,或产出木乃伊胎儿。唯一的症状是在怀孕中期或后期胎儿死亡,胎水被吸收,母猪腹围减小。而其他表现为不孕、流产、死产,新生仔猪死亡和产弱仔。70d 后感染可正常产仔,仔猪带毒。

2. 钩端螺旋体病

该病能引起胎儿死亡、流产和降低仔猪存活率。潜伏期为 1 ~ 2 周,在怀孕第一个月感染,胎儿一般不受影响。第二个月感染,引起胎儿死亡、木乃伊胎儿或流产。第三个月感染引起流产、迟月、产弱仔。

3. 乙型脑炎

除青年母猪以外,其他猪感染后多为亚临床症状,经产母猪血液抗体升高,无其他症状。青年母猪死胎、木乃伊胎儿的发生率高达 40%,新生仔猪死亡率为 42%。

4. 非典型猪瘟

猪体免疫力下降,母猪感染猪瘟病毒常引起繁殖障碍。妊娠 10d 感染,胚胎死亡和吸收,母猪产仔头数少或返情。妊娠 10 ~ 50d 感染,死胎多。产前一周感染,不影响仔猪存活,但影响发育。后备母猪在配种前两周或一个月注射免疫猪瘟疫苗,剂量两头份即可预防非典型猪瘟的发生。

5.鹦鹉热衣原体病

为地方性流行病,病猪或潜伏感染猪的排泄物和分泌物均可带毒传染,可危害各种年龄的猪,对妊娠母猪最敏感,病原可通过胎盘屏障渗透到子宫内,导致胎儿死亡。初产青年母猪的发病率为40%～90%,而基础母猪往往无恙。发病母猪呼吸困难,体温高,皮肤发紫,不吃或少食。该病可用四环素进行治疗。

四、其他影响繁殖的因素

1.饲养管理不当

指对怀孕母猪特别是妊娠中、后期没有采取良好的保护措施。如孕猪移动频繁、几头孕猪饲养在同一个猪圈内,相互抢食,相互攻击。

2.环境因素

猪舍卫生条件差,氨气浓度高,夏季和冬季无防暑和防寒措施(妊娠母猪适宜的温度为14～24℃)。

3.饮食

饲喂变质或霉变饲料等。

4.感染

人工授精操作不当及器具消毒不彻底,引发母猪生殖道感染。

5.遗传因素

如近亲繁殖和遗传性疾病。以往这些因素不被人们重视,认为母猪发生流产、死胎全归于传染性疾病所致。这种认识是片面的,非传染性因素造成母猪繁殖障碍也是非常重要的原因,应认真对待。

五、防治措施

1.做好选种留种

发育不好的个体应在留种时淘汰。

2.调整母猪营养

营养搭配合理,注意矿物质及微量元素的添加。

3.减少疾病传播

最好使用人工授精技术,减少公母猪的直接接触,发现病猪及时隔离。

4.强化消毒防疫观念

必须树立预防为主的观念,搞好栏舍及环境卫生,每周对栏舍内外进行一次消毒。注意灭鼠、灭蚊。

5.按时接种疫苗

(1)猪瘟、猪丹毒、猪肺疫三联苗接种 经产母猪断奶后1周,后备母猪配种前10～20d注射三联苗,2头份/次。

（2）伪狂犬病疫苗接种　待配头胎母猪配种前21d注射灭活苗1头份,怀孕母猪产前15d注射灭活苗1份。

（3）乙脑疫苗接种　每年4月份对后备母猪、已配种和未配种的头一胎、二胎母猪注射乙脑疫苗1头份首次免疫,2周后再注射1头份二次免疫。

（4）猪繁殖和呼吸综合征疫苗接种　于配种前15d或妊娠70d接种PRRS弱毒疫苗1头份。

（5）猪细小病毒疫苗接种　母猪配种前30~40d注射细小病毒灭活苗1头份首次免疫,2周后进行二次免疫。

任务八　猪场正常繁殖力指标的统计

【**任务实施动物及材料**】　相关资料、计算器、计算机等。

【**任务实施步骤**】

【**案例一**】　某猪场,在2011年内有繁殖母猪500头,共繁殖了1200窝仔猪。请统计该猪场在2011年度内的平均产仔窝数是多少?

1. 计算

$$平均产仔窝数(窝) = 年度内分娩的窝数/年度内的繁殖母猪数$$
$$= 1180 /500 = 2.4(窝)$$

2. 结论

该猪场在2011年度内平均产仔窝数为2.4窝。

【**案例二**】　案例一中的猪场,在2011年度内共繁殖得到了13780头仔猪(包括木乃伊胎儿和死胎),问该猪场在2011年度内平均窝产仔数是多少?

1. 计算

$$平均窝产仔数 = 年度内的产仔总数/年度内的产仔窝数$$
$$= 13780/1200 = 11.48(头)$$

2. 结论

该猪场在2011年度内平均窝产仔数为11.48头。

【**案例三**】　案例一中的猪场,在2011年度内繁殖所得仔猪13780头,其中有108头死胎和木乃伊胎儿,仔猪在28日龄断奶,其中共存活12579头。问该猪场在该年度内的产活仔数及仔猪成活率是多少。

1. 计算

$$产活仔数 = 出生的仔猪数 - 死胎或者术乃伊胎儿数量$$
$$= 13780 - 108 = 13672(头)$$
$$仔猪成活率 = 断奶成活仔猪数/出生活仔猪数$$
$$= 12996/13672 \times 100\% = 92\%$$

2. 结论

该猪场在2011年度内仔猪成活率为92%。

【结果】

1. 平均产仔窝数直接反映该猪场的繁殖育种计划

该猪场平均产仔窝数为2.4,正常的产仔窝数为2.2~2.5,该数值在正常范围内,说明该猪场的配种计划设计合理。

2. 平均窝产仔数直接反映繁育人员的工作水平

主要包括发情鉴定、精液处理、适时配种及妊娠管理的技术。该猪场平均窝产仔数为11.48头,查阅该猪场饲养的猪品种的平均窝产仔数范围值,如在范围内,证明配种技术人员技术水平能力合格。

3. 仔猪成活率直接反映仔猪在断奶前的饲养管理情况

主要包括饲养人员的责任心、防疫制度、管理水平等方面。该猪场的仔猪成活率为92%,符合正常的管理水平的成活率。

任务九　猪繁殖障碍防治技术

一、公猪繁殖障碍

公猪繁殖障碍大致有三种情况:性欲减退或丧失;有性欲,但不爬跨母畜,不能交配;有性欲,但精子异常,无受精能力。

(一)性欲减退或丧失

1. 病因

饲养管理不当,交配或采精过频,运动不足,饲料中微量元素配比不合理,维生素A、维生素E缺乏,种公猪衰老、过肥、过瘦,天气过热,睾丸间质细胞分泌的雄性激素减少等。表现为不愿接近或爬跨发情母猪。

2. 预防及治疗

(1)科学饲养　营养是维持公猪生命活动和产生精液的物质基础。种公猪饲料要以高蛋白为主,粗蛋白含量在14%~18%或更高。维生素、矿物质要全面,尤其是维生素A、维生素D、维生素E三种。不能使用育肥猪饲料,因育肥猪饲料可能含有镇静、催眠药物,种公猪长期食用易致兴奋中枢麻痹而反应迟钝。

(2)营造舒适环境　青年种公猪要单圈饲养,避免相互爬跨、早泄、阳痿等。要远离母猪栏舍,避免外激素刺激而致性麻痹。栏舍要宽敞、明亮、通风、干燥、卫生。高温季节要注意防暑降温。

(3)科学调教　对种公猪应在7~8月龄开始调教,10月龄正式配种使用,过早配种会导致种猪利用年限缩短。调教时要用比公猪体型小的发情母猪,若母猪体型过大,会造成初次配种失败而影响公猪性欲。调教时,饲养员要细心、耐心,切忌鞭打等刺激性强的动作。

(4)使用激素　因激素分泌异常的种猪主要为雄性激素分泌减少,在维持猪体健康的同时,用绒毛膜促性腺激素 80mg,或用孕马血清 100mg,或用丙酸睾酮 80mg,3 种药可任选 1 种进行肌肉注射。

(二)精子异常而不受精

1. 症状

少精、弱精、死精、畸形精等。种公猪一次性精液量约为 200～500mL,约有 8 亿个精子,经显微镜检查,精子数少于 1 亿个则为少精。

2. 病因

多见于乙脑、丹毒、肺疫、中暑等热性疾病后遗症。

3. 治疗

(1)若发热时间长,可致睾丸肿大,精子灭活。对发热疾病应对症治疗,用抗菌药物配合氨基比林、柴胡等解热药治疗,也可用冷水、冰块等冷敷阴囊。

(2)对少精症试用下列药方煎水内服:干地黄 20g,薯蓣 25g,山茱萸 30g,泽泻 15g,茯苓 20g,牡丹皮 15g,桂枝 15g,附子 15g。

(三)防治措施

1. 选种

在选购和选留种猪时应认真挑选,睾丸大小不一或睾丸发育不良等先天性生殖器官发育不良者应予以淘汰。

2. 科学饲养

营养丰富合理,应使用专用的种公猪饲料。饲料中应特别注意蛋白质、维生素、矿物质等。

3. 注意饲养环境

单圈饲养种公猪。要远离母猪栏舍。栏舍要宽敞、明亮、通风、干燥、卫生。夏季要注意防暑降温,冬季要保暖防寒。

4. 运动

后备种公猪要给予适当的运动,每天早晚各运动一次,每次运动 1h,保证每天运动时间不少于 2h。通过运动可锻炼肢蹄,保证种用体形。

5. 防治疾病传播

减少种猪之间的接触,采精器械等应彻底消毒。

6. 合理使用

合理使用种公猪,避免采精及配种频率过高。

二、母猪繁殖障碍

母猪繁殖障碍综合征是母猪的主要疾病,其临床症状主要表现为不孕、流产、胚胎早期死亡、木乃伊胎、畸形、弱仔及少仔等。病因分为先天性、功能性、营养性、机械性和疾病性,其中以传染性疾病危害最大,常呈大面积地方性或流行性感染,导致大量的妊娠母猪流产及新生仔猪死亡,给规模猪场造成巨大的经济损失。

（一）先天性繁殖障碍

主要表现为生殖器官畸形,妨碍精子和卵子的正常运行,阻碍精子和卵子的结合。常见的生殖器官畸形有卵巢系膜和输卵管系膜囊肿、输卵管阻塞、缺乏子宫角、子宫颈闭锁、双子宫体、双子宫和双阴道,这些都是难以治疗的,只能在选育过程中进行淘汰。

（二）功能性繁殖障碍

1.卵巢发育不全

（1）症状 长期不发情,发情不呈规律性。

（2）病因 脑垂体功能障碍,卵巢对性腺激素敏感性降低而引起。猪的正常卵巢重量为5g左右,发育不全的卵巢重量在3g以下。

（3）处理 大多都淘汰。

2.卵巢囊肿

（1）症状 发情不规律,青年母猪约占50%。

（2）治疗 肌肉注射促黄体素200～500μg/次,注射1～4次。治疗到发情的间隔时间为22d,发情率一般为77.4%,受胎率可达70.2%。

3.持久黄体

（1）症状 母猪长期不发情。

（2）治疗 先用前列腺素3～5mg肌肉注射,经3～5d后外阴部肿胀时再注射性腺激素1000IU,大多数在3～4d内发情,配种即可受胎。

4.卵泡发育障碍

包括卵泡功能减退、萎缩及硬化,不发情母猪中有69%为卵泡发育障碍所引起。

（1）症状 不发情。

（2）治疗 用性腺激素200～1000IU肌肉注射或人绒毛膜促性腺激素500～1000IU,隔天注射。

思考与练习

1.利用猪场相关资料统计平均产仔窝数等指标。

2.诊治猪场公、母猪繁殖障碍。

项目四
家禽繁殖技术

【学习内容】

1.公鸡(鸭、鹅)的选种与训练。

2.种公鸡(鸭、鹅)的采精。

3.种公鸡(鸭、鹅)的精液处理。

4.种母鸡(鸭、鹅)的输精。

【学习目标】

1.了解家禽的生殖器官。

2.了解家禽的繁殖规律,学会对母禽的选择。

3.了解家禽的精液生理,学会对公禽的选择。

4.学会家禽的采精前准备及采精操作,并能熟练训练公鸡。

5.学会家禽的精液处理。

6.学会家禽的输精前准备及输精操作。

认知与解读

　　禽的繁殖是生产的关键环节,禽数量的增加及质量的提高都必须通过繁殖过程才能实现。种禽性成熟后,精子与卵细胞结合后形成受精卵,受精卵从母体内产出,在体外适宜的条件下发育成一个新的个体,是一个复杂的生理过程。

一、鸡的生殖器官

(一)公鸡的生殖器官

公鸡的生殖器官由睾丸、附睾、输精管组成(见图4-1)。

1. 睾丸

公鸡有两个睾丸,以短的睾丸系膜悬挂在肾脏前叶的腹侧。雏鸡的睾丸只有米粒大,淡黄色,到成年尤其在生殖季节,可达鸽蛋大,且因生成大量精子呈白色。

2. 附睾

鸡的附睾较小,位于睾丸内侧缘,呈长纺锤形。

3. 输精管

输精管为两条极为弯曲的细管,与输尿管平行,末端形成乳头状射精管,开口于泄殖腔内输尿管的下方。

4. 交配器官

公鸡的交配器官不发达,位于肛道底壁近肛门处,有一阴茎乳头呈小隆起状。此乳头在刚出壳的公雏鸡明显可见,可借此鉴别雌雄。

鸡的射精量较小,一次为 0.6 ~ 0.8mL,但精子密度大,每立方毫米精液中有 310 万 ~ 340 万个精子。

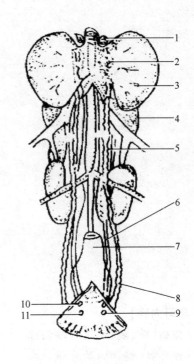

图 4 - 1　公鸡生殖器官

1—肾上腺　2—附睾区　3—睾丸　4—肾
5—输精管　6—输尿管　7—直肠　8—输精管扩大部
9—射精管口　10—泄殖腔　11—输尿管口

(二)母鸡的生殖器官

母鸡的生殖器官由卵巢和输卵管组成。卵巢和输卵管仅左侧正常发育,右侧在孵化的 7 ~ 9d 后逐渐退化,出壳后只保留痕迹(见图 4 -2)。

1. 卵巢

(1)形态结构　卵巢呈结节状、梨形;幼鸡卵巢小,呈扁椭圆形,似桑葚状,性成熟后卵巢增大。

(2)生理功能

①产生卵子:蛋中的卵黄部分实际就是一个卵细胞,即卵子。由于卵子存在于卵泡中,所以卵子的生长也就意味着卵泡的生长、发育和成熟。

②分泌激素:卵巢主要分泌雌激素和孕激素,同时也分泌少量雄性激素。

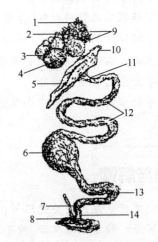

图 4 - 2　母鸡生殖器官

1—卵巢柄　2—小卵母细胞　3—成熟卵母细胞
4—破裂痕　5—输卵管开口　6—峡部
7—退化的输卵管　8—泄殖腔　9—空卵泡
10—漏斗部　11—漏斗部的颈
12—蛋白分泌部　13—子宫　14—阴道

（3）卵巢组织　卵巢有内外两层。内层髓质,由结缔纤维组织,间质细胞和平滑肌细胞组成。外层皮质,卵泡在此层发育,卵泡由卵细胞和卵泡细胞组成。

2. 输卵管

（1）形态结构　为一条长而弯曲的管道,沿左侧腹腔的背侧面后行,悬挂于腹腔顶壁。顺序分为漏斗部、膨大部、峡部、子宫部和阴道部5部分。

①漏斗部:是输卵管的起始部,开口于卵巢的下方,形似漏斗或喇叭,又称输卵管喇叭部,为接纳卵子和受精的地方。

②膨大部:是输卵管弯曲最多、最长的部分,30～50cm。管腔较大,管壁较厚,是形成蛋清蛋白的地方,又称蛋白分泌部。

③峡部:是输卵管膨大部之后短而狭窄的管腔,其分泌物用以形成壳膜。

④子宫部:是峡部后面囊状扩大的部分,管壁厚肌层发达,密布腺体,其分泌物用以形成蛋壳。

⑤阴道部:为输卵管的末端,能使蛋壳表面涂上一层薄膜,以减少蛋水分的损失和防止细菌侵入蛋壳。

鸡蛋在形成过程中,卵黄通过输卵管约需25h,在输卵管各段发育过程及所需时间见表4-1。

表4-1　　　　　　　　　　　鸡蛋的形成

部　位	蛋的形成	需要时间
卵巢	形成蛋黄	7～9d
输卵管	形成所有非蛋黄部分	24～25h
漏斗部	受　精	15min
膨大部	形成蛋白	3h
峡部	形成壳膜	1.25h
子宫	形成蛋壳	19～20h
阴道	蛋的排出、形成保护膜	1～10min

（2）生理功能　保证胚胎体外发育,形成蛋的非蛋黄部分。

二、种鸡的选择与淘汰

（一）根据外貌和生理特征选择与淘汰

1. 种用雏鸡的选择与淘汰

可在6～8周龄时进行。选留羽毛生长良好、丰满、无杂毛,体重在中等以上但不要过大,无生理缺陷的雏鸡。

2. 种用育成鸡的选择与淘汰

在约20周龄时进行。不但鸡的体型外貌符合本品特征,而且要求外貌结构良好、身体健康、未患严重传染病、体重发育符合品种标准。肉鸡要求胸宽、龙骨直、背平,胸肌、腿肌发达,脚爪无异常。

3. 成年种鸡产蛋力的选择与淘汰

根据外貌和生理特征,判断成年种鸡的产蛋能力,一般可在早春或秋季进行。具体方法如下。

(1)根据外貌特征 高产鸡体质结实,结构匀称,发育正常,性情温顺,活泼好动,觅食力强。头部清秀,冠和肉垂膨大鲜红,喙短粗而弯曲,眼大而有神。胸宽而深,向前突出,体躯长,宽且深,腹大而略下垂,泄殖腔大,湿润而有皱褶。两胫长短适中,距离较宽,站立有力。低产鸡与此相反。

(2)根据触摸情况 高产鸡代谢旺盛,体质结实,性活动较强。触摸冠和肉垂时,会感到细致柔软而温暖,腹部柔软而有弹性,胸骨末端与耻骨间距宽在一掌以上,两耻骨末端薄而有弹性,产蛋期要求两耻间距离在 3 指以上,低产蛋鸡或休产蛋鸡与此相反。

(3)根据换羽情况 高产鸡换羽开始时间迟,换羽速度快,一次脱换主翼羽在 3 根左右。完成整个换羽约为 2 个月。

(4)根据色素变化的情况 对于黄色皮肤的鸡,产蛋越多,褪色越明显,高产鸡褪色快,褪色部位的先后顺序为肛门、眼睑、耳叶、喙、脚底、胫、趾、踝关节。

4. 种公鸡的选择

最好选自高产家系的后代。从外形和生理特征选择时,要选留体形外貌符合本品种(品系)要求、发育匀称、未患过任何传染病、体重和体尺应大于母鸡、骨骼结实、姿势雄壮、羽毛丰满、性征发达(冠、肉垂、耳叶、羽毛、光泽度、喜啼鸣等)、胸部发达、性欲强、精液品质好的公鸡。不符合上述要求的公鸡应予以淘汰。

(二)根据记录成绩选择与淘汰

根据记录成绩有四种选择法,即系谱资料的选择与淘汰、本身成绩的选择与淘汰、全同胞和半同胞生产成绩的选择与淘汰以及后裔成绩的选择与淘汰。对于尚无生产性能记载的小鸡或公鸡,选择时可利用系谱资料,一般只着重亲代和祖代的成绩比较。对于已有生产性能记录的鸡,选择时着重本身成绩,结合其他三种选择方法。在选择公鸡时,着重考虑其后代的生产成绩和全同胞或半同胞的生产成绩。以上四种选择方法,必须要有完整的记载资料。如蛋用鸡的产蛋量、蛋重、蛋的品质、性成熟期、体重、生活力、繁殖力、耗料比等;肉用鸡 6 ~ 8 周龄仔鸡体重、成年体重、性成熟期、蛋重、蛋壳品质、生活力、繁殖力、屠宰率、耗料比等记载资料。

(三)根据多种性状选择与淘汰

鸡的选种很少只选择单一性状,常常同时选择几个性状。多性状选择法,主要有以下三种。

1. 顺序选择法

先选择一个性状,达到改进后再选择第二个性状,然后再选择第三个性状。直到所选择的性状都达到需要的目标。这种方法时间较长,而且若遇到性状为负相关时,一个性状提高后,导致另一个性状的下降,并在使用上有其局限性。

2. 独立淘汰法

对选择的每一个性状,规定一个最低表型值,个体必须符合各个性状的最低表型值才能留作种用。只要有一个性状达不到最低表型值的要求,就予以淘汰。这个方法往往留下一些性状仅合格的个体,而将一些因某一性状未达标而其他性状都优异的个体淘汰掉。

3. 选择指数法

此法将所需选择的几个性状应用数量遗传学原理,综合成一个可以相互比较的数值,然后选优去劣。这个数值就是选择指数,这个方法称为选择指数法。

三、家禽的受精

1. 精子的运行

家禽的受精部位在漏斗部。射精和人工授精的精液一般在阴道和输卵管的末端,其中大部分精子进入子宫阴道部的腺窝内,部分沿输卵管上行并布满管腔,少量进入并留在漏斗部。此后,输卵管内的精子全部进入腺窝。母鸡和火鸡人工授精后24h,子宫阴道部40%的腺窝全部或部分充满精子。精子从阴道部运行到漏斗部需要1h,而在子宫部输精只要15min即可达到受精部位。活力低和死精子一般不能到达受精部位而被淘汰,可见子宫阴道部对精子有一定的筛选作用。

2. 受精持续时间

受睾丸的温度以及母禽生殖道的特殊结构等因素的影响,家禽精子在母禽生殖道内存活的时间比家畜长得多,鸡精子35d,火鸡精子70d。母禽排卵后,通过漏斗时,由于输卵管壁的伸展,腺窝中的精子可释放出来完成与卵母细胞的受精。

精子在母禽生殖道内保持受精能力的时间受品种、个体、季节和配种力法等因素的影响。对于一般的鸡群,精子的受精能力在交配3~5d后,就有下降的可能,但一周之内尚可维持一定的受精能力。若采用人工授精,维持正常受精能力的时间可达10~14d。

家禽的受精高峰一般出现在输精或交配后1周左右,此后受精率则逐渐下降。所以,在一周内不输入新精液,或不让公禽与之交配,受精率便不能保持同样高的水平。

3. 受精过程

家禽受精作用的时间比较短暂。如鸡的卵子在输卵管漏斗部停留的时间约为15min。所以,受精过程也只能在这一短暂时间内完成。若卵子未受精,则随输卵管的蠕动下行到蛋白分泌部,被蛋白所包围,卵子便失去生命活动而死亡。在交配或输精后,有较多精子能到达受精部位并接近卵子。因为禽类的卵无放射冠、透明带等结构,在受精的过程中缺乏"透明带反应"和有效的"卵黄膜封闭作用",多精子入卵的现象比较常见,在卵母细胞质中有时可见到约有十至几十个精子,能溶解卵黄膜并进入卵子内部,但最后只有一个精子的雄原核与卵子的雌原核融合发生受精作用,其余的精子便逐渐被分解。除上述特点外,家禽的受精过程与家畜相似。

受精作用虽然只由一个精子完成,但其他精子协同参与穿透卵黄膜也是非常重要的,否则就很难顺利受精。因此,在生产中要保持理想的受精率,必须使母禽输卵管内维持足够数量的有效精子。所以,自然交配的鸡群中要适当调整公母比例,人工授精时输精剂量和输精间隔时间是提高受精率的关键。

四、家禽繁殖力

反映家禽繁殖力的指标有产蛋量、受精率、孵化率、育雏率等。

(1)产蛋量 是指家禽在一年内平均产蛋枚数。即

$$全年平均产蛋量(枚) = 全年总产蛋数/总饲养日/365$$

(2)受精率 是指种蛋孵化后,经过第一次照蛋确定的受精蛋数(包括死胎)与入孵总蛋数之比的百分率。即

$$受精率 = 受精蛋数/入孵总蛋数 \times 100\%$$

(3)孵化率 可分为受精蛋的孵化率和入孵蛋的孵化率两种表示方法,是指出雏总数占受精蛋总数或入孵蛋总数的百分率。

①受精蛋孵化率:是指出雏数占受精蛋数的百分率。

②入孵蛋孵化率:是指出雏数占入孵蛋数的百分率。

(4)育雏率 是指育雏期末雏禽数占育雏期初入舍雏禽数的百分率。

任务一 鸡的采精技术及精液处理

【任务实施动物及材料】 公鸡、采精杯(包括集精杯)、输精器、保温杯、恒温干燥箱、毛剪、75%的酒精、蒸馏水、生理盐水、稀释液、棉花球等。

【任务实施步骤】

一、采精技术

(一)采精前的准备

1. 种公鸡的准备

种公鸡要求体质结实、发育良好,蛋用型鸡可在6月龄进行,兼用型鸡可在7月龄进行。采精前一周将公鸡单独隔开饲养。

2. 采精训练

每天早晨用手朝鸡尾的方向按摩鸡腰荐部数次,以建立条件反射。过3~4d后试采,试采3~4d仍不成功者要及时淘汰。

3. 卫生消毒

准备好人工授精仪器、设备,器皿、试剂和材料的准备及消毒工作。

（二）采精操作（双人背腹式按摩法）

1.公鸡保定

助手用双手握住鸡两腿,以自然宽度分叉,使鸡头朝向后方,尾部朝向采精员,鸡体保持水平,夹于腋下。

2.按摩采精

先剪去鸡泄殖腔周围羽毛(第一次训练时),再以酒精棉球消毒其周围,待酒精干后即可采精。采精时,采精员用右手中指和无名指夹着经过消毒、清洗、烘干的集精杯,杯朝向手心,手心朝向下方,避免按摩时公鸡排粪污染。左手沿公鸡背鞍部向尾羽方向抚摩数次,以减低公鸡惊恐并引起性兴奋。待公鸡产生性兴奋时,采精员左手顺势翻转手掌,将尾羽翻向背侧,并以拇指与食指跨在泄殖腔双上侧;右手拇指和食指跨在泄殖腔双下侧腹部柔软部,以迅速敏捷的手法抖动触摸腹部柔软处,再轻轻地用力向上抵压泄殖腔。此时公鸡性感强烈,翻出交配器,右手拇指与食指感到公鸡尾部和泄殖腔有下压之感,左手拇指和食指即可在泄殖腔两上侧作微微挤压,精液即可顺利排出。与此同时,将右手夹着的集精杯口翻上,承接精液入集精杯中。一只公鸡可连续采精两次。

二、鸡的精液处理技术

鸡的精液处理主要包括精液品质检查和精液稀释。

1.精液品质检查

（1）外观检查

①颜色:正常为乳白色或乳黄色。

②浓稠度:乳状。

③污染度:不能严重污染,观察评定。

（2）活率检查 测定精子活力是以测定直线前进运动的精子数为依据。所有的精子都是直线前进运动,评为1.0。正常的精液中,直线前进运动的精子越多,精子活力越大,受精的可靠性就越大。我国鸡种的精子活力在0.7以上。检查时要做到迅速,温度保持在40℃左右。方法步骤参见家畜精子活力检查。

图4-3 精子密度检查(血细胞计数法)

（3）密度检查（见图4-3） 取精液和稀释液稀释后滴入血细胞计数板内,计数精子数并根据稀释倍数算出精液密度。一般鸡为25~40亿/mL。如果用概略法检查精液的密度,评定精子密度用"密、中、稀"来衡量,密度在"中"以上方可输精。检查方法参见家畜精子密度检查。

（4）畸形率检查　畸形精子的类型以尾部畸形为主，包括尾部盘绕、折断和无尾等，正常精液中畸形精子占总精子数的 5%～10%。检查方法类似家畜畸形精子检查。

2. 精液稀释

精液稀释的目的是扩大精液量，增加输精母鸡数，增强精子的活力，延长精子保存时间，提高种蛋的受精率。可用生理盐水或 5.7% 葡萄糖液或蛋黄葡萄糖液稀释（见表 4-2）。稀释工作应在采精后尽快进行。稀释前对精液品质进行检查，品质不好不能稀释。稀释液与精液应做到同温、等渗，且应将稀释液向精液中注入。

表 4-2　　　　　　　　　　稀释液配方

成分	BPSE 液	LAKE 液	生理盐水	等渗葡萄糖液
葡萄糖/g				5.7
果糖/g	0.5	1.0		
谷氨酸钠/g	0.867	1.92		
醋酸钠/g	0.43	0.857		
柠檬酸钠/g	0.064	0.128		
氯化钠/g			0.9	
磷酸二氢钾/g	0.065			
磷酸氢二钾/g	1.27			
TES/g	0.195			

三、鸡的输精技术

（一）输精前的准备

1. 母鸡的选择

输精母鸡应是营养中等、泄殖腔无炎症的母鸡。输精前应对母鸡进行白痢检疫，检疫阳性者应淘汰。开始输精的最佳时间应为产蛋率达到 70% 时的种鸡群。

2. 器具及用品准备

准备输精器数支，原精液或稀释后的精液，注射器、酒精棉球等。

（二）输精操作

1. 平养鸡输精

助手左手从母鸡前胸插入腹下，并用手指分别夹住母鸡两腿，使鸡胸部置于掌上，随即将手直立，使鸡背部紧贴自己胸部，头部向下，泄殖腔向上。然后用右手的大拇指与其余手指跨于泄殖腔两侧柔软部分，用巧力下压，左掌斜向上推，压迫泄殖腔翻开，左侧开口为阴道口。输精员用 1 支 1mL 结核菌素注射器吸取精液，套上

4cm 长塑料管,插入阴道口 2 ~ 3cm,慢慢注入,保定者配合慢慢松手。

2. 笼养母鸡输精

笼养母鸡人工授精时,可不必将母鸡从笼中取出来,翻肛人员只需用左手握住母鸡双腿,将母鸡腹部朝上。鸡背部靠在笼门口处,右手在腹部施加一定压力,阴道口随之外露,即可进行输精。

鸡的输精每周一次,使用原精液 0.025 ~ 0.03mL,稀释后的精液 0.1mL,输精时间每天下午 4 点以后进行,此时大部分母鸡已完成产蛋,即可获得较高受精率。

每只母鸡输一次应更换一支输精管。如采用滴管类输精器,必须每输一只母鸡用消毒棉球擦拭一次输精器,输 8 ~ 10 只母鸡后更换一支输精器。母鸡在产蛋期间,输卵管开口易翻出,每周重复输精一次,可保证较高的受精率。

思考与练习

1. 制订公鸡的采精方案。
2. 采精时应注意哪些问题?
3. 鸡精液的处理与家畜精液的处理有何不同?
4. 鸡精液保存有哪些方法?

任务二 鸡的输精技术

【任务实施动物及材料】 母鸡、精液、药棉(或专用消毒纸巾)、搪瓷盘、纱布、输精枪等。

【任务实施步骤】

一、输精前的准备

(一)母鸡的选择

输精母鸡应是营养中等、泄殖腔无炎症的母鸡。输精前应对母鸡进行白痢检疫,检疫阳性者应淘汰。开始输精的最佳时间应为产蛋率达到70%时的种鸡群。

(二)器具及用品准备

准备输精器数支,原精液或稀释后的精液,注射器、酒精棉球等。

二、输精

1. 输精方法(见图 4 - 4)

母鸡的输精常用阴道输精法。给母鸡输精时,必须把母鸡泄殖腔的阴道口翻出(俗称翻肛),再将精液准确地注入阴道口内。在批量进行人工授精时,输精应

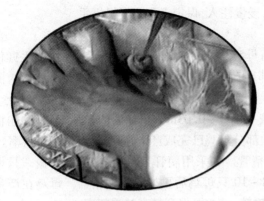

图4-4 鸡的输精

该由3人进行,两人翻肛,一人注入精液。翻肛人员用左手握住母鸡的双腿,使鸡头朝上,右手置于母鸡耻骨下给母鸡腹部施加压力,泄殖腔外翻时,阴道口露出在左上方呈圆形,右侧开口为直肠口。当阴道口外露后,输精员将吸有精液的输精管插入阴道口内2~3cm注入精液,同时解除对母鸡腹部的压力。

在笼养母鸡人工授精时,可不必将母鸡从笼中取出来,翻肛人员只需用左手握住母鸡双腿,将母鸡腹部朝上。鸡背部靠在笼门口处,右手在腹部施加一定压力,阴道口随之外露,即可进行输精。

输精管多为1mL注射器,以一胶管与4cm长塑料细管或细玻璃管相连。一根细管装一个输精剂量给一只母鸡输精,每输完一只母鸡更换一根细管,以防止传染疾病。也可用有0.01mL刻度的玻璃吸管,内径细、管壁较厚,或用1mL移液管截去一段,截头处用酒精喷灯火焰烧成光滑结节,加上吸管皮头,这样的输精管便于控制剂量,操作方便。还可根据输精剂量选用相应的微量取样器,末端配以吸嘴,每输完一只母鸡更换一只吸嘴,操作方便,剂量准确,又可防止疾病传播。输精时间一般在下午4点钟以后,此时,母鸡基本上都已结束产蛋。

输精时间间隔为每5~7d输精一次,每次输入新鲜精液0.025~0.05mL,其中含精子1亿。母鸡第一次输精时,应注入两倍精液量,输精后48h后便可收集种蛋。

2.注意事项

(1)精液采集后,应在半小时内尽快输精。

(2)捉取母鸡和输精时动作要轻缓,插入输精管时不可用力过猛,勿使空气进入。

(3)输精时遇有硬壳蛋时动作要轻,而且要将输精管偏向一侧缓缓插入输精。

(4)输精器材要洗净、消毒、烘干,每输一只母鸡更换一次输精管或吸嘴。注入精液的同时,助手要放松对母鸡腹部的压力。

思考与练习

1.如何给鸡实施输精?

2.制定实施方案确定母鸡输精时间和输精量。

认知与解读

　　鸭的繁殖是养鸭业生产中必不可少的关键环节,也是加速品种优良化的重要手段。繁殖技术的开发和应用,是提高鸭繁殖力的关键。

一、鸭的生殖器官

　　鸭的生殖器官与鸡的生殖器官既有相同之处,又有差异。了解鸭的生殖器官的结构、功能和特点,对学习鸭的采精和输精技术有重要的意义。

(一)公鸭的生殖器官

　　公鸭的生殖器官由睾丸、输精管和阴茎组成(见图4-5)。

　　1.睾丸

　　成对,左右对称,呈芸豆状,位于腹腔内,在肾的前部,各以一短的睾丸系膜悬挂于主动脉和肾脏之间。睾丸由许多弯曲的精细管构成,未成熟时呈黄色,性成熟时在精细管内形成精子和液体呈白色。精细管之间分散有间质细胞,能分泌雄性激素,促使第二性征发育和性行为的出现,表现在体格高大、鸣声洪亮。睾丸内侧是小的附睾,由若干睾丸输出管盘曲而成,输出管会合为一短的附睾管。鸭睾丸及曲精细管的发育具有明显的阶段性,附睾区的管道系统在接近性成熟时开始区分明显。

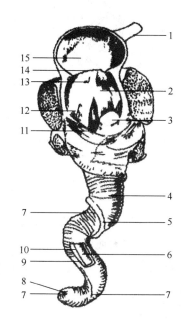

图4-5　公鸭生殖器官
1—直肠　2—泄殖道　3—软骨
4—大螺旋纤维淋巴体　5—小螺旋纤维淋巴体
6—腺管　7—阴茎沟　8—腺管开口　9—小梁间隙
10—弹性体　11—至肛道的裂隙　12—输精管乳头
13—输尿管泄殖腔口　14—粪泄殖器　15—粪道

　　2.输精管

　　是一弯曲的长管,为储存精子的主要处所。精子通过输精管,达到最后成熟。附睾管出附睾后延续为输精管,沿脊柱两旁向后行与输尿管并行,逐渐加粗,进入泄殖腔前变直,突入于泄殖腔内,末端形成射精管。

　　3.阴茎

　　是雄鸭的交配器官。鸭的阴茎发达,长6~9cm,平时缩于泄殖腔壁内,交配时

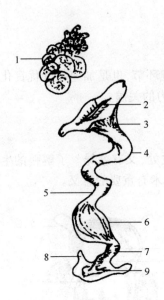

图 4 - 6　母鸭生殖器官
1—卵巢　2—喇叭管口　3—喇叭管颈
4—蛋白分泌颈　5—峡部　6—子宫
7—阴道　8—残留物　9—泄殖腔

勃起而伸出肛门外。阴茎由一个大螺旋纤维淋巴体、一个小螺旋纤维淋巴体和一个黏液腺管构成。在大、小螺旋纤维淋巴体之间，形成一个螺旋形排精沟。当淋巴体内充满淋巴液时，阴茎勃起，排精沟两侧缘上的乳头相互交错、紧密嵌合，形成暂时性的封闭管道，精液经此射入母鸭输卵管的阴道内。阴茎在性成熟前数周迅速发育。

（二）母鸭的生殖器官

母鸭的生殖器官有卵巢和输卵管，但只有左侧的发育正常，具有繁殖功能，右侧的在孵化期间就停止发育。母鸭的生殖器官见图 4 - 6 所示。

1. 卵巢

以短的卵巢系膜韧带附着于左肾前端的腹腔背侧壁。功能是产生卵子和分泌雌性激素。幼鸭卵巢呈扁平状，灰白或白色，表面呈颗粒状。产蛋鸭卵巢上有大小不等的卵泡，形似葡萄状。当成熟卵泡因卵细胞内沉积卵黄而增大时，卵泡膜变薄，最后在无血管的卵泡带处破裂，卵子落入输卵管内。到休产期，卵巢逐渐回缩，直到下一个产蛋期，卵泡才又开始生长发育。卵巢髓质中的腺细胞能分泌雌性激素。

2. 输卵管

是输送卵细胞的生殖管道，长而弯曲，以背侧韧带悬挂于腹腔顶壁。根据结构和功能的不同，输卵管由前向后可依次分为漏斗部、膨大部、峡部、子宫部和阴道部5 个部分。功能主要是接纳卵子、受精作用、分泌蛋白、成蛋产出等（与鸡的功能相同）。

二、 鸭的繁殖技术

为了获得较高的产蛋量和受精率，应主要做好以下 8 个方面。

（一）种鸭选择

鸭的繁殖性能在不同品种、品变种、品系之间有着明显的不同。在选择种鸭时，从以下几个阶段进行选种。

1. 蛋选

第一步要选择来源于高产个体或群体的种蛋，第二步要选择蛋重、壳色、壳质、蛋形符合品种特征的蛋,以使孵出的雏鸭符合品种特征和具有高产的潜在性能。

2.苗选

种蛋孵出雏鸭后,在开食前进行选择。要选择绒毛、喙、脚颜色及初生重符合品种特征的雏鸭,淘汰不合要求的杂色雏鸭和弱脚雏鸭。

3.后备鸭选择

要求后备鸭羽毛已丰满并具有品种特征,生长发育好,健康状况好。另外,公鸭要肥度适中,颈粗而稍长,胸深而宽,背宽而长,腹部平整,脚粗壮有力,行动灵活,叫声响亮。母鸭要颈细长,体型长圆,前躯较浅狭,后躯较深宽,臀部宽广。

4.成年鸭选择

淘汰生殖器官发育不良或功能不全的公鸭,选择性器官发育正常且精液品质优良的公鸭留种。

（二）配种适龄

鸭多在6～7月龄（蛋鸭在4～5月龄）时性成熟。公鸭到22周龄时开始配种,北京鸭165～200日龄;樱桃谷肉鸭、狄高肉鸭182～200日龄;瘤头公鸭165～210日龄。母鸭21周龄左右配种,通常在产蛋后,当蛋重达到该品种标准时就可以配种。

（三）公母比例

自然交配时公母比例因品种、年龄、气候,体质强弱、配种方法等的不同而不同。蛋用鸭公母比例为1:（20～25）,兼用鸭为1:（15～20）,肉用鸭为1:（5～6）。如采用人工授精技术,公母比例可以提高到1:（40～50）。在生产实践中,公母比例的具体大小要根据种蛋受精率的高低及时进行调整确定。

（四）配种时间和地点

自然交配最好在早晨和傍晚。早晨公鸭性欲最旺盛,要充分利用上午头次开棚放水的有利时机,使母鸭获得配种机会。傍晚也是公鸭性活动较强的时间,也要抓紧利用。抓好早晨和傍晚的配种是提高受精率的关键。公、母鸭既可在水面又可在陆地进行自然交配,但在水面上时双方更加活泼,更容易交配受精。因此,种鸭要有水面活动场,每天至少给种鸭放水配种4次。

（五）利用年限

公、母鸭应采用"年年清"的办法全群更换种鸭,到了接近产蛋季节尾声、少数鸭开始换羽之时,就应全部淘汰,作肉用鸭出售,选新鸭作后备种鸭。这种只利用一个产蛋期的制度使种蛋的受精率和孵化率均较高。

（六）配种方法

按照交配的不同形式可将配种方法分为三类:自然配种、人工辅助配种和人工授精。

自然配种就是将选择好的公鸭,按比例放到母鸭群中,让其自由交配,按群体组合的大小分为大群配种和小群配种。

大群配种:即在一群母鸭内,按一定的公母比例,放入一定数量的公鸭进行配种,这种方法管理方便,但有时个别称雄的公鸭往往霸占大部分母鸭,使种蛋受精率降低。

小群配种:只用一只公鸭和几只母鸭组成一个配种群。这种方法大多用于专业育种场,受精率较高、较稳定,但管理较费事。

人工辅助配种的实质还是自然配种,人工辅助主要是保定母鸭,便于公鸭的交配。

人工授精可控制鸭的自由交配,全程在人的控制下,从公鸭的采精、精液的处理和稀释,到母鸭的输精都是在人工操纵下进行,大大提高了鸭的繁殖力。

(七)饲养管理

有合理的饲养管理和充分的运动,公鸭的配种能力才旺盛,母鸭的性活动才活跃。因此,为了让鸭自由采食、觅沙、戏水、洗毛、交配,营养上要全价。蛋白质、矿物质和维生素缺乏,会影响产蛋量和孵化率;高能日粮,将使受精率下降。

(八)光照调控

光照对鸭的繁殖力有较大的影响,而这种影响又十分复杂。长日照能使产蛋期提前,短日照可以延长产蛋期;先减少光照再逐步增加光照能够岔开产蛋期;调控光照可以获得非季节性连续产蛋,在光刺激作用后采用夏季短日照可获得秋季产蛋期。运用光照调控时,应注意地域性和品种特性,

三、鸭的人工授精前的准备

鸭的人工授精能增加公鸭的配种量,提高种蛋的受精率,增加养鸭的经济效益。目前大型鸭场已经广泛应用。

1. 公母分群

人工授精的公母鸭,必须在产蛋前就分开饲养。

2. 修剪羽毛

公鸭泄殖腔周围的羽毛妨碍采精、污染精液,应提前修剪。

3. 按摩训练

如果采用按摩采精法,公鸭一定要经过一段时间的按摩训练,建立起性条件反射后再进行正式的采精。按摩训练一般为 8d 左右。

4. 选留淘汰

公母鸭分群饲养,18 周龄公鸭群中放 1~2 只母鸭,促进性器官发育。20 周龄公鸭实现单笼饲养,23 周龄开始训练采精。根据按摩训练的情况,对公鸭进行一次选留与淘汰,将性条件反射好、精液量多、精液品质好的公鸭留下做种公鸭。精液量较少、精液品质好的公鸭也可选留一部分。凡是阴茎畸形、发育不良、难以建立性条件反射的公鸭应淘汰。种公鸭的精选对提高繁殖力有重要作用。

5.消毒卫生

做好人工授精仪器、设备、器皿、试剂和材料的准备及消毒工作。

6.饲养管理

在繁殖季节到来前加强种公鸭饲养管理。一般在采精前4h应停止喂水喂料,否则肠道排泄物增多,易污染精液。早晨公鸭的性反应最好,所以采精的公鸭先不要放水,放水后常不易采到精液。采精时要将公鸭缓慢地赶进采精室内,待安定后再捕捉,不要紧赶急捉,使公鸭处于应激紧张状态而影响采精效果。

四、鹅的生殖器官

(一)公鹅的生殖器官

公鹅的生殖器官由睾丸、输精管和阴茎组成,如图4-7所示。

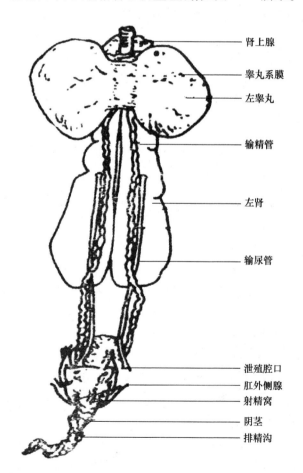

图4-7 公鹅生殖器官(腹侧观)

(1)睾丸 与鸭相似。

（2）输精管　与鸭相似。

（3）阴茎　是雄鹅的交配器官。阴茎由一个大螺旋纤维淋巴体、一个小螺旋纤维淋巴体和一个黏液腺管构成。在大、小螺旋纤维淋巴体之间，形成一个螺旋形排精沟，深约0.2cm。当淋巴体内充满淋巴液时，阴茎勃起，排精沟两侧缘上的乳头相互交错、紧密嵌合，形成暂时性的封闭管道，精液经此射入母鹅输卵管的阴道内。阴茎在性成熟前数周发育迅速。

（二）母鹅的生殖器官

母鹅的生殖器官有卵巢和输卵管，但只有左侧的发育正常，具有繁殖功能，右侧的在孵化期间就停止发育。

（1）卵巢　与鸭相似。

（2）输卵管　是输送卵细胞的生殖管道，长而弯曲，以背侧韧带悬挂于腹腔顶壁。根据结构和功能的不同，由前向后，输卵管可依次分为5个部分（与鸭相似）。

五、提高鹅繁殖力的措施

鹅的繁殖指鹅的产蛋率和受精率及孵化率。下面就从鹅的选种选配及光照方面探讨如何提高鹅的繁殖力。

（一）种鹅选择

1. 蛋选

要选来源于高产个体或群体的种蛋，蛋重、壳色、壳质、蛋形符合品种特征。

2. 苗选

孵出雏鹅在开食前进行第一次选择。要选绒毛、喙、脚颜色及初生重符合品种特征的雏鹅。

3. 后备鹅选择

70日龄左右进行，这时羽毛已丰满，主翼羽交翅。要求除具有品种特征，生长发育好、健康状况好外，公鹅要肥度适中，颈粗而稍长（生产肥肝的颈粗短），胸深而宽，背宽而长，腹部平整，脚粗壮有力，行动灵活，叫声响亮，母鹅要颈细长，体形长圆，前躯较浅狭，后躯较深宽，臀部宽广。

4. 成年鹅选择

是种鹅的复选定群，要进一步检查性器官发育情况，淘汰阴茎有病，发育不良或功能不全的。检查公鹅的精液品质，精液品质优良的公鹅留为种用。

5. 老鹅的选择

产蛋结束后，将开产早、产蛋多、就巢性弱、受精率高的母鹅留种，配种能力强、受精率高的公鹅也留种。有个体记录的，可对繁殖记录进行统计分析，选留繁殖性能好的公、母鹅。根据公鹅的血清睾酮浓度与其性活动、蛋的受精率呈强相关的特点，可用放射免疫法测定血清睾酮浓度来选留公鹅。

（二）适龄配种

公鹅第二次换羽结束，约 12 月龄时开始配种较好。母雏鹅通常在产蛋后当蛋重达到该品种标准时就可以配种。

（三）公母比例

我国小型鹅品种的公母比例为 1:(6~7)，中型品种为 1:(5~6)，大型品种为 1:(4~5)。天气寒冷的冬天或早春，或老龄的公鹅或饲养水平不高或公鹅的性活动弱时，公母比例要相应缩小。如采用人工授精技术，公母比例可以提高到 1:(15~20)。在生产实践中，公母比例的具体大小，要根据种蛋受精率的高低及时进行调整，不能机械地确定。公鹅过多会因争抢爬跨影响交配，受精率反而下降。

（四）配种时间和地点

自然交配时，公鹅早晨性欲最旺盛。健康种公鹅一个上午能配种 3~5 次。傍晚，也是公鹅性活动较强的时间，也要抓紧利用。据对雁鹅性行为的观察和分析，公鹅 1d 配种的总次数中，早晨占 39.8%，傍晚占 37.4%，早晚合计占 77.2%。早晨是指上午 9 时以前，傍晚是指下午 4~6 时。公母鹅在水面上时双方更加活泼，更容易交配受精。因此，种鹅要有水面活动场，每天至少给种鹅放水配种 4 次。

（五）配种方法

鹅的配种方法分为三类：自然配种、人工辅助配种和人工授精。生产上常采用前两种，人工授精在我国南部地区正在推广中。

自然配种就是将选择好的种公鹅，按比例放到母鹅群中，让其自由交配。按鹅群体大小可分为大群配种和小群配种。方法类似于鸭的配种。

人工辅助配种的实质还是自然配种。只是在自然配种遇到困难时，如公鹅体型大或母鹅太小，予以人工辅助，主要是保定母鹅，便于公鹅的交配。将母鹅按压在地上，母鹅腹部着地，头部朝向操作人员，尾部朝向外时，公鹅就会主动过来配种。公鹅射精后立刻离开，操作人员应迅速将母鹅泄殖腔朝上并在其周围轻轻按压，促使精液流入。人工辅助配种能显著提高受精率，浙东白鹅、永康灰鹅的公母比例能达到 1:(10~15)~1:(20~30)。

（六）光照调控

光照对鹅的繁殖力有较大的影响。长日照能使产蛋期提前，短日照可以延长产蛋期；先减少光照再逐步增加光照能够岔开产蛋期；调控光照可以获得非季节性连续产蛋，在光刺激作用后采用夏季短日照可获得秋季产蛋期；补充光照能使母鹅冬春多产蛋。运用光照调控，应注意地域性和品种特性。

六、鹅的精液品质检查

1. 颜色

正常精液为乳白色或乳黄色。

2. 射精量

射精量要求稳定、正常,多选择射精量较多的公鹅,一次采得的平均射精量为0.10~1.38mL,随着品种、年龄和季节的不同而有所变化。

3. 精子活力(检查方法类似家畜精子活力检查)

用于人工授精的鹅精液。我国鹅种的精子活力宜在0.5以上。

4. 精子密度(检查方法类似家畜精子密度检查)

太湖鹅1岁龄时9.21亿/mL;2岁龄时17.2亿/mL;浙东白鹅2岁龄时5.56亿/mL;狮头鹅2岁龄时5.6亿/mL。

5. 精液pH

用精密试纸测定,各品种公鹅的精液pH基本为中性,太湖鹅7.0,豁眼鹅7.1,浙东白鹅7.2;狮头鹅7.6。在酸度增加不大的条件下,会使精子运动减慢,但精子仍是活的;当碱性增加时,精子运动加快,并迅速死亡。

任务三 鸭、鹅的采精技术

【任务实施动物及材料】 公鸭、公鹅、集精杯等。

【任务实施步骤】

一、鸭的采精技术

1. 保定

(1)双人操作 采精员坐在凳子上,将公鸭放于膝上,鸭头伸向左臂下,助手位于采精员右侧保定公鸭双脚。

(2)单人操作 适于熟练的采精员。公鸭双脚软绳保定,如果左手(右手)按摩,则右手(左手)中指和无名指夹持经过消毒、清洗、烘干的集精杯,使杯口在手心内,手心朝向下方,以避免按摩时公鸭排粪污染。

2. 采精

(1)按摩采精法 采精人员左手掌心向下,大拇指和其余4指分开,稍弯曲,手掌面紧贴公鸭背部,从翅膀的基部向尾部方向有节奏地进行按摩。凡是性反射好的公鸭,当手按摩到两髂骨部时,公鸭尾巴会反射性地向上翘。引起公鸭性反射的部位在两髂骨部,每天大约按摩4~5次,连续3~4d就能给鸭建立起性反射。再用左手按摩并挤压公鸭的两髂骨部,同时用右手拇指和食指有节奏地按摩腹部后面的柔软部,并逐渐按摩和挤压公鸭的泄殖腔环的两侧,对此处进行刺激使其产生淋巴液流入阴茎,阴茎勃起并外翻伸出。当阴茎充分勃起时,注意挤压泄殖腔环的背侧,使排精沟完全闭锁,精液就沿着排精沟流向阴茎末端,可收集到洁净的精液(见图4-8)。

(2)诱情采精法 先将公鸭泄殖腔周围的羽毛剪短,并用生理盐水和消毒液

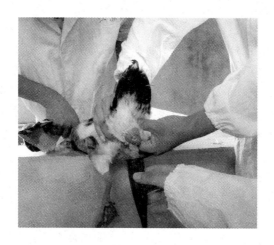

图 4 - 8　鸭的采精

洗净消毒。采精时用产蛋的母鸭做诱情鸭,将母鸭放入公鸭笼内,公鸭啄住母鸭的头部羽毛骑乘。采精员站在笼边帮助公鸭在母鸭背上骑稳,当公鸭尾部左右摆动时,采精员轻轻按摩公鸭泄殖腔上部的坐骨并轻轻挤压,公鸭伸出阴茎并迅速射精,此时采精员迅速用集精杯接纳精液。

3. 采精注意事项

采精挤压阴茎用力不能过猛,否则容易引起生殖器官出血,污染精液。另外,持集精杯的助手不可将集精杯与泄殖腔靠得太近,要配合按摩者及时将集精杯送至阴茎顶端收集精液。冬天要在集精杯夹层内先装入 38 ~ 40℃ 的温水,以防止精子受冷发生休克。采精频率为采精 1d,休息 1d。公鸭采精前 3 ~ 4h 停止喂水喂料。

二、鹅的采精技术

1. 保定

(1)双人操作　助手将鹅放在采精台上,用右手按住公鹅翅膀的基部,使鹅呈蹲伏姿势,鹅的后腹部悬于采精台外以便于按摩操作,左手持集精杯。采精者用一块蘸有灭菌生理盐水的棉球清洗鹅的肛门,由中央向外擦洗,用面巾纸吸干。

(2)三人操作　第一助手保定公鹅,用双手分别从两边抓住公鹅的两条大腿、股部和两翅膀尖部,将鹅保定在胸前,将鹅头放在右臂下。第二助手持集精杯,准备收集精液。采精者用一块蘸有灭菌生理盐水的棉球清洗鹅的肛门,由中央向外擦洗,用面巾纸吸干。

2. 采精操作

(1)电刺激采精法　先用盐酸氯胺酮按每 kg 体重 25mg,5∶1 比例稀释,肌肉注射诱导浅度麻醉,以使肌肉松弛。注射 5 ~ 8min 后用毛巾将鹅蒙住,把涂抹了润滑剂的电刺激器轻轻插入泄殖腔内。探棒插入泄殖腔的深度为 3～5cm。开始用 5V 电压进行脉冲刺激,每次持续 3s,间隔 5s,每次增加电压 5V。当电压达到 15V 时,60% 试验鹅的阴茎伸出体外。当电压加到 20～25V 特时,鹅开始射精。10 只鹅电刺激采出的精液,平均采精量为 (0.15±0.05)mL,密度每毫升精液中有 6.5 亿个精子。电刺激时,如发现泄殖腔内有尿酸盐,就要用生理盐水冲洗后再刺激。这种采精法的优点是鹅不必进行训练和建立性条件反射,麻醉剂的应用能使应激反应降到最低限度,肌肉松弛度较好。缺点是要增添相应的仪器和药物,精液被尿液污染的问题仍旧存在。

(2)按摩采精法 采精人员左手掌心向下,大拇指和其余 4 指分开,稍弯曲,手掌面紧贴公鹅背部,从翅膀的基部向尾部方向有节奏地进行按摩。凡是性反射好的公鹅,当手按摩到尾根部时,公鹅尾巴会反射性地向上翘。因为按摩训练时引起性反射的部位是在尾椎根部和坐骨部,由骨盆神经丛分出的神经纤维腹腔支神经丛的神经纤维支配。每 1～2s 按摩 1 次,大约 4～5 次后,左手按摩稍带力挤压公鹅的尾根部。同时用右手拇指和食指有节奏地按摩腹部后面的柔软部,并逐渐按摩和挤压公鹅的泄殖腔环的两侧富含血管体的淋巴窦,使其产生淋巴液流入阴茎,阴茎勃起并外翻伸出。当阴茎充分勃起时,要注意挤压泄殖腔环的背侧,使排精沟完全闭锁,精液就沿着排精沟流向阴茎末端,可收集到洁净的精液。通过按摩训练已建立良好性反射的公鹅,从采精开始到结束,大约需要 20～30s,但因品种不同而有差异。浙东白鹅最快,太湖鹅、豁眼鹅次之。狮头鹅较慢,需按摩的次数较多,采精的时间也相应较长,大约需要 30s 至 1min,挤压泄殖腔上部的压力要大一些,挤压的部位稍偏上。

(3)诱情采精法 将产蛋的母鹅固定于诱情台上,并将公鹅泄殖腔周围的羽毛剪短,用生理盐水和消毒液洗净消毒。然后放出公鹅,训练有素的公鹅立即骑跨台鹅。采精员站在旁边帮助公鹅在母鹅背上骑稳,当公鹅阴茎勃起伸出交尾时,采精员迅速将阴茎导入集精杯接纳精液。如果公鹅骑跨台鹅不伸出阴茎,采精员可按摩公鹅的泄殖腔周围,使阴茎勃起伸出而射精,整个时间约 1～2min。

3. 注意事项

按摩时不能用力过猛,否则容易引起生殖器官出血,污染精液。另外,持集精杯的助手,不要将集精杯与泄殖腔靠得太近,要与按摩者配合,及时将集精杯送至阴茎顶端收集精液。在寒冷天气采精时,要在集精杯夹层内先装入 38～40℃ 的温水,以防止精子受冷发生休克。一般连续采精 3d,公鹅休息 1d。

思考与练习

如何给鸭、鹅实施采精?

任务四　鸭的精液处理技术

【任务实施动物及材料】　精液、显微镜、光电比色计、pH 试纸等。

【任务实施步骤】

一、精液品质的检查

1. 颜色

正常为乳白色或乳黄色。

2. 射精量

一次采得的平均射精量为 0.1~0.6mL,要求射精量稳定、正常,多选择射精量较多的公鸭。

3. 精子活力

检查方法类似家畜精子活力检查,种鸭的精子活力要求在 0.7 以上。

4. 精子密度

我国种鸭的精子密度约为 20 亿/mL。

二、精液的稀释

1. 稀释液的种类

常用稀释液为 0.9% 氯化钠的生理盐水,可获得 90% 以上的受精率。这种稀释液配制方便,价格便宜。稀释液配方参见鸡部分。

2. 稀释比例

要根据鸭的射精量、精子密度和精子活力情况,确定具体的稀释比例。通常按 1:(1~3) 的比例进行稀释,采精前加好稀释液以利于使精子保持较高的活力。

任务五　鸭、鹅的输精技术

【任务实施动物及材料】　母鸭、母鹅、精液、输精枪等。

【任务实施步骤】

一、鸭的输精技术（见图 4-9）

鸭的输精是人工授精的最后环节,常用的输精法有两种。

1. 阴道外翻法

输精员面向母鸭的尾部,左手食指、中指、无名指和小指并拢,将母鸭的尾巴拨向一边,大拇指紧靠泄殖腔下缘,轻轻向下方压迫,使泄殖腔张开。右手将盛有精液的输精器插入泄殖腔后,向左下方推进 3~4cm 深,即可自然插入阴道部出口内。

此时,左手大拇指放松,稳住输精器,用右手输送精液。用这种方法输精时,若插入部位准确,母鸭的泄殖腔就会排出少量淡白色分泌物。输精完毕后,输精器上应洁净无污物,这可以用来判断操作的正确与否。

图4-9 鸭的输精

2. 手指引导输精法

输精员用左手食指轻轻进入泄殖腔,于泄殖腔左侧寻找阴道口。阴道口的括约肌较紧,而直肠口较松。待找到阴道口时,左手食指尖定准阴道口的括约肌,同时右手将输精器的头部沿着左手食指的方向插入泄殖腔的阴道口后,将食指抽出,并注入精液。实施过程中可借助食指指尖帮助撑开阴道口,以利于输精,此方法最适用于阴道口括约肌紧缩的母番鸭。

输精也可由两人配合完成。保定者穿上塑料围裙以避免鸭粪污染衣服。将母鸭赶入舍内围住,将鸭头部放在两腿之间,尾部朝上,用右手轻压尾根,左手在泄殖腔下缘轻翻,即可翻出呈椭圆形的输卵管,并用左手食指压住粪道口。输精员将输精器插入阴道2~3cm,注入精液。输精结束后保定者左手放松,待泄殖腔恢复原状再放开母鸭。

3. 输精时间、次数、用量及注意事项

输精通常在下午,因为此时大多数母鸭的输卵管内没有蛋。下午4~6时输精则更好,傍晚是性活跃的时间。由于公鸭的精子在母鸭体内保持受精能力的时间较长,所以给母鸭输精一般每隔5~6d进行一次,但公番鸭与母麻鸭杂交时,每3d输一次精液,上午8~11时输精为好。每次输精量为原精液0.03~0.05mL,稀释精液0.1~0.2mL,精子数量要求4000万~5000万个,第一次输精的剂量要加倍。

二、鹅的输精技术

由于公鹅的精子在母鹅体内保持受精能力的时间较长,所以给母鹅输精一般每隔5~6d进行一次,每次输精量为原精液0.05~0.08mL,稀释精液0.1mL,含活精子约3000万~4000万个。输精通常在下午进行,因为大多数母鹅这时输卵管内没有蛋。如能在下午4~6时输精则更好,傍晚是性活跃的时间。要注意,第一次输精的剂量要加倍。一只优良的种公鹅精液,可承担20~30只母鹅的输精。常用的输精法有两种。

1. 手指引导输精法

助手用两手抓住母鹅翅膀根的胸部,将其保定在输精台上。输精员面向母鹅尾部,先用棉球擦拭肛门周围,再将右手食指插入肛门内,寻找位于左边和肛门入口处下面的输卵管阴道部出口,用左手将单个的吸量管插入肛门和输卵管阴道部出口,并用右手食指检查吸量管所插地方的准确性,确认后将精液输入。输精后,在母鹅的背部轻轻按摩5~7s。由于要用手指伸入母鹅泄殖腔,易使泄殖腔感染而引起炎症,这是本法的缺点。

2. 直接插入输精法

母鹅保定方法同上。输精员面向母鹅的尾部,左手食指、中指、无名指和小指并拢,将母鹅的尾巴拨向一边,大拇指紧靠泄殖腔下缘,轻轻向下方压迫,使泄殖腔张开;右手将盛有精液的输精器插入泄殖腔后,向左下方推进5~7cm深,即可自然插入阴道部出口内。此时,左手大拇指放松,稳住输精器,用右手输精液。输精器是将羊输精器的细管部分截短,只留10cm长,细管末端不弯曲,保留直的形状。这种输精器使用灵活,适合"直接插入输精法"的输精。用这种方法输精时,若插入部位准确,母鹅的泄殖腔会排出少量淡白色分泌物,输精完毕后,输精器上洁净无污物,可以用来判断操作正确与否。

思考与练习

1. 制订方案确定鸭、鹅输精时间和输精量。

2. 如何给鸭、鹅进行输精?

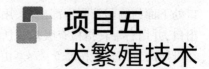

项目五
犬繁殖技术

【学习内容】

1. 犬的发情鉴定。

2. 犬的采精。

3. 犬的精液处理及输精。

4. 犬的妊娠诊断及分娩与助产技术。

【学习目标】

1. 了解犬的生殖器官。

2. 学会用试情法判断母犬的发情情况并确定最佳适配期。

3. 学会调教公犬并进行采精及精液处理。

4. 了解母犬的妊娠征兆,并掌握母犬的妊娠诊断技术。

5. 掌握分娩的过程,了解分娩期的征兆、难产的判断和助产方法。

认知与解读

一、犬的生殖生理

(一)犬的生殖器官

1. 公犬的生殖器官

公犬的生殖器官主要由睾丸、输精管道、副性腺和阴茎等组成。

(1)睾丸　睾丸是位于阴囊中的两个椭圆形实质性器官,外面包有阴囊,是产生精子和分泌雄性激素的场所。睾丸是筛选种用公犬的主要鉴定器官,两睾丸要大小相同,上下对称,富有弹性,睾丸长轴由后向前呈水平稍向上倾斜。在繁殖期,睾丸膨大,富有弹性,功能旺盛,能产出大量的精子;在乏情期,睾丸体积变小、变硬,不具备繁殖能力。睾丸产生的雄性激素对犬的第二性征出现和其他性器官的发育具有调节作用。

(2)输精管道　输精管道包括附睾、输精管、尿生殖道。

①附睾:附睾是由紧密附着于睾丸附睾缘的管道组成的器官,是储存精子的场所,并使精子达到生理成熟,从而具有活力和使卵子受精的能力。附睾分附睾头、体、尾三个部分。头部长而弯,显得膨大,盖在睾丸的背侧端,一直绕到睾丸上端的前缘;体部很细,位于睾丸后缘的外侧;尾部较大,附于睾丸的尾部。公犬射精时排出的精子主要是来自附睾尾部,只有这些精子有受精能力。精子在附睾中可以存活两个月,时间过长就会失去受精能力,成为老化精子,最后死亡而被吸收。

②输精管:输精管是输送精子的管道,始于附睾,经腹股沟前进入腹腔至骨盆腔,开口于尿生殖道,肌肉层较发达,交配时收缩力很强,可将精子送入尿生殖道内并射出体外。

③尿生殖道:这个部分在骨盆腔内,起自膀胱颈的输精管口,延伸至阴茎头开口处,是尿液排出和精液射出的共同通道。

(3)副性腺　犬的副性腺与其他家畜相比有显著差别,犬的副性腺较小,主要包括前列腺、壶腹腺和尿道小腺体,没有精囊腺。前列腺位于耻骨前缘,覆盖在膀胱颈和尿生殖道的起始部。尿道小腺体位于尿生殖道骨盆的外侧,成对出现。犬射精时,首先是尿道小腺体分泌液体,冲洗、中和并润滑尿道,然后附睾排出精子。前列腺分泌的前列腺液具有营养和增强精子活力的作用,促进精子在生殖道内的活动。在射精结束后,壶腹腺分泌液体,防止精液倒流。

(4)阴茎　阴茎是公犬的交配器官,平时隐藏在包皮内。犬的阴茎构造比较特殊,一是阴茎内有块长8~10cm的阴茎骨,交配时无须勃起即可插入;二是在阴茎的根部有两个发达的海绵体,在交配过程中,海绵体充血膨胀而呈栓塞状,卡在母犬的耻骨联合处,使阴茎不能拔出。犬的交配时间长,一般为30min。

2.母犬的生殖器官

母犬的生殖器官由卵巢、输卵管、子宫、阴道和外阴部等组成。

(1)卵巢　卵巢是产生卵子和雌性激素的器官。犬的卵巢较小,长约2cm,直径约1.5cm,长卵圆形,稍扁平,位于第3、4腰椎腹侧,即肾脏的后方,左右各1个。卵巢分泌的雌性激素对雌性生殖器官的发育和生殖功能的维持起调节作用。

(2)输卵管　输卵管是连接卵巢和子宫,输送卵子、精卵结合并输送受精卵进入子宫的管道。输卵管位于每侧卵巢和子宫角之间的非常弯曲的细管,平均长4~10cm,直径1~2mm。输卵管的前端附着在卵巢前端,有一个呈漏斗状的喇叭口,称为伞部,为卵子进入输卵管的地方。输卵管的前1/3粗而软的是精卵结合的部位,其余部分是细而硬的峡部。

(3)子宫　是胚胎发育和胎儿娩出的场所,位于腹腔和骨盆腔内,由子宫角、子宫体和子宫颈三部分组成。子宫前接输卵管,后与阴道相连,两条弯曲的带状子宫角分别与两条输卵管相连接。子宫角细长,内径均匀,没有弯曲;子宫体短小,约2~3cm,壁薄;子宫颈短,壁厚,是阴道通向子宫的通道,主要功能是封闭子宫,防止异物进入子宫腔。胎儿在子宫角内发育,犬的子宫角比较发达,一窝可以产十几只仔犬。

(4)阴道及外生殖器 阴道是母犬的交配器官和胎儿娩出的通道。犬的阴道较长,从子宫颈延伸到阴道前庭,以不太明显的处女膜分界,长5~10cm。外生殖器也是交配器官和产道,主要包括尿生殖道前庭和阴门,阴门又分为阴蒂和阴唇。尿生殖前庭为尿生殖皱褶到阴门的短管,为3~5cm;阴蒂和阴唇在发情期常呈规律性变化,是识别发育与否的重要标志。

(二)犬的性成熟与性行为

1. 初情期

初情期是母犬生长发育到一定年龄首次出现发情或排卵的时期。这时母犬虽然具有发情征状,但其生殖器官仍在继续生长发育,因此假发情和间断发情比例比较高。初情期是性成熟的前兆,必须经过一段时间犬才能到达性成熟。初情期的出现受下丘脑、腺垂体和性腺的有关生理机制所控制,但外界因素也可通过这些器官对初情期产生一定影响。受品种、气候、营养等因素的影响,初情期会略有差异。母犬初情期一般在8~10月龄。

2. 性成熟与体成熟

性成熟即犬生长发育到一定的时期,出现第二性征,生殖器官已基本发育完全,具备了繁殖的能力。性成熟后,公犬开始有正常的性行为,并能产生具有受精能力的精子;母犬开始出现正常的发情,并排出成熟的卵子,其他生殖器官也发育完全。

犬到达性成熟的时间,受犬的品种、地区、气候、环境及饲养管理的水平等多种因素的影响而有所差异。即使是同品种不同个体的犬也会存在差异。

一般认为,小型犬品种的性成熟要早些,大型犬品种的性成熟要晚些。通常情况下,犬出生后8~11个月龄即可达到性成熟,有的可在6月龄就达到性成熟。研究认为,犬的性成熟期平均为11个月;纯种犬为7~16个月,平均为11个月;杂种犬为6~17个月,平均9.5个月。

性成熟后,母犬在发情期与公犬进行交配即可怀孕产仔。但要注意的是,刚达到性成熟的幼犬,虽然具有繁殖的能力,但不适合繁殖。因为体成熟前繁殖会出现窝产仔数少、后代不健壮或有胚胎死亡的可能性,同时也影响到种犬本身的生长发育。这就意味着性成熟和体成熟并不是同步的,要等犬达到成熟犬的固有体况,生长发育基本完成后方可继续交配。犬的体成熟在初情期和性成熟之后,一般需要20个月左右,因此,犬的最佳初配年龄母犬为12~18个月,公犬为18~20个月。

二、犬的发情鉴定

(一)发情周期

发情周期是指母犬生长发育到初情期后或性成熟后,其各种生殖器官及整个机体发生的一系列周期性的变化,周而复始,一直到停止性功能活动的年龄为止。发情周期的计算通常为从本次发情期的开始到下一次发情开始的间隔时间。根据母犬的发情征状和行为反应的特点不同,发情周期一般分为发情前期、发情期、发情后期和休情期四个时期。

1. 发情前期

是发情周期的第一个阶段,为母犬发情的准备阶段,一般是指从母犬阴道排出无色或血样分泌物至开始愿意交配的这段时间。其持续时间为 8~10d,平均为 9d。此期的主要生理特征是外生殖器官肿胀、潮红、湿润,阴唇发硬,阴道充血并流出血样的分泌物。母犬变得举动不安,屡屡狂叫,不停地舔阴部,甚至出现厌食、饮水量增加、尿频等现象。当接触到公犬时,开闭外阴部,频频排尿,但不接受交配。阴道涂片检查发现含有很多具有固缩核的角质化的上皮细胞、红细胞、少量白细胞和大量的碎屑,在卵巢中存有大量不同发育时期的卵泡。

2. 发情期

发情期紧接在发情前期之后,指从母犬开始愿意接受交配至拒绝交配的时期。这一时期的主要特征是:外阴肿大至变软,阴道分泌物增多并由血样变为浅黄色,尾巴翘到一侧,挑逗公犬,愿意接受交配。发情期阴道涂片中含有很多角质化的上皮细胞、红细胞,但无白细胞。排卵后,白细胞占据阴道壁,同时出现退化的上皮细胞。

发情期持续时间为 7~12d,平均约为 9d。排卵通常发生在发情期开始的第 1~3d,为交配的最佳时间。因此,母犬的交配时间在发情前期征状后(母犬阴道排出无色或血样分泌物)的第 10~13d。

3. 发情后期

母犬拒绝公犬的交配即进入发情后期,是发情期结束的后一个时期。此期为犬发情的恢复阶段,由于雌性激素的含量下降,母犬的性欲减退,卵巢中形成黄体,大约在 6 周时黄体开始退化。在黄体酮的作用下子宫黏膜增生,子宫壁增厚,尤其是子宫腺体增生显著,为胚胎的附植做准备。此期阴道涂片中含有很多白细胞、非角质化的上皮细胞及少量的角质化上皮细胞。

发情后期的持续时间,若以黄体的活动来计算,为 70~90d;若以子宫恢复和子宫内膜增生为依据,则为 130~140d。

4. 休情期

休情期紧接在发情后期之后,从发情后期结束至下一个发情期开始,为非繁殖期,也叫"乏情期"或"间情期"。此期中,母犬除了卵巢中一些卵泡生长和闭锁外,其整个生殖系统都是静止的,无阴道分泌物。阴道涂片检测到上皮细胞位非角质化。在发情前期数周,母犬通常会呈现某些明显征兆,如食欲略有下降,喜欢与公犬接近等。在发情前期数日,大多数母犬会变得无精打采、态度冷淡,偶尔处女母犬会拒食,外阴部肿胀。休情期的持续时间为 90~140d,平均为 125d。

(二)发情鉴定

发情鉴定是指用各种方法鉴定母犬的发情情况。通过对犬准确的发情鉴定，选择准确的交配时间，是繁殖工作成功的关键。

母犬在发情时，既有外部特征，又有内部变化。因此，在发情鉴定时，既要注意观察外部表情，更要掌握本质的变化，必须联系诸多因素综合分析，才能获得准确的判断。目前常用的发情鉴定方法主要有：外部观察法、试情发、阴道检查法、电测法和葡萄糖试验等。

任务一　犬的发情鉴定技术

【任务实施动物及材料】 母犬、公犬、开腟器、手电筒、75%酒精、口笼等。
【任务实施步骤】

一、外部观察法

(一)准备工作
在犬舍内，注意观察母犬的外部状况。

(二)操作方法
母犬发情时，其生殖器官、阴道分泌物和外部特征都会发生一系列周期性变化，因此，在生产中通过观察母犬的外部特征、行为表现以及阴道排出物等来确定母犬的发情状况，从而确定最合适的配种时间。一般早晚各观察一次，有条件的可通过饲养员全天观察。

(三)结果
此法适用于所有具有外部发情表现的母犬，可作为母犬发情状况的初步鉴定，有时需要结合其他方法进行综合鉴定。

1.发情前期

（1）行为表现　一般情况下，在发情前数周，母犬即可表现出一些征兆，如食欲状况和外观都有所变化。母犬由乏情期即将转入发情前期的数日内，母犬变得不爱吃食，兴奋不安，性情急躁反常，对于其他时间能立即服从的命令不起反应；有些母犬互相爬跨，做公犬样交配动作；而且饮水量增大，排尿次数增多。这种频繁地排尿对公犬有强烈的吸引作用。假如不加管制，母犬会出走或引诱公犬，但拒绝交配。此期，母犬对公犬不感兴趣，甚至在公犬接近时会攻击公犬；在发情前期开始时，母犬行为和乏情期一样，如果这时公犬接近，母犬就会打转、龇牙，甚至咬公犬；几天后，母犬对公犬的敌对行为消失，这时如果公犬接近，母犬就会跑开，或者接受爬跨，但常常不接受交配。

（2）外生殖器官变化　此期母犬阴门水肿，体积增大，触摸时感到肿胀；阴门下角悬垂有液体小滴，其水分使周围毛发及尾根毛发湿润，并可能黏在一起。

（3）阴道分泌物　在发情前期和刚刚开始发情时,阴道分泌物带有大量血液而呈红色,并持续2~4d。不过,在发情周期的其他阶段和许多病理情况下,例如患子宫或阴道肿瘤、阴道溃疡、囊肿炎症、卵巢囊肿以及子宫胎盘部位复旧不全和妊娠期胎盘剥离时,也可能出现血样分泌物。

2.发情期

（1）行为表现　母犬在发情期的主要表现是异常兴奋、敏感、易激动,出现明显的交配欲,常对公犬产生"调情"性反应,爬跨其他母犬并喜欢接近公犬。如果轻碰其臀部,母犬则会将尾巴向一侧偏转,并主动迎合公犬,采取交配姿势。当公犬爬跨交配时,母犬便主动腰部凹陷,骨盆区抬高以露出会阴区,臀部对向公犬,阴门开张,阴唇有节律性地收缩。有的母犬食欲明显下降,接受能力下降,使役效果不佳,大约持续5d。

（2）外生殖器官变化　此期母犬阴门水肿非常明显,在发情期后一段时间,水肿开始减轻,发情后1~2周,阴门体积恢复正常。如果触诊母犬会阴区和阴门周围,会发现阴门翘起,尾巴向旁边摆动(但在激素分泌紊乱及患阴道囊肿时,也会出现这些表现)。由于出血减少,阴道分泌物逐渐由淡红色变为黄色,最后变为淡黄色,而且数量逐渐减少。

3.发情后期

（1）行为表现　发情后期母犬性欲减退或消失,性情恬静,听话易驯服。

（2）外生殖器官变化　外阴肿胀减退,逐渐恢复正常,阴门相对较小,有皱褶,张力较大。

（3）阴道分泌物　黏液分泌锐减或仅有少量黑褐色分泌物。

4.乏情期

（1）行为表现　此期母犬主要表现为食欲增强,性情稳定、温顺,听从指挥,易使役。当下一个发情前期到来之前数日,大多数母犬会变得无精打采、态度冷漠,有的处女母犬会表现拒食等症状。

（2）外生殖器官变化　大多数正常健康母犬此期阴道不排分泌物,阴道黏膜发白。

（四）注意事项

（1）母犬阴道黏液的外观变化不一定能真实地反映出发情状况,因为不仅在正常发情期有黏液,在胎膜破裂、分娩以及产后期也会出现分泌物。

（2）在母犬激素分泌紊乱及患有阴道肿瘤时,也会出现发情期的部分表现。例如,阴门水肿,触诊会阴区和阴门周围阴门翘起,尾巴向旁边摆动等。

（3）应注意区分母犬的正常发情和异常发情。

二、阴道检查法

（一）准备工作

将初步鉴定为发情的母犬放在成年母犬舍内,再把准备好的试情公犬放入母犬舍内,试情人员注意观察每只母犬对公犬的反应。试情时,可选用输精管结扎的公犬。

（二）操作方法

通过阴道检查的方法来确定母犬发情及其所处的阶段。阴道检查包括观察、细胞学检查及微生物学检查,必要时可做药敏试验。此法一般配合其他方法使用。

（三）结果

1. 发情前期

（1）阴道检查　在发情开始时,开膛器通过阴道并不困难,但到中后期,会有一定阻力。这时可以看到阴道黏膜水肿,呈玫瑰红色,并可看到纵向皱褶及大量的血红色恶露,子宫颈微开。

（2）阴道细胞学检查　这一时期以出现带核上皮细胞为特征。阴道涂片中含有大量核固缩的角质化上皮细胞、很多红细胞、少量白细胞和大量碎屑。

2. 发情期

（1）阴道检查　开膛器进入阴道时有阻力,发黏,黏膜变为淡红色或无色,皱褶界限不清,子宫颈进一步开张。

（2）阴道细胞学检查　阴道涂片中可发现大量角质化上皮细胞、红细胞,但无白细胞。排卵后白细胞占据阴道壁,同时出现退化的上皮细胞。

3. 发情后期

（1）阴道检查　开膛器容易进入阴道,黏膜发白。

（2）阴道细胞学检查　阴道涂片中含有很多白细胞、非角化的上皮细胞以及少量的角化上皮。

4. 乏情期

（1）阴道检查　开膛器很容易进入阴道且黏膜发白。

（2）阴道细胞学检查　上皮细胞多为非角质化的上皮。

1. 利用外部观察法判断母犬是否发情。
2. 利用阴道检查法判断母犬发情所处的阶段。

一、最佳配种年龄、日期

最佳配种年龄和配种日期的确定是提高受孕率和窝产仔数的关键。

1. 最佳配种年龄

犬并非性成熟后就可繁殖,其初次进行配种的最适年龄为:母犬 18 月龄以上,公犬 24 月龄。不同品种的犬的最佳配种年龄不同,通常为第二或第三次发情期。观赏犬的初配年龄为:母犬 10 ~ 12 月龄,公犬 16 ~ 18 月龄。大型品种应适当推迟。

犬的繁殖年限,一般为 7 ~ 8 岁,超过 8 岁的种公犬和母犬都应淘汰。

2. 最佳配种日期的推算

可以通过前述发情鉴定方法来确定最佳配种日期。推算的方法是确认母犬阴道有明显肿胀、潮红或见第一滴血时算第 1d,初产犬在第 11 ~ 13d 首次交配,经产犬在第 9 ~ 11d 首次交配,间隔 1 ~ 3d 后重复交配一次。另外,母犬年龄每增加 2 岁,或者胎次每增加 2 窝,首次交配应提前 1d。

如果犬发情后没有注意到流血的准确日期,则可根据阴道分泌物的颜色、外阴的肿胀程度来确定最佳配种日期。当阴道分泌物由红色转变为稻草黄色后 2 ~ 3d 即可交配,此时,母犬开始排卵,生殖道已为交配做好准备,如阴门充分肿胀,甚至外翻、柔软;阴道分泌物减少;用手按压母犬腰荐部或抚摸尾部,母犬站立不动,尾部抬起歪向一侧,阴门频频开闭;遇到公犬则频频排尿,变得愿意接近公犬,并让其嗅闻阴部、接受公犬爬跨,有时还爬跨公犬。母犬出现上述征状后,要尽快进行交配。

有些母犬发情后阴道无明显流血或不流血,有的母犬发情后阴道分泌物可持续到发情后期若干天,对此,一般可采用公犬试情法来确定,当母犬愿意接受公犬交配后的 1 ~ 3d 为最佳配种日期。

为了提高受胎率和产仔率,应根据犬的年龄灵活调节母犬的最佳配种日期。在按前述方法推算时,对老、弱母犬的交配时间应稍提前一些,而对青壮年犬则可以稍推迟一些。

3. 配种次数

配种次数并非越多越好,因为每窝的产仔数,是由卵巢排卵数、精子的质量及最佳配种日期共同决定的,而不取决于配种的次数。一般情况下,以两次为宜,两次配种间隔为 1 ~ 3d 最宜。

二、配种技术

(一)犬种的选择

配种前首先要选择好犬种,一般选择外貌体型好、体质健壮、生长发育良好、健康、繁殖力高的公、母犬作为种用。

1. 种公犬的选择

因种公犬的品质将直接关系到下一代仔犬的优劣和生长速度,所以要选择体质健壮、纯度高、生长发育快、抗病力强、繁殖力高等优秀种用公犬来做为父本。在选择种公犬时要分析其系谱和后裔,避免遗传缺陷,雄性要强,生殖器官无缺陷,阴囊紧系,精力充沛,性情温和。对有相同缺点的公、母犬不宜交配,严禁近亲交配。

2. 种母犬的选择

应选择体形大、繁殖率高、母性特质强、泌乳力高、耐粗饲、发育匀称、抗病力强、生长发育快的优良个体。

(二)配种前的准备工作

公、母犬在配种之前,一般应完成以下准备工作。

1. 种犬体况检查

在配种之前的几天,应对公、母犬的身体状况进行认真检查,以防止在交配时感染传染性疾病。

2. 饲喂

在配种前,种公犬的吃食不宜过饱,以免发生反射性呕吐。

3. 配种时间与场地选择

交配的时间应选择公、母犬精神状态最好的清晨。交配地点宜在母犬饲养的地方或环境比较安静的地方。

4. 辅助人员

犬配种应有辅助人员,最好选母犬的主人或熟悉的饲养人员。

(三)配种方法

犬通常采用自然交配和辅助交配两种方法,大多数情况下采用自然交配。除此之外还有人工授精配种法。

1. 自然交配

指公、母犬自行交配,不需外人帮助的交配配种方法。其又可分为自由交配、分群交配和围栏交配三种方法。自由交配是让公、母犬随意交配配种的方法,这种方法易导致后代品质退化;围栏交配是指当母犬发情时,在母犬围栏内放入一条公犬,令其自由交配;分群交配是指在配种季节,将种公犬按一定比例放入母犬群中,合群饲养,让其自由交配的配种方法。

2. 人工辅助交配

当公犬缺乏性交经验,或公、母犬个体差较大而不能自然交配时,应采用人工辅助交配方法配种。如公大母小,犬主人应把持母犬脖套,用一只手托起其胸腹部,以防母犬受爬跨而蹲卧。此外,应帮助公犬将阴茎插入母犬的阴道。

任务二　犬的配种技术

【任务实施动物及材料】 输精器、脸盆、毛巾、肥皂、消毒棉签、载玻片、盖玻片、75%酒精、温水、口笼、牵引绳等。

【任务实施步骤】

一、自然交配

（一）配种前的准备

做好配种前的准备工作不仅是使公母犬能够顺利交配,并取得成功的重要环节,而且也是预防疫病传播,确保公母犬健康的必要步骤。一般而言,配种前应做好以下几项准备工作。

1.健康检查与驱虫

在进行交配的前几天,应对公母犬分别进行健康检查,防止患传染病的犬在交配的过程中传播疾病。母犬在配种前应先驱虫,防止母犬在怀孕期间患寄生虫病。

2.选择适宜的配种场地和时间

配种的地点应选择平坦、安静、避风、向阳处,一般以饲养母犬或母犬熟悉的地方为佳。避免嘈杂的地方,以防交配犬的双方因受到环境的影响而导致交配失败。配种时间以清晨为佳,因为公母犬经过一夜的休息,体力充沛,性欲极易亢进,交配易成功。

3.选好交配的辅助人员

交配的辅助人员最好是母犬的主人,或是母犬所熟悉的人员,促进母犬放松,不至于因惊慌而导致交配失败。交配时除公母犬的主人及有经验的辅助人员在场外,尽量减少在场人员,严禁围观、嬉闹。

4.令犬精神愉快

交配前公母犬均应处于安闲状态,也应放散,任其各自排除大小便,做好调情和交配的准备。

5.公犬不应频繁交配

为避免影响健康,缩短种用年限,壮年公犬可每天交配一次,隔 3 ~ 4d 休息一天;偶尔在一天内交配 2 次,应间隔 6h 以上,次日必须休息;年轻公犬和老龄公犬的配种频率还应降低。如果在不得已情况下增加配种次数时,应加强营养予以弥补。公犬超过 12 岁时,一般不应再使其配种。

6.做好配种记录

对母犬的发情情况,如每次开始发情的日期、各发情阶段持续天数以及交配日期等都要仔细记录下来,作为日后参考。

（二）自然交配的过程

自然交配是公母犬在交配过程中所表现出来的行为。掌握犬的交配过程,不仅有助于了解交配是否成功,而且对于保护公母犬、防止其在交配过程中受伤也是非常重要的。

对公犬来说,交配过程一般经过阴茎充血半勃起、交配、射精、锁结、交配结束等过程(见图 5 – 1)。

1. 勃起

有交配经验的公母犬，在交配前经过调情以后非常激动，阴茎动脉将大量的血液输送于海绵体，使阴茎充血而勃起，呈半举起状态（未完全勃起）。接着公犬前腿迅速爬上母犬并爬跨，而母犬多站立不动。此时公犬表现出腹部肌肉，特别是腹直肌强烈收缩，后躯来回推动（抽插），借助阴茎骨的支持将半勃起的阴茎插入母犬的阴道。

2. 交配

当阴茎插入阴道之后，由于阴茎基部的肌肉和阴门括约肌的收缩，压迫阴茎的背静脉，再加之阴茎外围纤维圈的动脉继续将血液输入海绵体和球体使阴茎进一步强烈充血而完全勃起，从而使阴茎龟头体变粗，龟头球膨胀

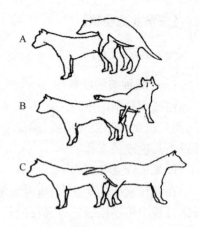

图 5-1 犬的交配姿势
A—第一阶段（阴茎半勃起插入）
B—第二阶段（射精并转向）
C—第三阶段（锁结后交配结束）

导致腺体膨胀，以致阴茎球腺宽度为原来的 3 倍（由 2cm 增至 6cm），厚度为原来的 2 倍（由 2cm 变为 4cm），龟头延长部拉长和直径增大。当公犬爬跨成功，在交配抽插的过程中开始射出水样精液，直到阴茎完全勃起为止，即完成第一次射精。

3. 射精

在强有力的插入的同时，待阴茎完全勃起之后，公犬的两后腿交替有力地蹬踏，此表现时间很短，仅为数秒钟，为公犬第二次射精。该精液浓稠，含有大量精细胞（精子）。第二次射精完成之后，有的公犬将一只后腿迈过母犬背部，有的则与母犬倒地转动，形成尾对尾的锁结状态。此时母犬往往会发出猎猎声，公犬可射出含有大量前列腺素和少量精子的精液，完成最后一次射精。

4. 锁结

是指第一次射精后公犬从母犬背上爬下时，生殖器官不能分离而呈臀部触合姿势，又称为闭塞、连锁或连裆（见图 5-2）。在这种相持阶段，公犬完成第三阶段的射精。锁结阶段一般持续 5~30min，个别长达 2h。

5. 交配结束

射精完毕，公犬性欲降低，阴茎充血消退而变软，母犬阴道的节律性收缩也减弱，公犬阴茎由阴道慢慢抽出，缩入包皮内，公母犬分开后，各躺一边舔着自己的

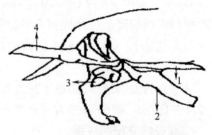

图 5-2 犬阴茎交配前后扭转图
1—正常状态 2—交配第一阶段
3—扭转部 4—交配第二阶段
资料来源：叶俊华，《犬繁育技术大全》，2003。

外生殖器,相互间变得冷淡,交配过程即结束。

(三)配种次数

配种次数直接关系到母犬的妊娠率和所生后代的生命力,是一个应予重视的问题。目前常用的犬配种次数有以下 4 种。

1.单次配种

是指用一条种公犬与发情的母犬进行一次交配。单次配种主要用于壮龄公母犬之间的交配,配种时间一定要选择在发情的 10 ~ 14d 内,即母犬自愿交配于已发生排卵的期间。

2.多次配种

是指在母犬的一个发情期内用一条种犬配种 3 次以上。多次配种常用于老龄种公犬或老龄种母犬间的交配,是充分利用种公犬、保存优良品种的一种方法。

3.双重交配

是指在母犬的一个发情期内用不同品种的两条公犬或用同一品种的两条公犬先后间隔24h 各配种一次的交配。这种配种方式既能提高母犬的受孕率,又可使其后代获得较强的生命力。

4.重复交配

是指在母犬的一个发情期内用一条种公犬先后交配 2 ~ 3 次。通常是在发情期的第二天第一次交配,间隔24h、48h 或 72h 进行第二次和第三次交配。此方法配种不仅能提高受胎率,而且可掌握后代的血统,是目前进行纯种选育所常采用的方法。

母犬在一个发情期内最好选择双重交配或重复交配的方式,不仅可提高母犬的受胎率,增加窝产仔数,而且其后代健壮、仔犬成活率高。

(四)自然交配时应注意的问题

1.安全

交配前,对体大健壮、凶狠残暴或攻击性强的母犬,一定要戴一口笼,防止其在交配过程中由于紧张、惊慌或异常刺激而咬伤辅助人员或公犬。对发情母犬要看管好,防止被非选定的公犬偷配,而影响后代质量;也不允许公犬外出寻找发情母犬,否则容易传染疾病,或因争夺配偶被其他公犬咬伤。

2.调情

交配前,应先将公犬与母犬放在一起,让公犬向母犬表示求爱。注意掌握犬的调情时间,如果时间过短,阴茎未能勃起,则不能进行正常的交配活动;如果时间过长,则过多损耗公犬的体力,会有碍于以后的交配过程。调情时公犬常以昂首举尾的姿势接近母犬,嗅闻、轻咬并挑逗母犬,有时短促排尿并不时发出猖猖声以试图往母犬背上轻搭前爪,进行爬跨。交配前的调情,不仅能促进公犬体内促性腺激素的释放,提高血液中睾酮的浓度,激起公犬的性兴奋,而且可以提高其射精量。改进精子的活力和密度,对保证交配成功非常重要。

3. 防止母犬倒卧

在交配过程中由于公犬爬跨后体重的压迫、来回抽插的推动力或长时间的爬跨,体弱的母犬有时会经受不住而突然趴卧、滚倒或坐起,从而导致公犬的阴茎受损,失去配种的能力。因此,在配种过程中一定要注意辅助母犬,减轻其所承受的压力,防止受伤。

4. 公母犬自行分开

犬交配的时间较长,一般可持续 20 ~ 45min,甚至更长时间,一定要耐心等待,待其交配完毕,自行分离。尤其是当公犬第二次射精完毕后,与母犬形成尾对尾的锁结状态时,公犬的阴茎常扭转 180°,是极为痛苦的(虽然有些犬无任何表现),若强行将公母犬分开,双方都会受到伤害。因此,一定要注意保护,耐心等待公母犬自然分开。

5. 交配后的休息或适度运动

当犬交配完毕之后,不要立即饮水或进行激烈的运动,应让公犬回犬舍安静休息,切不可将犬拴在舍外或放入运动场,以防感冒和发生意外事故。而母犬应在主人的带领下做适当的散步,以促进精液进入子宫,要防止其交配后立即坐下或躺卧,引起精液外流。

二、犬人工授精技术

犬的人工授精技术是人工采取公犬的精液,并注入发情母犬的生殖道内,使母犬受孕的方法。人工授精前要检查精液活率,输精时,先将母犬外阴部洗净,令其站在适当高度的台上并保定好,然后输精员用 10mL 的输精器吸取精液,将输精器缓缓插入母犬两阴唇间,并以垂直方向推进至前庭后,以水平方向通过子宫颈,确认已送到子宫后注入精液。

(一)输精前的准备

(1)输精场地的准备　包括精液处理室和输精室,要求屋顶、墙壁清洁,地面平整,光线充足,方便操作。

(2)输精器的消毒　输精所用的器械在使用前必须彻底消毒,临用前用灭菌稀释液冲洗。输精器以每只母犬一支为宜,如需重复使用,必须先用湿棉球由输精器尖端向后擦拭外壁使其干净,再用酒精棉球涂擦消毒;其管腔内先用灭菌生理盐水冲洗净,后用灭菌稀释液冲洗两次后方可使用,切忌用酒精棉球涂擦后立即使用。在输精过程中只有严格遵守消毒卫生规则,才能避免母犬因生殖道感染而引起繁殖力下降。

(3)精液的准备　用于输精的精液必须经检查合格后才能使用。

(4)母犬的准备　经发情鉴定确定可以输精的母犬,在输精前将阴门洗净擦干,但不可用消毒剂,以免伤害精子;应尽量实行站立保定,尾巴拉向一侧,后腿抬高 60°。

（5）输精人员的准备　输精人员身着工作服，双手清洗、消毒后，戴上输精专用手套进行操作。

（二）输精操作（见图5-3）

将母犬放在适当高度的台上站立保定或做后肢举起保定，输精人员将输精器与母犬背腰水平线约呈45°向上插入5cm左右，随后以水平方向向前插入。当输精器到达子宫颈口时，输精人员会感受到明显的阻力，此时，可将输精器适当退后再插入，输精器通过子宫颈口后，输精人员会有明显的感觉。这时，可将输精器尽量向子宫内缓慢推送，凭手感确认输精器已被送到子宫内后，即可将装有精液的注射器连接到输精器上（事先可先向注射器内吸入1mL空气，然后再吸入精液，以保证把吸入的精液全部排出输精管），然后稍加压力缓慢注入精液。输精完毕后，母犬的后腿仍应抬高保持3~6min，以防精液倒流。最后，应令母犬放散或牵引散步15~20min，防止其因趴卧或坐地而导致精液外流。

图5-3　母犬的输精
资料来源：杨万郊，《宠物繁殖与育种》，2010。

（三）输精标准

每次输入精液的标准一般为：精子活力不低于0.35，每次输精量为1.5~10mL，因母犬个体大小不同而异；有效精子数不低于2000万个。对于冷冻精液，解冻后应立即输精；有效精子数应不低于1500万个。由于犬的冷冻精液目前仍在试验阶段，因此建议每天输精一次，连续输精3d。

（四）注意事项

（1）配种前要进行健康检查，病犬不能交配。选择有共同优点的公、母犬进行交配，有相同缺点的公、母犬不能交配。防止近亲交配。

（2）配种时要选择公、母犬精神状态最佳的时间（一般为早晨）。

（3）犬交配应选在早晨吃食前，并让公、母犬在室外活动一定时间，让其排便和相互挑逗，交配时选择比较安静的环境。

（4）公犬的阴茎插入母犬阴道之后数秒钟就开始射精，有时母犬会将公犬从背上甩下，还应防止母犬坐下或倒下，这样都会伤及公犬阴茎。当公犬从母犬背上下来,呈尾对尾姿势时,不可强行将其分开。

(5)公、母犬松脱后,不要马上牵拉、驱赶,尤其是不要让公犬剧烈运动,也不可让其立即饮水。

(6)人工输精后让母犬保持原姿势10min,以防止精液外流而导致受精失败。

(7)做好交配记录,以便准确推算预产期和确认公、母犬的品质。

思考与练习

1.采用自然交配为母犬实施配种。

2.采用人工授精为母犬实施输精。

认知与解读

一、妊娠征兆

妊娠指从受精卵形成至分娩的生理过程,在此过程中胎儿与母体均发生一系列的生理变化。为了维持妊娠和胎儿的生长发育,母犬的行为及相应的生殖器官会发生一系列的变化,通常把母体随着胎儿的生长发育所表现出的一系列变化称为妊娠征兆。

(一)行为变化

妊娠后母犬本能地变得行动缓慢、温顺、嗜睡,喜欢安静的环境。妊娠期间母犬的食欲明显增加,偶尔会出现呕吐等妊娠反应。母犬的体重在妊娠期间会有所增加,增加的幅度取决于妊娠期和胎儿的数量。妊娠后期由于腹内压增高,使母体由腹式呼吸变为胸式呼吸,呼吸次数显著增加,排便次数随之增多。

(二)外生殖道变化

受精后母犬外阴迅速回收,阴门紧闭,阴道黏膜上覆盖有从子宫颈分泌出来的浓稠黏液。在妊娠末期,外阴变得肿胀而柔软。

(三)生理变化

1.生殖器官的变化

未孕时,卵巢黄体消退;当有胚胎存在时,妊娠黄体持续存在,以维持母体的妊娠生理功能。随着妊娠的推进,子宫逐渐扩大以满足胚胎伸展,子宫颈内膜的腺管数量增加,并完全封闭。子宫渐渐下垂和扩张,子宫阔韧带和子宫壁血管逐渐变得较直。

2.激素的变化

妊娠需要一定的激素平衡来调节。妊娠母犬卵巢长期存在黄体,持续分娩的黄体酮对维持妊娠有重要作用。妊娠期间黄体酮不仅由黄体产生,肾上腺和胎盘组织液也能分泌,黄体酮直接作用于生殖系统的生理功能,直到近分娩数日内,黄体酮才急剧减少,或完全消失。妊娠期间,垂体分娩促性腺激素的功能受黄体酮的负反馈作用而逐渐降低。

二、妊娠诊断

犬的妊娠期从卵子受精开始计算,一般为58~63d,平均为52d。妊娠期的长短可因品种、年龄、胎儿数量、饲养管理条件等因素而稍有变化。在一般的饲养条件下,判断母犬是否妊娠要在公、母犬交配20d后才能进行,要做出准确的判断须在交配1个月后。

临床上早期妊娠诊断的价值较大,对确诊妊娠的母犬,要加强饲养管理,增强母犬健康,保证胎儿正常生长发育,防止流产以及预测分娩日期,做好产仔准备。对未妊娠的母犬,可以及时进行检查,找出原因,采取相应的治疗和管理措施,提高母犬的繁殖率。目前,检查母犬是否妊娠的方法主要有以下几种。

(一)外部观察法

由于受生殖激素的调控作用,母犬妊娠后其行为和外部形态特征会发生一系列变化,因此,可以通过观察这些变化规律来判断母犬是否妊娠。

1.行为变化

妊娠初期一般没有明显的行为变化;妊娠中期,母犬行动变得迟缓,喜欢温暖安静的环境;妊娠后期,母犬行动更加缓慢,频频排尿,接近分娩时有做窝行为。

2.乳房变化

通常情况下,妊娠1个月以后母犬的乳房开始增大,有些母犬的乳头在接近分娩时可以挤出乳汁。

3.外生殖器变化

非妊娠犬在交配后3周左右外阴肿胀逐渐消退;而妊娠犬在整个妊娠期外阴部一直保持肿胀,并且外阴部呈粉红色的湿润状,分娩前几天,肿胀加重,外阴部变得松弛而柔软。

4.体重变化

母犬交配30d后,腹部可看到膨大,体重增加。在此之后到妊娠55d,母犬的体重迅速增加,在腹侧可见胎动。妊娠55d到分娩,体重增加不明显。

外部观察法可以做早期妊娠诊断,但准确率不高,不能辨别妊娠与假妊娠。

(二)触诊检查法

是指隔着母体腹壁触诊胎儿的方法,可用于早期妊娠诊断。妊娠18~21d,胚胎绒毛膜囊呈半圆形,位于子宫角内,直径约1.5cm,经腹壁很难摸到;妊娠28~

32d,胚囊呈乒乓球大小,直径约 1.5~3.5cm,经腹壁很容易摸到;妊娠 30d 后,胚囊体积增大,胎儿位于腹腔底部;妊娠 45~55d,子宫迅速增大,胎儿位于子宫角和子宫颈的侧面及背面;妊娠 55~65d,胎儿继续增大,很容易触摸到。

(三)听诊检查法

母犬在交配后 30~35d,将听诊器放在犬的腹部子宫处可以比较清晰地听到胎儿的心音。

(四)尿检法

犬交配后 1 周,可采用人用"速效检孕液"检测尿液是否含有类似人绒毛膜促性腺激素的物质,如尿检呈阳性反应则说明母犬已妊娠,呈阴性反应则说明未妊娠。

(五)超声波诊断

超声波诊断是通过超声波装置探测胚胎是否存在来诊断妊娠的方法。诊断时,要求犬仰卧或侧卧保定,剪去腹部被毛,探头部位充分涂抹耦合剂,然后使探头与皮肤紧密接触,通过观察胎儿图像来判断是否妊娠。

此法最早可观察到交配后 18~19d 的胚泡,但图像不十分清晰;交配后 20~22d 可看到清晰的图像;交配后 35~38d 可清晰地观察到胎儿的脊柱。

(六)X 射线诊断

妊娠 45d 后,X 射线可照出胎儿的头部或脊柱。妊娠 50d 后,X 射线可照出明显的胎儿骨骼,胎儿数目也清晰。但 X 射线对胚胎早期发育影响大,所以 X 射线诊断法最好不作为早期妊娠诊断。此法一般主要用于妊娠后期胎儿数目的确定或胎儿头骨与母体骨盆口大小的比较,从而来预测难产的可能性,但要注意避免此法的反复使用。

在进行妊娠检查时,应注意区分母犬的假孕现象。假孕常发生,但原因不清楚。假孕母犬表现为乳房发育,腹部增大,甚至到临近分娩日期乳头可挤出乳汁,表现出分娩的准备行为。严重的还会表现出母性本能,把玩具衔回窝里当仔犬假抱。

检查时,假孕犬食欲变化不明显,无呕吐和偏食表现,性情变化平淡,运动量如常。最确切的诊断是触诊和听诊。在配种后母犬舍内,操作人员准备好记录本,清洗、消毒手臂;安排好母犬,然后适度触摸进行判断。

任务三　犬的妊娠诊断技术

【任务实施动物及材料】　保定架、开膣器、手电筒、称重仪、载玻片、消毒棉签、75%酒精、染液、温水、脸盆、毛巾、肥皂等。

【任务实施步骤】

一、触诊检查法

此方法为隔着母犬腹壁触诊胎儿及胎动,从而判断是否妊娠。

（1）犬妊娠第 16～17d　胚胎附植，在配种的几天内就可触诊到坚实、等距的膨胀胎囊。

（2）妊娠第 18～21d　胚胎绒毛膜囊呈半圆形，位于子宫角内，直径约 1.5cm，经腹壁很难摸到，各胎囊间分隔明显，形成子宫鼓起。

（3）妊娠第 28～32d　胚囊呈乒乓球大小，直径约 1.5～3.5cm，经腹壁很容易摸到，子宫鼓起非常明显；妊娠 30d 后，胚囊体积增大，经腹部可触及。

（4）妊娠 35d 后　胎囊体积增大、拉长、失去紧张度，胎儿位于腹腔底壁，各胚胎之间的界限消失。尽管这时子宫体积已经扩大，但子宫是连通的，摸不到一个个的子宫鼓起，因此，难以判断一个扩大的子宫是妊娠现象还是病理变化，（如子宫积脓）。

（5）妊娠第 45～55d　子宫迅速增大，胎儿位于子宫角和子宫颈的侧面及背面。

（6）妊娠 56d 后　胎儿继续增大，很容易触摸到。常可触摸到胎儿的头部和臀部。在妊娠后期，借助听诊器可在腹壁上听到胎儿的心跳。

二、角诊检查注意事项

（1）触诊时要尽可能温和、平静，以使母犬处于放松状态。

（2）在触诊前，最好令犬排净粪尿，因为充盈的膀胱和直肠会妨碍触诊的准确性。

（3）触诊时，最好让母犬站立。除非母犬拒绝触诊腹部，否则应尽可能避免保定。

（4）对可能咬人或无法保定的母犬，可静脉内注射小剂量的地西泮，这对胎儿的发育无影响。

（5）妊娠中后期，注意区分扩大的犬子宫是妊娠现象还是病理变化。

三、超声波诊断法

在配种后母犬舍内，应对待检母犬进行一定处理，如腹部毛较多的可适当剪毛。操作人员准备好记录本、相关仪器及其耦合剂，做好犬只的保定。

检查时将探头涂抹上耦合剂，置于母犬腹壁上，缓慢移动探头，以获取需要的声音或图像，如果在腹壁腹股沟区域未探测到胎儿，还应该探测腹壁的其他区域。

（1）多普勒法　在配种后的第 29～35d，探测胎儿的心跳情况。这种方法的诊断准确率随妊娠的进程而提高，在妊娠的 36～42d 为 85%，从第 43d 至临产前可达 100%。

（2）A 型超声波法　可在配种后的第 18～20d 进行母犬妊娠的早期诊断，因为虽然在妊娠早期，胚胎尚未附植于子宫壁上，但此时子宫中已出现了足够的液体；在配种后第 32～60d，诊断的准确率可达 90%。但在应用此法时应注意，探头不可太朝后，以免因膀胱中的尿液被误认为是胎儿反射出的信号而发生误诊。

（3）B 型超声波法　在配种后的第 18～19d 就可诊断出来；在第 28～35d 是最

适检查期;在第40d后,可清楚地观察到胎儿的身体情况,甚至可鉴别胎儿的性别。

四、超声波诊断注意事项

(1)诊断时,被测母犬应根据实际情况仰卧、侧卧或站立保定。

(2)仪器探头应置于犬毛较少或剪过毛的区域。

(3)在探头和皮肤之间应涂耦合剂,使探头与皮肤紧密接触,以消除探头和皮肤之间的空气。

(4)一般情况下,需要专用耦合剂。

1. 利用超声波诊断仪为母犬做妊娠诊断。

2. 采用腹部触诊法判断母犬是否妊娠。

母犬临产征兆

随着胎儿发育成熟和分娩期的临近,母犬的生理功能、行为特征和体温等都会发生一系列变化,这些变化就是临产征兆。通过观察临产征兆可大致判断分娩时间,从而可以充分做好分娩准备工作。临产征兆主要表现在以下几个方面。

(一)身体变化

乳房迅速膨大、充实,有些母犬在临产前2~3d可以从其乳头中挤出少量乳液或初乳;母犬临产前,骨盆部韧带变松软,腹部下垂使腰窝松弛凹陷;外阴部松弛、肿胀、充血,阴道黏膜潮红,阴道内的黏液变得稀薄、润滑;分娩前一两天内,子宫颈管充满黏液,有少量出血和液体流出。

(二)体温变化

分娩前母犬的体温有明显的变化。临近分娩前2~3d,体温开始下降,临产前24h内体温可降至37.5~36.5℃。大多数母犬在分娩前9h体温会降到最低,比正常体温低1℃以上。一旦体温开始回升,预示母犬即将分娩,这是判断母犬分娩最重要的指标之一。

(三)食欲变化

大多数母犬临近分娩前1~1.5d,常会出现食欲减退。分娩前24h内表现为明显的食欲下降,只吃少量爱吃的食物,甚至拒食。有少数母犬会在分娩前表现食欲正常。

（四）行为变化

母犬临近分娩时，其行为会变得十分急躁，常会在阴暗或僻静的角落里频繁抓挠地面和铺垫物，坐卧不安，打哈欠、张嘴呻吟或尖声吠叫，呼吸加快。分娩前粪便变稀，排尿次数明显增多，但排泄量减少，常不愿离开其选定的分娩场所。

任务四　犬的分娩与助产技术

【任务实施动物及材料】　助产钳、剖宫产器械、碘酊、75%酒精、煤酚皂溶液、注射器、干毛巾、吹风机、止血钳、棉线、剪子、水盆、棉签、催产素、普鲁卡因、松弛素、润滑剂等。

【任务实施步骤】

一、分娩前的准备工作

母犬的准确妊娠天数比较难确定，平均天数为64d，范围是58～70d。要确定犬分娩时间，就要按照母犬配种的日期准确推算预产期，并根据妊娠进程的要求做好各项准备工作。

（一）准备产房

平时在户外饲养的母犬，在预产期前一周应让母犬进入产犬室；平时在室内饲养的母犬，也应在2～3d进入产犬室，以让孕犬养成在产房里睡觉的习惯，达到安静分娩。

产房应空气流通，地面干爽，采光良好；冬天保温防风，夏天防暑通风；光线稍暗，以让母犬安静休息。另外，产房应保持卫生并消毒。

（二）产箱（床）准备

产犬室内应设置产箱，其大小应为母犬站立时占地面积的3～4倍，高度以不让仔犬跑出为原则，可用木板钉制。在产箱一侧留一缺口，底部垫小间隙的细木条，上面再垫短草等。产箱内壁四周应光滑无尖锐的突出物，以防划伤仔犬。产房应放在砖头或木块上，离地高度以母犬上下方便为宜。

（三）接产用具准备

母犬临近分娩时，应准备好接产用的工具与药品。常用工具：剪子、镊子、注射器、缝针、缝线、热水袋、暖风机、红外线暖灯等。常用药品：消毒用的灭菌纱布、棉球、70%酒精、5%碘酊、0.5%煤酚皂溶液、0.1%苯扎溴铵以及催产素。

（四）搞好卫生

产房应彻底清扫，重新更换垫物，并用0.5%的煤酚皂溶液或消毒药液喷洒消毒一遍。母犬身体应用温水清洗消毒，尤其是其乳房、阴部、臀部要用0.5%的煤酚皂溶液或0.1%的苯扎溴铵溶液清洗消毒。被毛长的还应将上述部位的被毛剪除，以免影响分娩和仔犬吮吸乳汁。

二、分娩和接产

(一)分娩过程

犬的分娩是指犬正常妊娠期满，胎儿发育成熟，母犬将胎儿以及其附属物从子宫内排出体外的生理过程。犬的正常分娩发生于配种后的第58～64d，早于58d的为早产，晚于64d的为延迟分娩。母犬分娩多发生在夜晚与凌晨。分娩时间长短因产仔数及母犬体质不同而异，多为3～4h，每只仔产出的间隔时间大致为10～30min。整个分娩过程是从子宫颈口张开、子宫开始阵缩到胎衣排出为止，一般可分三个时期。

1. 开口期

此期从子宫开始阵缩，到子宫颈充分扩张为止。母犬从第一次阵痛开始，随着每次阵痛发作，子宫口不断扩大，胎囊及其内的胎儿及部分羊水移向压力较低的子宫颈管内，并随阵缩加强，进入子宫颈内的部分越来越多，使子宫颈管完全开张，达到子宫与产道界限完全消失。这一时期持续的时间差别较大，一般为3～24h。其特点是只有阵缩而不出现努责。这时母犬表现轻微烦躁不安，时起时卧，常做排尿动作，呼吸加快，并且喜欢主人待在其身边。

2. 产出期

此期是从子宫颈充分扩张，到所有胎儿全部排出为止。随着子宫阵缩加强，胎囊及其内的胎儿、羊水经完全扩张的子宫颈进入软产道，在阵缩和努责相互协调下，构成强大的分娩动力，迫使胎囊通过产道而露出阴门外，并随即先后破裂。母犬迅速咬破胎囊和脐带，舐干仔犬身上的黏液。此期的特点是阵缩与努责共同作用而排出胎儿。这时母犬表现极度烦躁不安，并伴有强烈的努责。当胎儿产出后，母犬会咬断脐带，并舐干仔犬。此时母犬一般不需要人为帮助，所以大多数母犬会厌恶有人在旁边(包括主人)。这一时期持续时间的长短取决于母犬的状况和仔犬的数目，一般在6h之内，仔犬数目较多也不应超过12h。

3. 胎衣排出期

第三期是从胎儿排出后到胎衣完全排出为止。胎儿排出后5～15min，子宫主动收缩使胎衣排出。这时期的主要特点是只有轻微的努责。母犬通常会吃掉胎盘和胎膜，用于补充能量，利于分娩。这一阶段的母犬比较安静，处于疲劳状态，同时会舐拭阴部流出的黏液，清洁阴门。

(二)接产

初生仔犬落地后，应立即帮助母犬从胎囊中取出仔犬，并在距离腹壁2cm处剪断脐带。断脐后，立即用干毛巾拭干仔犬头部尤其是口鼻处的黏液，用干净棉球吸干口腔中的羊水，拭干仔犬全身。

（三）注意事项

1.母犬分娩场所应微暗而不明亮,安静而不嘈杂,主人在场而无外人干扰。

2.注意不要让母犬吃食太多胎盘,一般吃2~3个即可。

3.注意判断母犬是否难产,然后给予适当辅助。

4.注意分娩是否有大出血,如发现有应立即用棉球堵塞阴道,并送兽医诊治。

三、难产与助产

母犬正常情况下能自然分娩,无需人去特殊协助。但由于各方面因素的影响,有些母犬往往不能完全独立的完成分娩,这时就需要人为助产帮助胎儿娩出,这个过程称为助产。

（一）难产的判断

母犬的难产多起因为阵缩无力或胎儿死于腹中,因此,在母犬有分娩征兆时,应随时监视其阵缩开始时间。如阵缩开始后12h还不见胎儿产出,即判定为母犬难产,应及时施行人工助产。

（二）助产的准备

1.物品及人员的准备

准备好干燥、清洁、保温的产房。药品:75%酒精、碘酊、苯扎溴铵、催产素等。器械:外科和产科器械、一次性注射器、体温计、听诊器等。其他物品:毛巾、肥皂、脸盆、热水等。另外,繁育员和兽医要提前到位。

2.母犬的准备

分娩前将母犬阴门周围的被毛剪掉,用温水擦洗外阴部、肛门、尾部及后躯,并用消毒液消毒。

（三）助产的方法

1.简单人工助产法

这种方法主要用于轻度难产,施行时应注意手法和时机。对于腹压力量不足而发生难产的母犬,可在其阵缩的同时,配合其努责用手隔着腹壁把胎儿向产道方向挤送;为促进阵缩,可用40℃的温水注入子宫外口,使子宫产生刺激引起更强烈阵缩,也可注射催产素催产。

2.复杂助产法

此方法用于重度难产,助产方法视难产原因不同而异。

（1）子宫阵缩和努责微弱　当母犬子宫阵缩次数少、力量弱,同时努责微弱,可采用垫敷法促进子宫收缩,也可肌肉注射1~10 IU催产素。

（2）母犬不撕破胎膜　当胎儿流出阴门后,母犬不主动去撕破胎膜时,要及时帮助把胎膜撕破。

（3）胎儿过大或产道狭窄　遇到这种难产情况时必须采取牵引术进行助产。方法是先消毒外阴部,往产道内注适量灭菌石蜡油或温肥皂水,并在前肢趾部拴上助产绳牵拉,助产者将手指伸入产道将胎儿拉出。

(4)羊水早流　遇到这种情况,需先向产道注入润滑剂,然后用手或器械随母犬努责,用力将胎儿拉出。

(5)胎位不正　遇到这种情况,可用手指伸进产道将胎儿推回,纠正胎位。如果手指触及不到时,可使用分娩钳。也可以在胎儿两后肢产出后,尽早拉出胎儿。

对正常助产没有效果的母犬,应及时做进一步处理,必要时要进行剖宫产。

(四)新生仔犬和产后母犬的护理

1.新生仔犬的护理

新生仔犬是指从出生到脐带断端干燥、完全脱落期间的仔犬,大约3d左右。这一时期的仔犬免疫力较低,因此应加强护理工作。

(1)保持温度　新生仔犬的体温调节能力差,不能适应外界温度的变化,所以对新生仔犬必须保温,尤其是在寒冷的冬季。1周龄内仔犬的生活温度应保持在28~32℃,对体质较弱的仔犬,恒定的温度环境尤其重要。

(2)吃足初乳　初乳是指母犬产后1周内分泌的乳汁。初乳中含有丰富的营养物质和充足的母源抗体。因此,要让新生仔犬在产后24h内尽快吃上初乳,使其获得抗体从而有效地增强抗病能力。对不能主动吃乳的新生仔犬要人工辅助及时让其吃上初乳。

(3)疾病预防　新生仔犬抗病力差,很容易受到病原微生物的侵袭,所以产房一定要干净、卫生;注意保温,防止感冒。母犬乳房应保持清洁卫生,防止肠道感染。

2.母犬的产后护理

(1)加强营养　母犬在分娩期间体能消耗大,加上需要哺乳,因此应给产后母犬提供高质量、易消化的优质高蛋白饲料,同时要补充水分、维生素和矿物质。

(2)加强卫生管理　产后母犬的生殖器官发生了剧烈的变化,抗病力明显下降,很容易受到病原微生物的侵袭。因此,要经常用消毒液清洗母犬的外阴部、尾部和后躯,同时要保持产房和产床的清洁卫生。

(3)适当运动　在晴朗的天气,要让母犬到室外散步,但要避免运动过度,每天散步两次,每次30min左右即可。

(4)保持安静环境　产房及周围环境要保持安静,避免噪声。应尽量减少进出产房的次数,以免影响母犬的哺乳和休息。

(5)加强疾病预防　分娩过程中母犬的生殖器官会有损伤的可能,所以产后母犬抗病力差,容易引起产后感染。因此产后要主要观察母犬恶露的排出量、颜色、排出时间,生殖器官有无肿胀,乳房泌乳量等,还有主要体温变化。如果发现异常情况要及时处理,在哺乳期给母犬用药时要考虑对仔犬的影响。

一、卵巢功能障碍

1. 卵巢功能不全

（1）症状　表现为发情周期延长或不发情,发情征状不明显;或出现发情征状,但不排卵,严重时会有生殖器官萎缩现象。

（2）病因　母犬年龄偏大时,卵巢功能减退;喂养管理不当,长期患慢性病,体质衰弱等;继发性卵巢炎、子宫疾病或全身性严重疾病。

（3）治疗　改善饲养管理;应用激素刺激性腺功能,如 HCG 100～1000IU,FSH 20～25IU,肌肉注射,1 次/d,连用 2～3d。

2. 持久黄体

母犬在发情或分娩后,卵巢上长期不消退的黄体,称为持久黄体。由于持久黄体分泌黄体酮,抑制了垂体促性腺激素的分泌,所以卵巢不会有新的卵泡生长发育,致使母犬长期不发情。

（1）症状　长期不发情。

（2）病因　一是饲养管理不当,饲料单纯,缺乏矿物质、维生素。此外运动不足、泌乳过多也会使母犬体质下降,性功能退减,以致黄体不能按时消退成为持久黄体。二是子宫疾病继发症,如子宫内膜炎、子宫积液、积脓、子宫内滞留部分胎衣、早期胚胎死亡、子宫复旧不全等,影响前列腺素的合成和分泌,因此黄体持久存在。

（3）治疗　治疗持久黄体首先应消除病因。

①属于饲养管理性的要改善饲养管理条件,以促进体质的恢复。

②属于继发性子宫疾病的,要通过洗涤和治疗子宫来解决,从而促使黄体自行消退。可用消炎药来治疗子宫疾病。

③纯属持久黄体,可用前列腺素治疗,15 - 甲基前列腺素 $PGF_{2\alpha}$ 肌肉注射 2～4mg,氯前列烯醇 0.2～0.4mg,一般在注射后 48h 内黄体消退。

3. 卵泡囊肿

（1）症状　患卵泡囊肿的母犬,由于垂体大量持续分泌 FSH,促使卵泡过度发育,因此大量分泌雌激素,使母犬发情征状强烈,精神表现高度不安、吠叫、拒食、发情持续期长。

（2）病因　主要是 FSH 分泌过量而 LH 分泌不足,使卵泡过度发育,不能正常排卵而形成大囊泡;有的因卵巢不断产生新的卵泡而形成多个小囊肿。

（3）治疗　激素治疗法:肌肉注射 HCG 30～300IU。一般在 48h 卵泡发育成熟后排卵,配种有一定的受胎率。

4. 黄体囊肿

(1)症状　长期不发情。

(2)病因　黄体囊肿的来源有两个方面,一是成熟的卵泡未能排卵,卵泡壁上皮黄体化形成的,叫黄体化囊肿;二是排卵后由于某些原因黄体化不足,在黄体内形成空腔,腔内聚积液体而形成黄体囊肿。

(3)治疗

①肌肉注射黄体酮,剂量 10～50mg,隔 3～5d 注射 1 次,连用 2～4 次效果良好。

②肌肉注射促黄体素。

二、生殖器官的疾病性繁殖障碍

1. 卵巢炎

(1)症状　急性期表现精神沉郁,食欲缺乏,甚至体温升高。慢性期无全身症状,发情周期往往不正常。慢性期变现为长期不发情,触诊时可有轻微疼痛。

(2)病因　卵巢炎多数是由于子宫炎、输卵管炎或其他器官的炎症引起。在某些情况下,如对卵巢进行按摩、对囊肿进行穿刺、病原微生物经血液和淋巴进入卵巢感染而发生。

(3)治疗　急性期时,在应用大剂量抗生素(青霉素、链霉素)及磺胺类药物治疗的同时,加强饲养管理,以增强机体的抵抗力。慢性炎症期时,在实行按摩卵巢的同时结合药物及激素疗法。

2. 输卵管炎

由于子宫与输卵管和腹腔相通,所以子宫及腹腔有炎症时均有可能扩散到输卵管,使输卵管发生炎症,直接危害精子、卵子和受精卵,从而引起不孕。

(1)症状　表现为急性输卵管炎。输卵管黏膜肿胀,有出血点,黏膜上皮变性脱落。炎症发展常形成浆液性、卡他性或者脓性分泌物,堵塞输卵管。黏液或脓性分泌物会积存在输卵管内侧呈现波动的囊泡。结核性输卵管炎会触摸到输卵管有大小不等的结节。

(2)病因　主要是由子宫和卵巢的炎症扩散引起,也可能因病原菌经血液或淋巴循环系统进入输卵管而感染。

(3)治疗　对急性输卵管炎用抗生素和磺胺类药治疗,同时配合腰荐部温敷。慢性治愈困难,可以考虑淘汰。

3. 子宫内膜炎

子宫内膜炎根据炎症性质分为隐性、黏液性、黏液性脓性和脓性 4 种。

(1)症状

①隐性子宫内膜炎:发情时分泌物较多,有时分泌物不清亮透明,略微浑浊。母犬发情周期正常,但屡配不孕。

②黏液性子宫内膜炎：子宫壁增厚，弹性减弱，收缩反应微弱。母犬卧下或发情时从阴门流出较多的浑浊或透明而含有絮状物的黏液。子宫颈稍微开张，子宫颈、阴道黏膜充血肿胀。

③黏液性脓性子宫内膜炎：其特征与黏液性子宫内膜炎相似，但病理变化较深，子宫黏膜肿胀、充血、有脓性浸润，上皮组织变性、坏死、脱落，甚至形成肉芽组织斑痕，子宫动脉可形成囊肿。病犬发情周期不正常，从阴门排出灰白色或黄褐色稀薄脓液，在尾根、阴门和大腿处常附有脓性分泌物或形成干痂。

④脓性子宫内膜炎：从阴道内流出灰白色、黄褐色浓稠的脓性分泌物，在尾根或阴门处形成干痂。子宫肥大而软，甚至无收缩反应。回流液浑浊，似面糊，带有脓液。

（2）病因 主要是人工授精、分娩、助产消毒不严或操作不慎，使子宫受到损伤或感染引起。患阴道炎、子宫颈炎、胎衣不下、子宫弛缓等疾病时往往并发子宫内膜炎。此外，交配时，公犬生殖器官的炎症也可传染给母犬而发生子宫内膜炎。

（3）防治与治疗 首先应给予全价饲料，特别是富含蛋白质及维生素的饲料，以增强机体的抵抗力，促进子宫功能的恢复。治疗一般有冲洗子宫和子宫内直接用药两种方法，治疗时应根据具体情况采用不同的方法。

①冲洗子宫：对子宫进行温浴，促使发情。严重的可以使用青霉素、链霉素。

②子宫内直接用药：直接向子宫内注入各种抑菌、防腐的药物。常用的有以下几种。

a.青霉素 40 万 IU、链霉素 200 万 IU、新霉素 B（或红霉素）600mg、植物油 20mL。配成混悬油剂，子宫内一次注入。

b.当归、益母草、红花浸出液 5mL、青霉素 40 万 IU、链霉素 200IU、植物油 20mL，子宫内一次注入。

（4）子宫疾病治疗的原则

①确诊炎症的性质：应用无刺激性溶液冲洗子宫，根据回流液的性状结合实验室检查确诊后，拟定治疗方案。

②冲洗后给药：对于黏液性脓性、脓性子宫内膜炎，或子宫积液、积脓，首先用无刺激性的洗液冲洗干净，然后再给药，使药物直接作用于黏膜，更好地发挥药效的作用。

③结合给予子宫兴奋剂：如雌激素、前列腺素类似物可使子宫兴奋，腺体分泌增强，利用推陈出新的原理，改变局部的血液循环障碍，有利于子宫内膜的修复和子宫的净化。这对脓性炎症、积液、积脓及子宫弛缓的病例尤为重要。

④洗涤液和洗涤的器械一定要彻底消毒，防止治疗过程中的重新感染。

⑤治疗要彻底，对于较严重的病例，要适当增加治疗次数或疗程数，而且要合理安排治疗的间隔时间，保证药效持续发挥作用，以收到满意的效果。

4. 阴道炎

（1）症状 黏膜充血肿胀，甚至是不同程度的糜烂或溃疡，从阴门流出浆液性或脓性分泌物，在尾部形成脓痂。个别严重的病犬往往伴有轻度的全身症状。

（2）病因 阴道炎是阴道黏膜、前庭及阴门的炎症，多由胎衣不下、子宫炎及子宫或阴道脱出引起。根据炎症的性质不同，临床上可分为黏液性、脓性、蜂窝织炎性数种。

（3）治疗 用收敛或消毒药液冲洗阴道。常用的药物有 0.02% 稀盐酸、0.05% ~ 0.1% 的高锰酸钾溶液、0.05% 苯扎溴铵溶液、0.1% 明矾。

任务五 犬繁殖障碍防治技术

【任务实施动物及材料】 母犬、公犬、显微镜、开膣器、犬集精杯、犬子宫清洗器、子宫给药器、碘酊、75% 酒精、青霉素、链霉素、磺胺类药物、注射器等。

【任务实施步骤】

一、母犬的繁殖障碍（假孕）

（1）症状 母犬在发情期内没有交配，但在发情期后的 1 ~ 2 月，患犬腹部逐渐膨大，触诊腹壁可感觉到子宫增大变粗，但触不到胎囊、胎体。乳腺发育胀大并能挤出乳汁，但体重变化较小。行为发生变化，如设法搭窝、母性增强、畏食、呕吐、表现不安、急躁等。母犬在配种 45d 后，增大的腹围逐渐缩小。前期临床表现与正常妊娠非常相似。

（2）病因 体内激素分泌异常，主要是发情周期的促乳素分泌过多；对内分泌变化敏感，包括黄体酮的逐渐降低及促乳素的适度升高；外源性黄体酮导致的假黄体期，如为避孕或保胎超剂量地使用黄体酮。

（3）治疗 症状较轻的母犬可不给予治疗，临床症状明显或严重时再进行治疗。具体方法如下：

①抗促乳素药物：可降低血中促乳素的浓度。溴隐亭 0.5 ~ 4mg/kg，1 ~ 2 次/d，连用 3 ~ 5d。

②雄性激素：如甲基睾丸酮，通过对抗雌激素，抑制促性腺激素分泌，从而起到回乳的作用。1 ~ 2mg/kg 肌肉注射或内服，连用 2 ~ 3d。

③孕激素：如醋酸甲地孕酮和醋酸甲羟孕酮，能抑制促乳素的释放或降低组织对促乳素的敏感性，可用于减轻症状，但停药后假孕症状可能复发。用量为 2mg/kg，口服。

④利用前列腺素加速黄体的溶解作用，可中止犬的假孕。每次用量 1 ~ 2mg，连用 2 ~ 3 次。

二、公犬的繁殖障碍（附睾炎）

（1）症状　急性附睾炎,临床检查表现为发热、肿胀。慢性附睾炎,附睾尾增大而变硬,睾丸在鞘膜腔内活动性减少。公犬患附睾炎时,精液中常出现较多的没有成熟的精子,畸形精子数增加,影响精液的活力和受精率。细菌继发感染后还可见到在精液中有油灰状的团块。

（2）病因　睾丸炎、阴囊疾病以及精睾腺炎等可以引起附睾炎。由细菌引起的附睾炎常导致附睾尾部肿大。

（3）治疗　采用冷敷、实行封闭疗法、注射抗生素或磺胺药及减少患病动物活动等综合措施进行治疗。

思考与练习

1.准确判断母犬是否假孕。

2.诊治公、母犬的繁殖障碍。

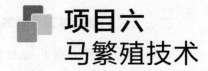

项目六
马繁殖技术

【学习内容】

1. 利用直肠检查判断母马发情情况。

2. 采集和处理马精液。

3. 利用直肠检查法判断母马妊娠情况。

4. 母马正常分娩及助产技术。

【学习目标】

1. 了解母马生殖系统各器官的位置、形态及功能。

2. 学会对母马进行发情鉴定,能够利用直肠检查法判断母马发情。

3. 学会判断母马卵泡发育时期,能够准确推算排卵时间。

4. 学会处理马精液及用子宫灌注法为母马输精。

5. 学会利用直肠检查法判断母马的妊娠情况。

6. 了解母马的正常分娩过程,能够为母马助产。

认知与解读

一、母马的生殖器官

(一)母马的卵巢

1.形态位置

母马的卵巢呈蚕豆形,较长,附着缘宽大,游离缘上有凹陷的排卵窝。右卵巢吊在腹腔腰区肾脏后方,左卵巢位于第4、第5腰椎左侧横突末端下方,右卵巢比左卵巢稍向前位置较高。

2. 组织结构

马的卵巢组织随年龄增大有所改变,在卵巢门处有数毫米深的凹陷,形成排卵窝。在形态变化的同时,卵巢门的组织逐渐扩大增厚,这一部分相当于其他动物的髓质,表面有许多血管,浆膜覆盖的范围也逐渐扩大,因此原来的生殖上皮及其下面的皮质部都狭缩于排卵窝区,好像髓质盖在皮质上面。

3. 卵巢变化的特点

母马卵巢在很多方面与其他动物有所不同,其中最突出的特点是皮质在内,髓质在外,并具有排卵窝,发育成熟的卵泡只能在排卵窝处破裂排卵。妊娠母马卵巢不但有主黄体(又称原发黄体),而且还有辅助黄体。这是因为母马妊娠后子宫内膜杯状细胞分泌 PMSG,它能引起妊娠母马卵巢数个卵泡生长成熟(或排卵),并转变为数个辅助黄体。辅助黄体也合成、分泌孕激素,弥补原发性妊娠黄体功能不足(见图 6 -1)。

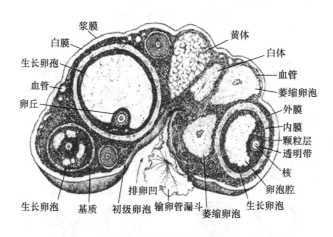

图 6 -1 马卵巢切面图

(二)母马的子宫

马为双角子宫,两子宫角基部内没有纵隔,形成"Y"字形,子宫角与子宫体均呈扁圆管状。子宫角长 15 ~25cm,宽 3 ~4cm;前端钝,中间部稍下垂呈弧形。子宫体较其他动物发达,长 8 ~15cm,宽 6 ~8cm,子宫体前端与两子宫角交界处为子宫底。宫角及宫体均由子宫阔韧带吊在腰下部的两侧和骨盆腔的两侧壁上。子宫黏膜形成许多纵行皱襞,充塞于子宫腔。子宫颈较细,长为 5 ~7cm,粗 2.5 ~3.5cm,壁薄而软,黏膜上有纵行皱褶,子宫颈阴道部长 2 ~4cm,黏膜上有放射状皱襞。不发情时,子宫颈封闭但收缩不紧,可容纳一指,发情时开放很大(见图 6 -2)。

二、卵泡发育规律与发情期的判断

母马的发情持续时间比较长,其卵泡发育、成熟及排卵受外界因素影响较大,如只靠外部观察及阴道检查,判断其排卵期比较困难,但母马卵泡发育较大,规律性较明显,因此一般以直肠检查卵泡发育为主,其他方法为辅。马的卵泡发育一般分为六个时期,即卵泡出现期、发育期、成熟期、排卵期、空腔期和黄体生成期(见图6-3)。

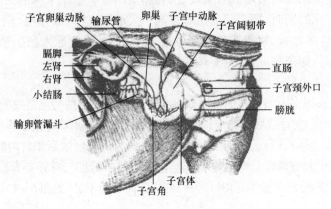

图6-2 母马生殖器官

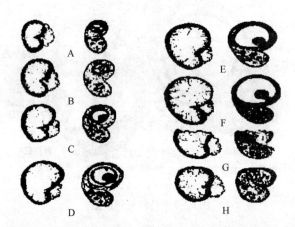

图6-3 正常发情母马卵巢中卵泡发育过程中外观及剖面模式图

A—发情期正常卵巢,无卵泡发育 B—卵泡发育第一期,卵巢一端变大 C—卵泡发育第二期,
卵巢一端进一步膨大 D—卵泡发育第三期,卵泡端呈球形,波动明显,较软 E—卵泡发育第四期,
卵泡壁薄而紧张,弹性强 F—卵泡破裂期,卵泡腔压力降低,卵巢无弹性 G—卵泡液排空阶段,
卵巢无固定形状 H—黄体形成期,卵巢柔软有弹性,无波动

1. 出现期

发情周期开始时,卵巢表面会有一个或数个新生卵泡出现,这些卵泡不是都能完全成熟排卵,只有其中1个(很少有2个)可以成为优势卵泡而达到成熟排卵。卵巢表面任何部位都有可能发生卵泡,但一般在卵巢的两端或背侧发生较多,特别是在排卵窝周围。卵泡初期小且硬,表面光滑,呈硬球状突出于卵巢表面。

2. 发育期

此阶段新生的优势卵泡体积增大,且充满卵泡液,表面光滑,卵泡内液体波动不明显。突出于卵巢的部分呈正圆形,犹如半个球体扣在卵巢表面,并有较强的弹性,其卵泡直径为 3~6cm。卵泡发育到这个阶段,母马一般都已发情。此阶段的持续时间:早春环境条件不良时,为 2~3d;春末夏初条件良好时,为 1~2d。

3. 成熟期

这是卵泡充分发育的最高阶段,成熟期的卵泡体积没有明显的变化,主要是性状的变化。性状的变化通常有两种情况:一种是母马卵泡发育成熟时,泡壁变薄,泡内液体波动明显,弹力减弱,完全变软,流动性增加。用手指轻轻按压可以改变其形状,这是即将排卵的表现。另一种是有部分母马的卵泡发育成熟时,泡壁薄而紧,弹力很强,触摸时母马有疼痛反应,有一触即破之感,这也是即将排卵的一种表现。此阶段的持续时间较短,一般为 1d,少数持续 2~3d。

4. 排卵期

卵泡完全成熟后,即进入排卵期。这时的卵泡形状不规则,有显著的流动性,卵泡壁薄而软,卵泡液逐渐流失,完全排空需要 2~3h。由于卵泡正在排卵,触摸时卵泡不成形,非常柔软,手指很容易塞入卵泡腔内,有时会出现卵泡液突然流失而瞬间排空的现象。

5. 空腔期

卵泡液完全流失后,卵泡腔变空,可感到卵巢组织下陷,凹陷内有颗粒状突起。用手轻捏时,有两层薄皮之感,母马有疼痛反应,回顾、不安、弓腰或四肢踏地。此阶段一般可持续 6~12h。

6. 黄体生成期

卵泡液排空后,卵泡壁微血管排出的血液将排空的卵泡腔填充形成血体,使卵巢从两层皮状逐渐发育成扁圆形的肉状突起,形状和大小很像第二、第三期时的卵泡;但没有波动和弹性,触摸时一般无明显的疼痛反应。

三、母马发情周期及特点

(一)母马(驴)性功能发育

如表 6-1 所示。

表 6-1　　　　　　　　　母马(驴)性功能发育时间表

动物	初情期月龄/月	性成熟月龄/月	适配年龄
马	12	15~18	2.5~3.0
驴	8~12	18~30	2.0~2.5

(二)发情周期

1. 发情周期

母马的发情周期平均为 21d(18~25d),发情持续期一般为 5~7d。发情期的长短也会受品种、个体、年龄、饲养水平及使役情况等影响。马属于自发性排卵。

通常老龄和饲养水平低的母马,以及在发情季节早期发情的母马,其发情期较长,在发情结束前24~48h排卵。引起母马发情期较长的主要原因:一是卵巢表面大部分被浆膜层包围,使卵泡长大到达到排卵窝和卵泡破裂的程度,需要的时间较长,因而发情持续时间也较长;二是卵巢对FSH的反应不及其他动物(如牛、羊)敏感,卵泡发育至完全成熟需要较长时间;三是母马的LH分泌量比FSH少,引起排卵时间较迟。母马在发情期间无爬跨其他母马的现象,但喜欢寻找其他母马和骟马做伴,表现出类似于向雄性求偶的行为,并发出求偶的叫声,发情母马举尾,频频作出排尿姿势,排出少量尿液,并连续有节律地闪露阴蒂。

2. 影响发情周期的因素

母马发情后,如果配种受精,便开始妊娠,发情周期自动终止。如果没有配种或配种后未受胎,便继续进行周期性发情。影响母马发情周期的因素很多。

(1)遗传因素 同种动物不同品种以及同一品种不同家系或不同个体间的发情周期有所不同。对于季节性发情的母马来说,只有在发情季节才出现发情周期。

(2)环境因素 光照时间的变化对于季节性发情动物马的发情周期影响较明显。在长日照或人工光照条件下,可使发情提早;气温几乎对所有动物的发情都有影响,适宜的温度最适合于雌性动物发情。蒙古马从气温较低的锡林郭勒草原南移至气温较高的两广珠江流域后,多数母马的发情期提早至2月底前。黑龙江和内蒙古的气温较低,母马发情期开始较晚,一般需到4月份以后才开始发情,而在云南丽江地区的母马在2月中旬就开始发情,且发情季节持续时间较长。

(3)饲养管理水平 饲养管理水平对发情的影响主要体现在营养水平及某些营养因子对发情的调控。一般情况下,适宜的饲养管理水平有利于动物的发情,饲养水平过高或过低,将引起动物过肥或过瘦,均会影响发情。母马在饲养管理水平较高的情况下,可使发情季节提前开始,延期结束;反之,如果长期饲料供给不足,营养不良,则其发情季节开始较迟,结束较早,从而缩短发情季节。

(三)发情季节

马(驴)属于季节性多次发情动物。季节变化是影响雌性动物生殖活动特别是发情周期的重要环境因素,一般通过神经系统发生作用。一年中仅于一定时期被才表现发情,这一时期被称为发情季节。我国北方的马(驴)从2~3月份开始发情,4~6月份发情旺盛,7~8月份发情减少并逐渐进入休情期。南方地区的马(驴)从1~2月份便开始发情。

(四)乏情与异常发情

乏情是指雌性动物达到初情期后仍不出现发情周期的现象,主要表现为卵巢无周期性的活动,处于相对静止的状态。引起动物乏情的因素很多,有季节性、生理性和疾病性等因素。

1. 季节性乏情

季节性乏情动物在非发情季节无发情或发情周期,卵巢和生殖道处于静止状态,这种现象称为季节性乏情。母马为长日照动物,多在短日照的冬季及早春出现乏情,卵巢小且硬,卵巢上既无卵泡发育又无黄体存在,血清中的 LH、黄体酮和雌二醇的含量都处于较低的水平。通过人工逐渐延长白昼光照,可使季节性乏情的母马重新合成和释放促性腺激素,引起发情。

2. 产后发情

母马产后第一次出现发情时间是在分娩后的 6~12d,一般发情征兆不明显甚至无发情表现,但卵巢上有卵泡发育并排卵。可在产后第 5d 进行试情,第 7d 进行直肠检查,若有成熟卵泡即可配种。此时配种受胎率高,俗称"配血驹"。

3. 异常发情

雌性动物的异常发情多见于初情期后、性成熟前以及发情季节的开始阶段,使役过度、营养不良、饲养管理不当以及环境温度和湿度的突然改变也易引起异常发情。马常见的异常发情有安静发情、孕后发情、"慕雄狂"、断续发情。

(五)母马发情周期生殖激素的变化

母马在发情周期的生殖激素变化主要有以下几个特点:①母马在发情周期中会出现两个 FSH 峰,一个 FSH 峰发生在发情末期和间情期早期,另一个则发生在间情期中期。所以,当一个卵泡生长并排卵后,其他卵泡仍然可继续生长,有些卵泡可能在第一次排卵后 24h 又排卵,有些在黄体期排卵,形成辅助黄体,又称副黄体或附加黄体,这是马属动物所特有的特点,还有些在黄体期中期则发生闭锁和退化。②大多数哺乳动物 LH 峰出现时间很短,一般是在排卵前 12~14h 出现排卵前的 LH 峰,而母马的 LH 分泌是在排卵前数天就开始缓慢上升,并逐渐形成高峰,然后降低,大约持续 10d,这是母马的发情期较其他动物长的主要原因。③母马的雌激素峰在接近发情期出现,而其他动物如牛、羊等在发情前期出现。

任务一 马的发情鉴定技术

【任务实施动物及材料】 母马、保定栏、开膣器、手电筒、一次性长臂手套等。
【任务实施步骤】

一、直肠检查法

1. 准备工作

(1)将母马牵到保定栏内进行保定,特别要注意后肢的保定,将马尾巴拉向一侧,清洗外阴。

(2)检查人员将指甲剪短磨圆,避免损伤母马的肠壁;穿好工作服,戴上一次性长臂手套,清洗并涂抹滑润剂。

2. 检查方法

检查者站立于母马后方外侧,左手呈楔形缓慢插入肛门并伸入直肠内,掏尽宿粪,将四指越过直肠狭窄部,拇指留在狭窄部的后方,寻找子宫和卵巢。

将手展平,掌心靠向朦窝,手指向下弯曲向后移动,抓住如同韧带感觉的子宫角分叉处,左手手指沿着右侧子宫角向上移动,在子宫角尖端的外侧上方即可摸到右侧的卵巢。应注意,检查马(驴)卵巢时,左侧的卵巢需要右手检查,而右侧的卵巢则需左手检查。依据卵巢的形状、有无卵泡、卵泡大小、质地等情况来判断母马是否发情及卵泡发育的阶段,确定输精时间。

3. 马卵泡发育及排卵类型

马卵泡发育的六个时期的划分是人为规定的。其实,卵泡发育的过程是连续的,相邻两个时期并没有明显的界限,只有熟练掌握卵泡发育规律,才能作出准确的判断。为了便于判断母马的发情阶段和排卵时间,可将马的卵泡发育和排卵过程分为以下四种类型。

(1)单卵泡发育 是常见的一种类型,卵巢上只有一个卵泡发育,且多在卵巢的一端,其发育过程有一定的规律,一般要经过六个时期。

(2)双卵泡发育 在卵巢的左右两端各有一个卵泡出现,其中一个按上述各阶段一直发育到排卵,而另一个则在发育至略有波动时,退化转硬,最后消失。

(3)三卵泡发育 在卵巢的背部及两端各有一个卵泡发育,其中一个在稍有波动时即停止发育,另外两个则在到达发情初期后突出卵巢的表面,体积显著增大,而波动也非常明显。之后,其中一个停止发育,而另一个(多在卵巢)继续发育到排卵,其他均发生闭锁和退化。

(4)多卵泡发育 卵巢上有多个卵泡出现,常达4~5个,开始时大小相同,当发育到波动阶段时,只有一个继续发育(常在卵巢的一端),直到排卵,其他则在排卵前发生闭锁和退化。

4. 直肠检查的注意事项

利用直肠检查法鉴定卵泡的形态时,应注意不要将卵泡和黄体混淆,必须加以细分,以做出准确的判断。在卵泡期,卵泡和黄体除形状和质地有所不同,发育进展也有一定的差异。卵泡是进行性的变化,黄体是退行性的变化,经几次检查,前后对照,二者较易区别。但在黄体期,黄体发育到一定时期形状和质地极易和发育的卵泡混淆。黄体和卵泡的主要区别:一是黄体主要呈扁圆形或不规则的三角形,而绝大多数卵泡呈圆形,只有少数与黄体相似,且卵泡有弹性或液体波动;二是黄体是肉样的感觉,在一定时期内黄体与卵巢实质部连接处四周感觉不到明显界限;三是黄体表面比较粗糙,卵泡表面光滑;四是黄体在形成过程中是逐渐变硬的趋势,卵泡从发育成熟到排卵是逐渐变软的趋势。

偶尔在个别母马中可见到大卵泡或囊肿卵泡。大卵泡是指超出一般成熟卵泡的体积,且泡壁较厚,液体波动不明显。这种卵泡能正常发育至排卵,配种也能受胎但成熟较慢,持续时间较长,在实践中易误诊为卵泡囊肿。对这种卵泡应连续检查,根据其变化情况来进行判断。大卵泡虽然发育较慢,但最后多数都能排卵,个别发生退化消失。卵泡囊肿则会持续很久，无明显变化。母马的卵泡大小不一，至排卵时，小的卵泡直径仅2cm，大的卵泡达7cm以上。因此，在判断卵泡的不同发育阶段时，除了考虑卵泡的大小外，还应该根据卵泡的波动情况、卵泡液充盈的程度、卵泡壁的厚薄及弹性的大小，以及卵泡在发育过程中与排卵窝的距离等进行综合分析和判断。

二、阴道检查法

1. 准备工作

选择自然光线充足的场所，将母马牵到保定栏内进行保定，特别要注意后肢的保定，将马尾巴拉向一侧，清洗外阴，准备好开膣器、手电筒等用具，检查人员戴手套。

2. 检查方法

肉眼直接观察阴门水肿情况，配合开膣器、手电筒观察阴道黏膜状态和阴道黏液形状。

3. 检查的意义

母马子宫颈的变化在发情鉴定上有重要意义。在间情期，子宫颈质地较硬，呈钝锥状，往往位于阴道下方，其开口处被少量黏稠胶状分泌物所封闭。在发情前期，分泌作用增强，周围积累很多的分泌物。在发情间期，尤其在接近排卵时，子宫颈位置则向后方移动，子宫颈肌肉的敏感性增强，检查时易引起收缩，颈口的皱襞由松弛的花瓣状变为较坚硬的锥状突起，随后又恢复到松弛状态，此时子宫颈括约肌收缩加强。这种收缩现象也可能发生在正常的交配过程中，并可能作用于公马阴茎龟头，以利于精液射入子宫内。母马在产后发情期间，子宫颈异常松弛，如果在这种情况下进行交配，可能不会发生以上收缩现象。母马如配种过早，子宫颈口未充分开张，精液常常被排在阴道里。而在发情盛期进行配种时，则在阴道中很少看见有精液滞留的现象。发情期以后，健康母马的子宫颈逐渐恢复正常状态。

在间情期，母马阴道壁的一部分常被黏稠的灰色分泌物所粘连，此时如果插入开膣器或手臂，会感到有很大的阻力，阴道黏膜苍白，表面粗糙；在接近发情期时，阴道分泌物的黏性减小，在阴道前端有少许胶状黏液，黏膜略有充血，表面较光滑；发情前期及发情盛期，阴道黏液的变化更加明显，黏膜充血也更加明显；发情后期，阴道黏膜逐渐变干，充血程度逐渐降低。

4. 检查结果的判定依据

阴道黏液的变化一般和卵泡发育有关，可作为发情鉴定的参考。卵泡发育各阶段的阴道黏液性状综合简述如下。

卵泡出现期：黏液呈灰白色，如稀薄的糨糊状，较黏稠。

卵泡发育期：黏液由稠变稀，初期为乳白色，后期则变为稀薄如水样透明。

卵泡成熟期与排卵期：卵泡接近成熟时，黏液分泌量显著增加，黏稠度随之增强。

卵泡空腔期:黏液变得浓稠,当捏合于两指间张开时可形成许多细丝,且很易断;黏液逐渐减少,并转为灰白色而失去光泽。

黄体生成期:黏液浓稠度增大,呈暗灰色,量更少,黏性较强而无弹性。

三、试情法

利用公马(驴)的形态、声音和气味等刺激来观察母马(驴)的反应。主要根据母马(驴)的食欲、行为表现、阴门是否红肿、是否有黏液流出及黏液的性状来判断。

1. 分群试情

把结扎输精管或施行过阴茎转向术的公马放在母马群中,观察母马对公马的反应。此法适用于群牧马。

2. 牵引试情

一般在固定的试情场内进行。把母马牵到公马处,使母马隔着试情栏与公马亲近,同时注意观察母马对公马的态度,从而判断发情表现。

3. 结果判定

(1)发情母马表现　母马在发情前期食欲减退,阴唇皱褶变松,阴门充血下垂,经产母马尤为显著;发情期间阴唇肿胀,阴门怒张程度增大。发情母马多主动接近公马,举尾,后肢张开,频频排尿,阴门外翻,阴蒂闪动,有分泌物从阴门流出。发情高潮时,很难将母马从公马身边拉开。拴系饲养条件下,发情母马常常在饲槽或墙壁上摩擦外阴部,尾根处常因摩擦而蓬乱竖起,有时还可见丝状分泌物。

(2)不发情母马表现　不发情母马对公马表现有防御性反应,又咬又刨,又踢又躲,不愿意接近公马。

四、马的发情控制

1. 马的诱导发情

对于乏情母马可以采用促性腺激素、前列腺素对其进行诱导发情;使用生理盐水冲洗子宫,也能诱导其发情。

2. 马的同期发情

一般使用前列腺素类似物效果较好。由于母马的发情持续时间较长,而且排卵后5d内的黄体对前列腺素不敏感,因此一次处理后的同期发情率较低。采用间隔12~16d、使用2次前列腺素的方法效果虽然提高,但使用成本却大大增加。

思考与练习

1. 制订方案采用直肠检查法鉴定母马是否发情。

2. 制订方案采用试情法鉴定母马是否发情。

认知与解读

一、人工授精概述

19 世纪末和 20 世纪初,马的人工授精试验就获得了成功。20 世纪 60 年代中期,马的冷冻精液研究也有了较快发展,但是由于受胎率偏低而没有得到普及和推广。人工授精的马每年在 200 万匹左右。在我国,马人工授精始于 1935 年,1951年以后得到推广。我国北方很多地区都实施了马的人工授精,在马的杂交培育中起到了重要作用。

二、马(驴)采精

1. 采精方法

假阴道采精法。

2. 假阴道的特点

马(驴)的假阴道与牛、羊有所不同,它是以镀锌的铁皮为材料制成的,假阴道的外筒焊有手柄,见图 6 - 4。

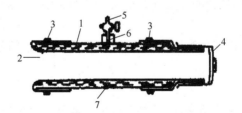

图 6 - 4 马用假阴道

1—外壳 2—内胎 3—固定胶卷 4—采精杯 5—气嘴 6—水孔 7—温水

3. 采精特点

马(驴)对假阴道的温度、压力比较敏感。马精液第一部分不含精子;第二部分富含精子;第三部分精子很少,而胶状物和柠檬酸含量较多。最后一部分是公马射精后自台马爬下时从阴茎滴出的水样液体,精子含量很少,称为尾滴。在一次射精中,排出精液的时间只占全部射精时间的 1/4,第二部分精液的精子含量约占射出精子总数的 4/5。

4. 采精频率

隔天采精 1 次。在繁殖旺季,短期内每周最多可以采精 6 次,但需要注意的是,连续采精几天后要休息几天,防止采精过频对公马造成伤害,从而影响种公马的使用年限。

三、精液的其他检查

1. 精子生存时间和生存指数检查

精子生存时间和生存指数检查与受精率密切相关,同时也是鉴定稀释液和精液处理效果的一种方法。精子生存时间是指精子在体外的总存活时间,而精子生存指数是指精子平均存活的时间,表示精子活力下降的速度。检查时,将稀释后的精液置于一定的温度(0℃或37℃)下,每隔8~12h检查精子活力,直到没有活动精子为止。所有间隔时间累加后减去最后两次间隔时间的一半即为精子的生存时间。而相邻两次检查的间隔时间与平均活力的积之和则是生存指数。精子存活时间越长,指数越大,说明精子活力强,品质优秀。

2. 精子代谢能力测定

活精子具有分解代谢的能力,即使在低温或冷冻的条件下,虽然精子停止了活动,但其代谢活动并没有完全停止。精子自身所储存的能量有限,在正常情况下,精子代谢过程中主要利用其生活环境中的外源性的营养物质,其中以糖类为主,参与精子直接分解代谢的糖都是单糖,无论是在有氧或无氧的状态下,精子均可通过糖酵解或呼吸作用而获得能量。精子代谢能力越强,消耗糖和氧气越多,表现活动力就越强,说明精子的活动力与其本身一些主要代谢功能是密切相关的。因此,精子的活力、密度与所消耗营养和氧气数量有一定的关系,检测精子的代谢能力也可以评价精子品质。

目前可通过精液果糖分解测定实验、亚甲蓝褪色实验、精子耗氧量测定实验检测精子的代谢能力。

3. 微生物检查

雄性动物正常精液内不含任何微生物,但在体外受污染后,不仅使精子存活时间缩短,受精率下降,而且还严重影响雌性动物的繁殖效率,特别是精液中含有病原微生物时,人工授精后势必会造成动物传染病的人为扩散与传播。因此,精液微生物的检查已被列入精液品质检查的重要指标之一,是各国海关进出口精液的重要检查项目。每1mL精液中的细菌菌落数超过1000个,则该精液为不合格精液。

检查方法严格按照常规微生物学检验操作规程进行,主要检测精液的菌落数及其病原微生物。目前国内外在动物精液内已发现的病原微生物有布氏杆菌、结核杆菌、副结核杆菌、钩端螺旋体、衣原体、支原体、传染性牛鼻气管炎病毒、传染性阴道炎病毒、蓝舌病毒、白血病毒、传染性肺炎病毒、牛痘病毒、传染性流产菌、胎儿弧菌、溶血性链球菌、化脓杆菌、葡萄球菌等。此外,还有假性单胞菌、毛霉菌、白霉菌、麸菌和曲霉菌等。

四、马精液稀释与保存

(1)保存效果 常温保存马精液效果比较好。如果采用明胶稀释液在10℃~

14℃呈凝固状态保存,马的精液可保存120h以上,精子活力近0.5。受马精液本身的特性、季节配种的影响,采用低温保存效果不理想。马精液冷冻保存效果一般是将马精液制作成颗粒冻精进行冷冻保存(见表6-2)。

表6-2　　　　　　　　　马(驴)精液常温保存稀释液配方表

成分	明胶-蔗糖液	葡萄糖-甘油液	马奶液
基础液			
蔗糖/g	8	7	—
葡萄糖/g	—	7	—
明胶/g	7	—	—
马奶/mL	—	—	100
蒸馏水/mL	100	100	—
稀释液			
基础液/mL	90	97	99.2
甘油/容积%	5	2.5	—
卵黄/mL	5	0.5	0.8
青霉素/IU/mL	1000	1000	1000
链霉素/μg/mL	1000	1000	1000

(2)优缺点　颗粒冻精制作简便。但滴冻剂量不准确,精液暴露在外,容易污染,不易标记,解冻时需解冻液较麻烦。

五、母马(驴)的输精基本要求

1.适宜的输精时间

(1)根据母马(驴)的卵泡发育情况来判定　母马(驴)的卵泡发育可分为6个时期,一般按照"三期酌配、四期必输、排后灵活追补"的原则合理安排适宜的输精时间。此原则是根据母马卵泡的发育状况,结合其体况、环境的变化等进行综合判定,应以接近排卵时为宜,然后每隔1d再输精1次,直到排卵为止。

(2)根据母马(驴)的发情时间来推算　可在母马(驴)发情后的3~4d开始输精,连日或隔日进行,输精次数一般不超过3次。

2.输精量及有效精子数

输精量和有效精子数应根据不同生理状况及精液的保存方式等确定,体型大、经产、子宫松弛的母马输精量多,体型小、初配的母马输精量少。液态保存精液的输精量要比冷冻保存的多一些(见表6-3)。

表6－3   马(驴)输精要求

因素	液精	冻精
输精量/mL	15～30	15～30
输入有效精子数量/亿	2.5～5.0	1.5～3.0
输精次数	1～3	
输精部位	子宫内	

六、妊娠生理

1. 妊娠母体的变化

（1）生殖器官的变化　包括卵巢、子宫、子宫颈、阴道和阴门等的变化。其中与其他动物不同的是马妊娠40～150d时，卵巢上又有10～15个卵泡发育。这些卵泡多数并不排卵，发生闭锁后黄体化而形成副黄体，通常每侧卵巢可发现3～5个副黄体，马的主副黄体均于妊娠7个月完全退化。在怀孕的最后两周卵巢又开始活动，以备产后发情。另外，马的子宫栓较少，子宫颈括约肌收缩很紧。因此子宫颈管完全封闭，宫颈外口紧闭，子宫颈质地较硬，呈细圆形。

（2）妊娠识别　卵子受精后，妊娠早期，胚胎产生某种激素作为妊娠信号传给母体，母体随即做出相应的生理反应，以识别和确认胚胎的存在，为胚胎和母体之间生理和组织的联系做好准备，这一过程称为妊娠识别。母体的妊娠识别时间发生在胚泡进入子宫后。如果马的胚泡在发情周期第14～16d进入子宫，母体即进入妊娠的生理状态；如果此时胚泡未进入子宫，黄体就会开始退化。

2. 胚胎的早期发育和附植

（1）胚胎早期发育　可分为桑葚胚、囊胚和原肠胚三个阶段。

（2）胚泡的附植

①附植部位：胚泡在子宫内附植，通常都在对胚胎发育最有利的位置。其基本规律是选择子宫血管相对稠密、营养供应充足的地方附植。马单胎时，胚泡常迁移至对侧子宫角，而产后首次发情配种受孕的胚胎多在上一胎的空角基部附植。

②附植时间：胚泡附植是个渐进的过程，附植时间差异较大。在游离期后，胚泡与子宫内膜即开始疏松附植；紧密附植的时间是在此后较长的一段时间，最后以建立胎盘而告终。马疏松附植的时间为35～40d，紧密附植的时间为95～105d。

③双胎：马排双卵的现象并不少见，但异卵双胎实际只占1%～3%。这是由于双胎妊娠的过程中，常会出现一个或两个胚胎在发育早期死亡，继续发育则易发生流产、木乃伊胎儿或初生死亡。双胎在子宫内的死亡通常是由胎盘不足或子宫的能力不能适应双胎的需要而导致发生。双胎的胎盘总面积与单胎时差别不大。

（3）胎膜和胎囊　胎膜是胎儿的附属膜，是卵黄囊、羊膜、绒毛膜、尿膜和脐带的总称。胎囊是指由胎膜形成的包围胎儿的囊腔，一般指卵黄囊、羊膜囊和尿囊。

①卵黄囊:卵黄囊只在胚胎发育的早期阶段起到营养交换的作用,一旦尿膜出现,其功能即被后者替代。随着胚胎的发育,卵黄囊逐渐萎缩,最后埋藏于脐带内,成为没有功能的残留组织,称为脐囊,马最为明显。

②羊膜:是包裹在胎儿外的最内一层膜,在羊膜与胚胎之间有一个充满液体的腔,称为羊膜腔。

③尿膜:其功能相当于胚体外临时膀胱,并对胎儿的发育起缓冲保护作用。尿囊膜的中间为囊尿,内有尿水,马的尿囊包围整个羊膜囊。

④绒毛膜:是胎膜的最外层,表面覆盖绒毛。是胎儿胎盘的最外层。

⑤脐带:为胎儿和胎膜间连系的带状物。马的脐带的不同部位分别由羊膜和尿膜所包被。马的脐带长度为70～100cm。马多为躺卧分娩,脐带一般不能自行断裂。

随着妊娠的进展,相邻的胎膜逐渐黏合形成复合胎膜,即尿膜羊膜、尿膜绒毛膜。马属动物的胎膜没有羊膜绒毛膜,这是与牛胎膜的不同之处。

(4)胎盘

①胎盘的类型:胎盘是根据不同动物母体子宫黏膜和胎儿尿囊绒毛膜的结构、融合的程度,以及尿囊绒毛膜表面绒毛的分布状态而分类的。马的胎盘属于上皮绒毛膜胎盘,绒毛均匀分布于整个绒毛膜上,故又称弥散型胎盘(见图6-5)。胎儿胎盘的上皮和子宫内膜上皮完整存在,接触关系简单,易分离而互不损伤。分娩时胎盘脱落较快,母体胎盘完全和胎膜分离,不随胎膜排出,因此又称非脱膜性胎盘。

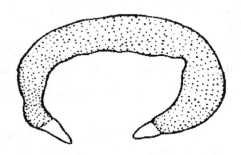

图6-5 马的胎盘

②胎盘的分泌功能:胎盘是一个临时性的内分泌器官,几乎可产生卵巢和垂体所分泌的所有性腺激素和促性腺激素。马属动物在妊娠开始的前两个月主要由妊娠黄体分泌黄体酮;妊娠2～5个月由于副黄体的产生并分泌黄体酮,与妊娠黄体共同维持妊娠;5个月以后卵巢上的黄体相继退化,主要靠胎盘产生的黄体酮维持以后的妊娠。在这段时间切除卵巢对妊娠没有影响。

(5)马(驴)妊娠期及预产期推算

①妊娠期及其特点:即使是同种动物,妊娠期也受年龄、胎儿数、胎儿性别和环

境因素的影响。马的妊娠期平均为 340d（320～350d），驴的妊娠期平均为 360d（350～370d）。

②预产期推算：配种月份减 1，配种日数加 1。

七、马的分娩控制

（一）分娩控制的概念及意义

1. 概念

分娩控制是指在雌性动物妊娠末期的一定时间里，采用外源激素制剂处理，控制雌性动物在人为确定的时间范围内分娩，产出正常的幼仔，又称诱发分娩或引产，是控制分娩时间和过程的一项繁殖管理措施。

2. 意义

（1）在一定程度上可使雌性动物的分娩分批进行，对雌性动物和幼仔的护理集中进行，以节省大量的人力和时间，充分而有计划地使用产房及其他设施。

（2）采用分娩控制，可在预知分娩时间的前提下进行充分地准备工作，防止雌性动物和幼仔可能发生的伤亡事故。

（3）可将雌性动物的分娩控制在工作日，以避开假期或夜间值班。

分娩控制是在认识分娩机制的基础上，利用外源激素模拟发动分娩的激素变化，调整分娩的过程，实现提早、集中分娩的目的。分娩控制的时间，其准确程度能使多数被处理的雌性动物在使用激素后 20～50h 内分娩，不容易控制在很小的时间范围之内。为实现可靠而安全的分娩控制，母马一般只能在正常预产期结束之前 7d 内进行处理，时间太早会对母马及幼仔造成伤害。

（二）分娩调控的方法

一般采用糖皮质激素、$PG_{2\alpha}$ 和催产素进行引产。对临近分娩的母马，应采用低剂量的催产素。对乘用的母马可选用地塞米松，100mg/d，连续注射 4d 即可引起分娩，注射至产驹的时间一般为 6.5～7d。小型马效果更为明显，多数母马可在 3～4d 产驹。

$PG_{2\alpha}$ 及其含氯的合成类似物（氯前列烯醇）也可用于马的引产，但 $PGF_{2\alpha}$ 在临近分娩时使用，有可能造成死驹；用氯前列烯醇可使母马在 1～3 d 完成分娩。

雌激素只有与催产素结合使用才能发挥其促进分娩的作用。在雌激素的预先作用下可引起子宫颈扩张变软，继而在催产素的作用下发生分娩。

八、马繁殖力评定

马（驴）为单胎动物，双胎率仅为 1.2%～1.4%，是季节性发情动物，其繁殖力较牛和羊低。马繁殖年限为 15 岁，驴为 16～18 岁。目前，以性反射强弱、公马在各配种期内所交配的母马数、采精量、精液品质与配母马的情期受胎率、配种年限、幼驹的成活力等反映公马的繁殖力水平。繁殖力高的公马，年平均采精次数可达

148次,平均射精量为94~116mL。精子密度为1.05~1.41亿/mL,受精率68%~86%。值得注意的是,虽然种公马在自然交配情况下的最大配种能力可超过种公牛,而且精子在母马生殖道内维持受精能力的时间也较长,为提高母马的受胎率提供了一定的有利条件,但是,由于马精子耐冻性较差,使用冷冻精液给母马输精,受胎率较低,所以马冷冻精液技术的应用没有得到普及和推广。

母马的繁殖力多以受胎率、产驹率、幼驹率、幼驹成活率、终身产驹数和产驹间隔等指标来表示。由于母马发情期较长,且有明显的发情季节性等,一般情况下不易做到适时配种,且易发生流产,从而降低了母马的繁殖力。

受胎率是指受胎母马数占配种母马数的百分率。即

$$受胎率 = 受胎母马数/配种母马数 \times 100\%$$

产驹率是指产驹母马数占妊娠母马数的百分率。即

$$产驹率 = 产驹母马数/妊娠母马数 \times 100\%$$

幼驹成活率是指成活幼驹数占出生幼驹数的百分率。即

$$幼驹成活率 = 成活幼驹数/幼驹数 \times 100\%$$

国内应用鲜精进行人工授精的情期受胎率,一般为50%~60%,最高可达65%~70%,全年受胎率为80%左右;由于母马的流产率较高,实际繁殖率仅为50%左右。资料表明,在国外饲养管理水平较高的马场,母马情期受胎率为80%~85%,而一般马场也只有60%~75%,产驹率为50%以上。根据英国纯血马配种总登记簿的记载,1966~1968年3年期间,纯血马配种的总受胎率分别为74%、72%和73%,每年平均有10%的妊娠母马流产或产出死胎。澳大利亚较精确的配种记录资料表明,纯血马的第一、第二、第三情期的受胎率分别是52.50%、52.20%和45.55%

任务二 马的人工授精技术

【任务实施动物及材料】 种公马、发情母马、数码显微镜、光电显微镜、恒温水浴锅、恒温干燥箱、电热恒温板、液氮罐、氟板、假阴道、马鲜精、马颗粒冻精、鸡蛋、染料、甘油、葡萄糖、蔗糖、明胶、马奶、奶粉、青霉素、双氢链霉素、蒸馏水、输精管、一次性塑料手套、大方盘、注射器、计算板、纱布等。

【任务实施步骤】

一、采精

(一)准备工作

公马的准备:包括体表的清洁消毒和诱情(性准备)两个方面。采精前应擦拭公马下腹部,用0.1%高锰酸钾溶液洗净其包皮处并擦干,用生理盐水清洗包皮腔内积尿和其他残留物并擦干。在采精前,需以不同诱情方法使公马有充分的性兴奋和性欲,一般采取让公马在台马附近停留片刻,进行2~3次假爬跨的

方法(见图 6-6)。

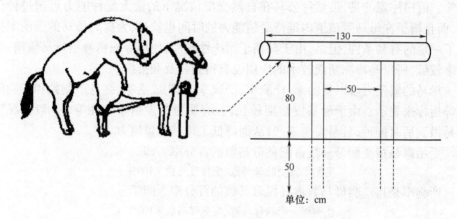

单位: cm

图 6-6 马采精木架及爬跨

人员的准备:采精员应具有熟练的技术,采精时注意人畜安全。应有固定的工作服与鞋帽,并保持整洁。采精前应剪短指甲,并戴上一次性手套。将台马固定好,根据种公马的体型确定高度,正确组装假阴道,调整假阴道内温度。

(二)采精方法

当公马阴茎勃起并爬跨时,采精员左手握住龟头颈部,将阴茎导入假阴道内。此时采精员应以右肩部抵住假阴道的集精杯端,并用双手固定假阴道于台马的臀部。当其在假阴道内来回抽动时,应尽量使假阴道保持平稳。一般经 1~3min 后阴茎基部和尾根呈现有节律性搏动即射精,这时将假阴道转为水平。射精完毕后,在公马从真(假)台马跳下之前,应将集精杯逐渐向下倾斜,为了减少假阴道的压力,将气门打开缓慢放气,以利于阴茎从假阴道内抽出。随后轻轻取下,盖好纱布。在室内取下集精杯,并及时送交精液处理室。

(三)注意事项

对于初次采精的公马,采精之前应先调教;公马采精前应进行性准备或性诱导;使用真台马应戴笼头防止咬伤;公马射精前,后肢会经常移动,此时采精员应注意勿被踩伤。

二、精液处理

(一)外观性状检查

1. 采精量

测量采精量之前,首先用纱布或特定的过滤纸对精液进行过滤,除去精液中含有的胶状分泌物,然后倒入有刻度的试管或集精杯中进行测量。马的采精量平均为 70mL(30~100mL)。

2. 色泽和气味

马精液稀薄,呈灰白色,无味或略带腥味。

(二)精子活力、密度和畸形率检查

具体检查方法详见项目一牛繁殖技术。精子密度与畸形率要求见表6-4。

表6-4   精子密度与畸形率要求

动物	密度（亿/mL）			畸形率
	密	中	稀	
马	2以上	1~2	1	低于12%

(三)精液的稀释与保存

1. 稀释液的配制

以乳糖卵甘油液为例,马、驴精液常用颗粒冷冻保存,稀释液配方见表6-5。

表6-5   马、驴精液常用颗粒冷冻保存稀释液

成分	马		驴
	乳糖-卵-甘油液	乳-乙-柠-卵-甘油液	蔗糖-卵-甘油液
基础液			
蔗糖/g	–	–	10
乳糖/g	11	11	–
乙二胺四乙酸钠/g	–	0.1	–
3.5%柠檬酸钠/mL	–	0.25	–
4.2%碳酸氢钠/mL	–	0.2	–
蒸馏水/mL	100	100	100
稀释液			
基础液/容量%	95.4	94.5	90
卵黄/容量%	0.8	1.6~2.0	5
甘油/容量%	3.8	3.5	5
青霉素/(IU/mL)	1000	1000	1000
双氢链霉素/(μg/mL)	1000	1000	1000

（1）基础液的配制。用天平称取11g乳糖放入烧杯中,然后用量筒量取蒸馏水100mL,将蒸馏水倒入烧杯中,搅拌至充分溶解。用三联漏斗（内放定性滤纸）过滤,用三角烧瓶接取滤液。最后将基础液放入100℃的水浴锅中水浴消毒10~20min。

（2）取冷却到40℃的基础液95.4(容量%),分别加入卵黄0.8(容量%)、甘油3.8(容量%)、青霉素(1000IU/mL)、双氢链霉素(1 000μg/mL),充分溶解。

2. 稀释精液

常采用一次稀释法。将精液和稀释液分别装入三角烧瓶中,置于30℃的水浴锅中,用玻璃棒引流,把稀释液沿着容器壁慢慢加入精液中,边加入边搅拌。稀释结束后,用显微镜检查精子活力。确认合格后方可制作颗粒冻精。

3. 降温平衡

降温是从30℃经1~2h缓慢降至5℃;平衡的目的是使甘油充分渗入精子内部,达到抗冻、保护的作用。

4. 颗粒冻精的冷冻方法

在装有液氮的广口保温容器上置一铜纱网,距离液氮面1~2cm预冷数分钟后,使铜纱网网面温度保持在-120~-80℃。或用聚四氟乙烯凹板(氟板)代替铜纱网,先将其浸入液氮中几分钟,再置于距液氮面2cm处。然后将平衡后的精液定量而均匀地进行滴冻,每粒0.1mL左右。当滴冻后的精液停留2~4min后颗粒颜色变白发亮时,用铲子铲下精液颗粒,将其置于液氮中,取出1~2粒解冻,检查精子活力。活力达到0.3以上可收集到纱布袋中,并做好标记,储存于液氮罐中保存。滴冻时注意要滴管事先预冷,与平衡温度一致;操作时要准确迅速,防止精液温度回升,颗粒大小要均匀;每滴完一头公马的精液后,必须更换滴管、氟板等用具。

5. 颗粒冻精的解冻方法

(1)干解冻 将灭菌试管置于35~40℃温水中恒温后,投入精液颗粒冻精,摇动至融化,加入1mL 20~30℃的解冻液。

(2)湿解冻 将1mL的解冻液装入灭菌试管内,置于35~40℃温水中预热,然后投入颗粒冻精,摇动至融化,取出使用。解冻后活力在0.3以上即为合格。

(3)解冻液的配制 奶粉3.4g、蔗糖6g、蒸馏水100mL。

6. 稀释倍数

马精液的稀释倍数一般为2~3倍。

三、输精

(一)准备工作

1. 器械的准备

与精液接触的用品必须经过清洗,消毒灭菌,并且不能有任何不利于精子存活的化学物质残留。所有接触精子的器具用稀释液或生理盐水冲洗,确保对精液无毒害作用,马使用橡胶制成的输精胶管(长度为60cm,内径为2mm)和玻璃注射器,不宜用高温消毒,可用蒸汽或酒精消毒。

2. 母马的准备

将经过发情鉴定确定已到输精时间的母马牵到保定栏内保定,特别要注意后肢的保定。然后用绷带缠裹尾部,并将马尾拉向一侧。输精前应先将母马外阴部用肥皂水清洗,再用清水洗净,擦干。

3. 精液的准备

输精前应将精液准备好,确定精液品质符合要求方可用于输精;大剂量或低温解冻后精液,应将温度升至 20~30℃ 后输精;常温保存精液不需要升温;小剂量冷冻精液也应正确解冻后输精。

4. 术者的准备

输精人员可戴一次性长臂或 PE 手套操作,操作人员应将指甲剪短磨圆;手套外用 75% 酒精消毒晾干后,涂少量石蜡油。

（二）操作方法

一般采用子宫灌注法。

(1)取一根马的输精胶管,在后端连接盛装精液的注射器,输精人员左手持注射器与胶管的结合部,防止分离。

(2)右手提起输精胶管,注意使胶管尖端始终高于精液面,并用食指和中指夹住尖端,使胶管尖端隐藏在手掌内,缓慢伸入阴道内,找到子宫颈的阴道部。

(3)用食指和中指扩开子宫颈口,同时左手将输精胶管前端缓慢导入子宫腔内 10~15cm(驴 8~12cm)深处。

(4)左手高持注射器使精液自然流下或轻轻压入,精液流尽后,从胶管上拔下注射器,再抽一段空气重新装在胶管上,继续推入,使输精管内的精液全部排尽。

(5)输精完毕后,缓慢抽出输精管,并轻轻按压子宫颈使其合拢,以防止精液倒流。

(6)最后拍拍马背使其放松。

（三）注意事项

为了提高受胎率,输精前必须对母马进行发情鉴定,同时掌握好输精时间,尤其要注意假发情的情况;注意输精部位,马需要将精液输入子宫体内;整个输精过程注意严格消毒,接触精液部分不能含有影响精液存活的化学物质,进入阴道的物品、器具、包括术者的手臂手套都要经过消毒处理;输注的精液品质须符合要求。

思考与练习

采用子宫灌注法为母马输精。

任务三 马的妊娠诊断技术

【任务实施动物及材料】 配种后的母马、待产母马、开膣器、手电筒、消毒药液(煤酚皂、酒精、碘酊等)、纱布、绷带、药棉、毛巾、肥皂、水盆、剪刀和产科绳、工作服、乳胶手套等。

【任务实施步骤】

直肠检查法

(一)准备工作

(1)将母马牵到保定栏内进行保定,特别要注意后肢的保定,将马尾拉向一侧。清洗外阴。

(2)检查人员将指甲剪短磨圆,防止损伤肠壁。穿好工作服,戴上一次性长臂手套,清洗并涂抹滑润剂。

(3)检查者站立于母马后方外侧,左手呈楔形缓慢插入肛门并伸入直肠内。

(二)妊娠日龄诊断要点

(1)妊娠16～18d 子宫角收缩呈圆柱状,子宫角壁肥厚变硬,中间有弹性,在子宫角基部可找到大如鸽蛋的胚泡。孕角平直或弯曲,空角弯曲、较长。

(2)妊娠20～25d 子宫角进一步收缩,质地坚硬,触诊时有火腿肠的感觉,空角弯曲增大,孕角的弯曲多由胚泡上方开始。多数母马的子宫底的凹沟明显,胚泡大如乒乓球,波动明显。

(3)妊娠25～30d 子宫角的变化不明显,胚泡增大如鸡蛋大小,孕角缩短并下沉,卵巢位置随之稍有下降,卵巢仍可自由活动。

(4)妊娠30～40d 胚泡增大迅速,体积如拳头大小,直径6～8cm。

(5)妊娠40～59d 胚泡直径达10～12cm孕角下沉,卵巢韧带开始紧张,空角多在胚泡上面,其卵巢仍可活动。胚泡部的子宫壁变薄。

(6)妊娠60～70d 胚泡大如排球,直径12～16cm,呈椭圆形。可摸到孕角尖端和空角全部,两侧卵巢下沉靠近。

(7)妊娠80～90d 胚泡近于篮球,直径约25cm,两侧子宫角均被胚泡充满,胚泡下沉并向下突出,很难摸到子宫的全部。卵巢系膜更紧张,两个卵巢向腹腔前方伸展,彼此更靠近。

(8)妊娠90d后 胚泡逐渐沉入腹腔,手只能触到胚泡的一部分,卵巢彼此进一步靠近,可同时触到两个卵巢。150d后,孕侧子宫动脉开始出现明显的妊娠脉搏,并可明显摸到胎儿活动的情况(见表6-6)。

表6-6	马妊娠期的主要征状
3个月	胚泡迅速生长,且下降到子宫体部,胎囊侵入空角,由球形变为椭圆形,紧张性逐渐消失,子宫开始下降
4个月	胚泡继续增大,波动明显,两卵巢接近,可摸到胎儿
5～7个月	子宫位于腹腔深部,除经产母马外,常可摸到胎儿一侧子宫动脉搏动明显,而空侧轻微
7个月～分娩前	7月时可摸到胎儿,9月时容易摸到胎儿,10～11月时部分子宫体进入骨盆腔

(三)注意事项

(1)动作缓慢 手臂伸入直肠后,如母马出现强烈努责,应暂时停止操作。待直肠处于松软状态时再行检查;同时触摸胚泡时不要用力,以免造成流产,因为妊娠早期胚泡还没有附植或附植不牢固。

(2)真孕与假孕的鉴别 马(驴)假孕情况较多,具体判定方法是在配种40d后,若子宫角无妊娠表现,子宫角基部无胚泡,卵巢上无卵泡发育和排卵现象,但阴道的表现与妊娠一致,就可判定为假孕。应及时查找原因,及时处理,在下一情期发情配种。

(3)假发情的鉴定 母马(驴)妊娠早期,排卵对侧卵巢常有卵泡发育、成熟排卵,并有轻微发情表现。对这种现象,要结合子宫是否有典型的妊娠表现来判断。

(4)胚泡与膀胱的区分 马妊娠70~90d的胚泡大小与马膀胱充满尿液时相似,容易将其混淆造成误诊。区别的要领是膀胱呈梨状,正常情况下位于子宫下方,两侧无牵连物。表面不光滑,有网状感,胚泡则偏于一侧子宫角基部,表面光滑,质地均匀。

(5)综合判断 对妊娠症状要全面分析考虑,并进行综合判断。既要抓住每个阶段的典型症状,又要参考其他表现。对马(驴)的妊娠诊断,既要注意卵巢和子宫角的收缩和质地变化,更要考虑胚泡的存在和大小。

直肠检查时,要注意先把直肠内的粪便掏尽再进行检查,尤其是马的直肠壁比牛薄,且直肠内往往积聚大量的粪球,如有可能,最好事先用肥皂水灌肠,促使直肠排空。检查时,动作要轻、慢,当直肠扩大或缩小很紧时,要等恢复后再操作,切忌因违规操作而损伤肠道黏膜。一旦引起马直肠出血,后果非常严重。

另外还可以采用外部检查法和阴道检查法判断母马是否妊娠。

①外部检查法:母马妊娠后,一般表现为发情周期停止,食欲增强,营养状况得到改善,毛色润泽光亮,性情变得较温顺,行动安稳谨慎。一看:妊娠中、后期的母马一般腹围会增大,从马的后侧方观看时,可见母马左侧腹壁较右侧腹壁膨大,左膁窝也较充满,妊娠末期左下腹壁下垂,乳房胀大,有时可见马腹下及后肢出现水肿(见图6-7);二摸:妊娠后期用手掌反复在乳房稍前方的腹壁上触摸,可以感觉到胎儿及其活动,上述情况一般出现在妊娠的7~8个月后;三听:可听到胎儿的心音,可在乳房与脐之间或后腹下方听取,一般在妊娠8个月后可听到,但常受肠蠕动音的干扰。

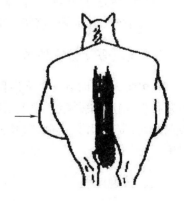

图6-7 母马妊娠时的体形

②阴道检查法:母马妊娠3周后,阴道黏膜由粉红色变为苍白色,表面干燥、无

光泽,阴道收缩变紧;阴道黏液变稠,由灰白色变为灰黄,量增加,且有芳香气味,pH 由中性变为弱酸性;子宫颈即收缩紧闭,开始子宫颈栓较少,3～4 个月以后逐渐增多,子宫颈阴道部变得细而尖。

利用直肠检查法做早期妊娠诊断。

任务四 马的分娩与助产技术

【任务实施动物及材料】 配种后的母马、消毒药物(煤酚皂、酒精、碘酊等)、纱布、绷带、药棉、毛巾、肥皂、水缸、剪刀、产科绳、工作服、乳胶手套等。

【任务实施步骤】

一、准备工作

(1)按预定产期转入产房 可根据配种记录计算出母马分娩的预定时间,在预定产期前 1～2 周转入产房饲养。

(2)产房准备 产房应选择僻静的地方,与其他舍隔开。产房要注意冬暖夏凉,阳光充足,空气新鲜,室温应保持在 22～25℃。产房要清洗、打扫干净并做好消毒工作,地面再铺设干燥、洁净的垫草。

(3)用品的准备 消毒药物(煤酚皂、酒精、碘酊等)、纱布、绷带、药棉、毛巾、肥皂、水缸、剪刀、产科绳、工作服、乳胶手套等。

(4)助产人员准备 将指甲剪短磨圆,用肥皂水或用煤酚皂溶液消毒双手。

二、马(驴)分娩预兆

乳房胀大,有时乳房基部出现水肿。产前数天,乳头肿胀变粗,常有漏乳现象;阴唇肿胀,前庭黏膜潮红、滑润,阴道检查可见子宫颈口开张,松弛。临产前,母马表现不安,常有起卧、徘徊、前肢刨地、回头顾腹、频频排尿、举尾、食欲缺乏及出汗现象。

三、分娩过程

(1)当母马临近分娩时,首先要密切注意其努责的频率、强度、时间及母马的姿态。其次要检查母马的脉搏,记录分娩的开始时间。

(2)清洗母马外阴及其周围。对分娩母马的外阴、肛门周围、尾根及后臀部先用肥皂水和清水洗净,擦干,再用 1% 的煤酚皂溶液消毒外阴部,马尾根部用纱布或绷带缠好。

（3）当母马开始努责时，如母马的胎囊露出阴门或排出胎水，此时助产者可将手臂消毒后伸入产道，检查胎向、胎位和胎势是否正常。

①如果胎位、胎向和胎势都正常，则可等待其自然娩出。分娩时，马的尿囊先露出阴门，破水后流出棕黄色的尿囊液。随后出现的是羊膜囊，胎儿的前置部位随之排出，羊膜囊破后流出白色浓稠的羊水，胎儿随即产出。

②如胎位、胎向和胎势不正常应根据具体情况采取适当的措施。比如，可将胎儿推回腹腔，予以矫正后待其产出，防止难产的发生。如发现倒生，要防止脐带压在骨盆底而造成窒息，必要时应配合母马阵缩和努责。人工协助时，应及早撕破胎膜，从产道中拉出胎儿。

（4）母马开口期持续时间为 12h（1～24h），胎儿排出期持续的时间为 10～30min，双胎间隔 10～20min；胎衣排出期持续时间为 20～60min。

思考与练习

如何正确为母马实施接产？

参考文献

[1]耿明杰.动物遗传繁育.哈尔滨:哈尔滨地图出版社,2004
[2]李凤玲.动物繁殖技术.北京:北京师范大学出版社,2011
[3]张周.家畜繁殖.北京:中国农业出版社,2001
[4]张忠诚.家畜繁殖学.北京:中国农业出版社,2007
[5]李立山,张周.养猪与猪病防治.北京:中国农业出版社,2006
[6]桑润滋.动物繁殖生物技术.北京:中国农业出版社,2002
[7]许怀让.家畜繁殖学.南宁:广西科学技术出版社,1990
[8]北京农业大学.家畜繁殖学.第二版.北京:中国农业出版社,1989
[9]中国农业大学.家畜繁殖学.第三版.北京:中国农业出版社,2000
[10]杨万郊,张似青.宠物繁殖与育种.北京:中国农业出版社,2007
[11]丁威.动物遗传繁育.北京:中国农业出版社,2010
[12]曹文广.实用犬猫繁殖学.北京:北京农业大学出版社,1994
[13]耿明杰.动物繁殖技术.北京:中国农业出版社,2013